C++程序设计基础教程 云课版

肖连◉编著

人民邮电出版社
北京

图书在版编目（CIP）数据

从零开始 ：C++程序设计基础教程 ：云课版 / 肖连编著. -- 北京 ：人民邮电出版社，2021.9
ISBN 978-7-115-56911-0

Ⅰ. ①从… Ⅱ. ①肖… Ⅲ. ①C++语言—程序设计 Ⅳ. ①TP312.8

中国版本图书馆CIP数据核字(2021)第134925号

内 容 提 要

本书以零基础讲解为宗旨，用实例引导读者学习，深入浅出地介绍了 C++程序设计的相关知识和实战技能。

本书第 1～8 章主要讲解了 C++基础入门、数据类型、运算符和表达式、程序控制结构和语句、数组、函数、指针以及输入/输出等，第 9～12 章主要讲解了类与对象、命名空间、继承与派生以及多态与重载等，第 13～15 章主要讲解了文件、模板以及异常处理等。

本书适合任何希望学习 C++的读者阅读，无论读者是否从事计算机相关行业、是否接触过 C++，均可通过学习本书快速掌握 C++的程序设计方法和技巧。

◆ 编　　著　肖　连
责任编辑　李永涛
责任印制　彭志环

◆ 人民邮电出版社出版发行　　北京市丰台区成寿寺路 11 号
邮编　100164　　电子邮件　315@ptpress.com.cn
网址　https://www.ptpress.com.cn
保定市中画美凯印刷有限公司印刷

◆ 开本：787×1092　1/16
印张：20
字数：512 千字　　2021 年 9 月第 1 版
印数：1 – 2 500 册　　2021 年 9 月河北第 1 次印刷

定价：59.90 元

读者服务热线：(010) 81055410　印装质量热线：(010) 81055316
反盗版热线：(010) 81055315
广告经营许可证：京东市监广登字 20170147 号

前　言

计算机是社会进入信息时代的重要标志，掌握丰富的计算机知识、正确熟练地操作计算机已成为信息时代对每个人的要求。鉴于此，我们认真总结教材编写经验，深入调研各地、各类学校的教材需求，组织优秀的、具有丰富教学和实践经验的作者团队，精心编写了这套“从零开始”丛书，以帮助各类学校或培训班快速培养优秀的技能型人才。

本着“学用结合”的原则，我们在教学方法、教学内容以及教学资源上都做出了自己的特色。

教学方法

本书采用“本章导读→课堂讲解→范例实战→疑难解答→实战练习”五段教学法，激发学生的学习兴趣，细致讲解理论知识，重点训练动手能力，有针对性地解答常见问题，并通过实战练习帮助学生强化、巩固所学的知识和技能。

◎ 本章导读：对本章相关知识点应用于哪些实际情况以及其与前后知识点之间的联系进行了概述，并给出了学习课时和学习目标，以便读者明确学习方向。

◎ 课堂讲解：深入浅出地讲解理论知识，在贴近实际应用的同时，突出重点、难点，以帮助读者深入理解所学知识，触类旁通。

◎ 范例实战：紧密结合课堂讲解的内容和实际工作要求，逐一讲解C++的实际应用，通过范例的形式，帮助读者在实战中掌握知识，轻松拥有项目经验。

◎ 疑难解答：我们根据十多年的教学经验，精选出学生在理论学习和实际操作中经常会遇到的问题并进行答疑解惑，以帮助学生吃透理论知识、掌握应用方法。

◎ 实战练习：结合每章内容给出难度适中的上机操作题，学生可通过练习，巩固每章所学知识，并温故而知新。

教学内容

本书的教学目标是循序渐进地帮助学生掌握C++程序的相关知识。全书共有15章，可分为3部分，具体内容如下。

◎ 第1部分（第1～8章）：C++基础知识，主要讲解C++基础入门、数据类型、运算符和表达式、程序控制结构和语句、数组、函数、指针以及输入/输出等。

◎ 第2部分（第9～12章）：C++核心技术，主要讲解类与对象、命名空间、继承与派生以及多态与重载等。

◎ 第3部分（第13～15章）：C++高级应用，主要讲解文件、模板及异常处理等。

学时计划

为方便阅读本书，我们提供如下表所示的学时分配建议表。

学时分配（64学时版建议表）

章号	标题	总学时	理论学时	实践学时
1	C++ 基础入门	3	2	1

续表

章号	标题	总学时	理论学时	实践学时
2	数据类型	3	2	1
3	运算符和表达式	5	4	1
4	程序控制结构和语句	5	4	1
5	数组	5	4	1
6	函数	6	4	2
7	指针	5	4	1
8	输入 / 输出	6	4	2
9	类与对象	3	2	1
10	命名空间	6	4	2
11	继承与派生	5	4	1
12	多态与重载	5	4	1
13	文件	2	2	0
14	模板	2	2	0
15	异常处理	3	2	1
合计		64	48	16

学习资源

◎ 14小时全程同步教学录像

涵盖本书所有知识点，详细讲解每个范例及项目的开发过程与关键点，帮助读者更轻松地掌握书中所有的C++相关知识。

◎ 超多资源大放送

赠送大量资源，包括18小时Oracle项目实战教学录像、118页库函数查询手册、19页C++常用查询手册、10套超值完整源代码、50个C++常见面试题及解析电子书、30个C++常见错误及解决方案电子书、51个C++高效编程技巧、C++程序员职业规划、C++程序员面试技巧等。

◎ 资源获取

读者可以申请加入编程语言交流学习群（QQ：829094243）和其他读者进行交流。

读者可以使用微信扫描封底二维码，关注“职场精进指南”公众号，发送“56911”，获得资源下载链接和提取码。将下载链接复制到任何浏览器中并访问下载页面，即可通过提取码下载本书的学习资源。

作者团队

本书由肖连编著，其中河南工业大学王锋参与第12~15章的编写。

在编写过程中，我们竭尽所能地将优秀的讲解呈现给读者，但也难免有疏漏和不妥之处，敬请广大读者不吝指正。若读者在阅读本书过程中产生疑问或有任何建议，均可发送电子邮件至liyongtao@ptpress.com.cn。

龙马高新教育

2021年7月

目　录

第 1 章

C++ 基础入门

本章导读

C++ 作为面向对象程序设计的首选语言，吸引了许多编程学习者。掌握 C++ 编程，理论上可以开发各种系统。

本章将带领初学者认识 C++ 的编程世界，了解 C++ 的起源；将带领读者步入 C++ 的世界，开启 C++ 大门，创建第一个 C++ 应用程序，了解 C++ 程序的开发过程。

本章学时：理论 2 学时 + 实践 1 学时

学习目标

▶ C++ 概述

▶ C++ 的开发环境

▶ C++ 代码编写规范

1.1 C++ 概述

1.1.1 程序设计概述

程序设计是指设计、编制、调试程序的方法和过程。程序设计方法有两种，一种是结构化程序设计，另一种是面向对象程序设计。

1. 结构化程序设计

结构化程序设计的主要思想是功能分解并逐步求精。结构化程序设计方法是由 E. Dijkstra 等人于 1972 年提出来的，它建立在由 Bohm、Jacopini 证明的结构定理的基础上。结构定理指出：任何程序逻辑都可以用顺序、选择和循环 3 种基本结构来表示，如图 1–1 所示。

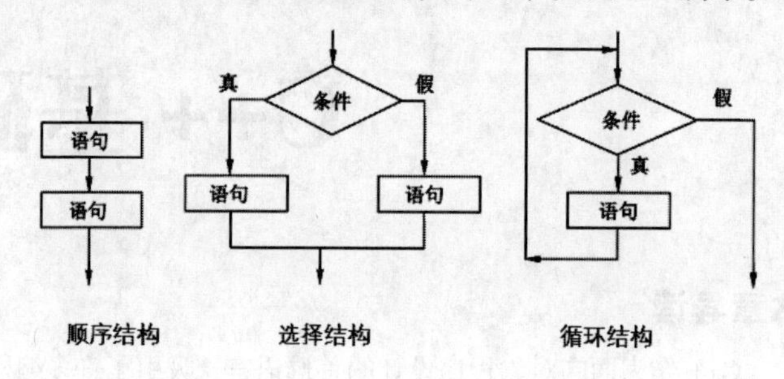

图 1–1

2. 面向对象程序设计

与结构化程序设计相比，面向对象的程序设计（Object–Oriented Programming，简称 OOP）更易于实现对现实世界的描述，因而得到了迅速发展，并对整个软件开发过程产生了深刻影响。面向对象程序设计的本质是把数据和处理数据的过程看成一个整体——对象。

也就是说，面向对象程序设计是以“对象”为中心进行分析和设计的，使这些对象形成解决目标问题的基本构件，即解决从“做什么”到“怎么做”的问题。解决过程是先将问题空间划分为一系列对象的集合，再将对象集合进行分类抽象，一些具有相同属性行为的对象被抽象为一个类，类还可抽象分为派生类。采用继承的方式实现基类和派生类之间的联系，形成结构层次。

1.1.2 C++ 历史及特点

C++ 是当今应用最广泛的面向对象程序设计的语言。C++ 包括 C 的全部特征、属性和优点，同时增加了对面向对象编程的完全支持。目前，面向对象程序设计的语言很多，如 Smalltalk、Java、Visual Basic、C++ 等。其中，C++ 是最流行和实用的程序设计语言之一。

1. C++ 能做什么

C++ 涉及的领域很多，从大型的项目工程到小型的应用程序，C++ 都可以开发，例如操作系统，大部分游戏，图形图像处理，科学计算，嵌入式系统，驱动程序，没有界面或只有简单界面的服务程序，军工、工业实时监控软件系统，虚拟机，高端服务器程序，语音识别处理等。可以说，掌握了 C++ 就能实现整个软件工业的开发。

C++ 的优点吸引了很多程序员将其作为开发的语言，他们用 C++ 开发的优秀作品数不胜数。

下面是一些著名的用 C++ 编写的软件产品。

(1) 办公应用方面。Microsoft 公司的 Office 系列软件，如图 1–2 所示。

图 1–2

(2) 图像处理方面。Adobe 公司的所有主要应用程序都是使用 C++ 开发而成的，图像处理利器 Photoshop 就是其中之一，如图 1–3 所示。

图 1–3

(3) 网络应用方面。百度网站的 Web 搜索引擎，如图 1–4 所示。

图 1–4

⑷ 网络即时通信方面。目前，国内使用最广泛的聊天软件之一——QQ，如图 1–5 所示。

图 1–5

⑸ 手机操作系统方面。之前在智能手机中应用广泛的 Symbian 操作系统是用 C++ 编写的。

⑹ 游戏开发方面。由于 C++ 在工程性、运行效率及维护性上都有很大优势，所以大部分网络游戏和单机游戏是用 C++ 编写的。单机版的游戏，例如 Windows 自带的游戏都是采用 C++ 编写的。网络游戏方面，如腾讯公司的大部分 QQ 游戏也采用 C++ 编写。如图 1–6 所示是一款 QQ 游戏的界面。

图 1–6

2. C++ 的由来

C++ 起源于 C 语言，是在 C 语言的基础上增加了面向对象程序设计的要素而发展起来的。

1979 年，Bjarne Stroustrup 在 Bell 实验室开始从事将 C 语言改良为带类的 C（C with classes）的工作，并于 1983 年将该语言正式命名为 C++。

20 世纪 90 年代，程序员开始慢慢从 C 语言中淡出，转入 C++。此后，C++ 稳步发展。1998 年 ISO/ANSI C++ 标准正式制定。

此后，经过不断的改进，C++ 逐渐发展成为今天的规模。相对于 C 语言来说，C++ 引入了两个新方面：一是面向对象（具体来说就是类），二是模板技术。模板是 C++ 中比较复杂的部分，但是对于一名真正的 C++ 程序员来说，这部分很重要，特别是对掌握 C++ 标准程序库十分重要。

提示：C++ 源于 C 语言，但并不是简单地在 C 语言的基础上加上类。如果这样认为，读者是学不好 C++ 的。读者应该把 C++ 当作一门新语言来学习。

3. C++ 的特点

C++ 是当今应用最广泛的面向对象程序设计语言之一，因此具有面向对象程序设计的特点。C++ 的主要特点如下。

⑴ 封装性。封装是把函数和数据封藏起来，把它看成一个整体。封装是面向对象的重要特征。首先它实现了数据隐藏，保护了对象的数据不被外界随意改变；其次它使对象成为相对独立的功能模块。对象好像是一个黑匣子，表示对象属性的数据和实现各个操作的代码都被封装在黑匣子里，从外面是看不见的。

更为形象的比喻是，就像建造楼房需要设计人员、泥水匠、漆匠、水电工、监理人员、装修人员等不同工种的人来共同完成一样，编程也需要不同“工种”的人。这里所谓的“工种”就是能够完成某项工作的“类”，所谓的“工人”就是类的对象。

C++ 通过建立类这个数据类型来支持封装性。使用对象时，只需知道它向外界提供的接口，而无须知道它的数据结构细节和实现操作的算法。

⑵ 继承性。通过上面的举例可以知道，所谓类不过是对一种“工种”的描述，而类的对象就对应为负责这种“工种”的工人。接下来以另一种“工种”—— 教师为例，说明继承的概念。教师的工作是备课、上课、批改作业、监考、改卷等，这些都是作为教师这个“类”的方法，而对于教师个体来说，教龄和执教年级不同，这些就属于教师这个“类”的成员变量。

假设现在有两名教师，一名张老师，一名赵老师，按以前的说法，这两名教师就是教师这一工种的对象，那么就应该是相同的。事实不是如此，因为张老师是语文教师，而赵老师是数学教师，两者自然有所不同。换言之，教师这个工种是一个大工种，还有更细的分工，就如上面所说的数学教师、语文教师、物理教师、化学教师等。所有教师共有的工作大家都有，只是实现方式上各有不同。在面向对象的语言里，也有对这种现象的模拟，叫作“继承”。

可以这样说，语文教师继承了教师，数学教师也继承了教师，两者既都继承了教师，都拥有教师该具备的素质（指具备备课、讲课等能力），又根据自身学科的不同而有所不同。

在 C++ 里，可以把教师这个职业叫作基类，语文教师、数学教师等叫作派生类。从这个例子中很容易看出，基类拥有的是派生类共有的方法和属性，派生类则根据自身的特点对这些方法进行实现，对这些属性进行操作。

⑶ 多态性。继续以教师的例子来说明。对于学校来说，基本的物理单位是教室，教室是教师用来上课的地方，可是教室没有规定具体哪一名教师才能来上课，对它来说，它只提供教师上课的地点，也就是说它只知道教师会来这里上课，具体谁来上、怎么上，它并不关心。当然，尽管教室没有做硬性规定，但学生们不会担心，因为每名教师都知道自己该怎么上课。像这种情况，教室只要求了一个大工种（教师）的限制，而具体每名教师怎么上课则由教师自己的具体工种（语文教师还是数学教师）来决定。在 C++ 里也有模拟，叫作多态。有了多态之后，在设计软件的时候，就可以从大的方向进行设计，而不必拘泥于细枝末节，因为具体怎么操作都由对象自己负责。

另外，C++ 的模板也是 C++ 程序设计中比较重要的一部分，我们在后续章节会介绍。

1.1.3 C 和 C++

可能许多初学者分不清 C、C++ 与 Visual C++ 之间的区别，下面详细介绍一下这些基本概念之间的区别。

1. C 与 C++

C++ 从 C 语言进化而来，继承了 C 语言的高效灵活性。虽然 C++ 源于 C 语言，但并不是只在 C 语言的基础上增加了类，如果这样认为，读者是学不好 C++ 的。C++ 绝不只是 C 语言的升级或扩充。如果 C++ 一开始被称作 Z 语言，大家一定不会把 C 语言和 Z 语言联系得那么紧密，因此，读者应该把 C++ 当作一门新语言来学习。

下面是一个输出字符串的例子，分别用 C 语言和 C++ 编写。

用 C 语言编写的程序代码如下。

```
/* 这是一个简单的 C 程序 : simple.c */
#include <stdio.h>                              /* 包含标准的输入输出库 */
void main()
{
    printf( " Hello World !\n " );              /* 输出字符串 */
}
```

用 C++ 编写的同样功能的程序代码如下。

```
// 这是一个简单的 C++ 程序：simple.cpp
#include <iostream>                  // 包含标准库中的输入输出流头文件
using namespace std;
void main()
{
    cout<<" Hello World ! "<<endl;  // 输出字符串
}
```

C++ 程序与 C 程序的比较如下。

⑴ C++ 程序与 C 程序的结构完全相同。

⑵ C 源程序文件的扩展名为 .c，C++ 源程序文件的扩展名为 .cpp。

⑶ C 程序中的注释使用符号“/*”和“*/”，表示符号“/*”和“*/”之间的内容都是注释；C++ 除支持这种注释外，还提供了双斜线“//”注释符，“//”之后的本行内容都是注释，注释在行尾自动结束。

⑷ C 程序所包含的标准输入、输出的头文件是 stdio.h，输入、输出通常通过调用函数来完成；C++ 程序包含标准输入流、输出流的头文件 iostream，输入、输出通过使用标准输入流、输出流对象来完成。

2. C++ 与 Visual C++

Visual C++ 不是一门计算机语言，而是当今 Windows 操作系统下最流行的 C++ 集成开发环境之一，是使用最广泛的 C++ 编译器。目前常用的版本是 Visual C++ 6.0。Visual C++ 编译器负责将 C++ 源代码编译成汇编文件、转换为中间文件（.obj 文件），然后使用连接器将相关的中间文件连接在一起，生成可执行的二进制文件（.exe 文件）。整个过程如下。

⑴ 源程序经过预处理后交给编译器。

⑵ 如果代码无误，编译器会用代码生成汇编程序，再生成若干个目标程序。

⑶ 连接器负责对目标程序进行连接，生成可执行的程序。

本小节开始处的 C++ 源程序在 Visual C++ 6.0 中经过以上处理过程后，会在命令行中输出图 1–7 所示的结果。

图 1–7

本书的程序实例均在 Visual C++ 6.0 编译器中调试通过。本书将对 Visual C++ 6.0 的操作进行具体的讲解。读者需要在以后的学习中多用、多试、多思考，才能够熟练地掌握 C++ 和 Visual C++ 6.0。

3. 对 C++ 初学者的建议

初学者无须对学习 C++ 望而生畏。其实，C++ 并没有什么特别难学的地方。它就是一门语言，我们把它当作一门语言来学，其实它是非常简单的。简单来说，利用 C++ 进行程序设计就是将一些符合 C++ 程序设计的简单语句放在一起，实现一些比较复杂的程序过程。在学习 C++ 时，我们应该做到如下几点。

⑴ 不要浮躁，要有一颗平静的心。一开始学习的 C++ 代码，功能很简单，但是我们不要认为 C++ 原来就只是干这么简单的事情，其实不是，这些只是用来练习的。当你对所有的 C++ 语法都熟练了，再运用你聪明的大脑，就可以编写出复杂的程序。

⑵ 在开始阶段，看到代码就要模仿，不要偷懒。要把书上的程序例子亲手输入到计算机上实践，即使配套光盘中有源代码。

⑶ 学习编程的秘诀是：编程，编程，再编程。

⑷ 把在书中看到的有意义的例子进行扩充。

⑸ 不要放过任何一个看上去很简单的小编程问题——它们往往并不那么简单，或许可以引伸出很多知识点。

⑹ 别心急！设计 C++ 的 class 确实不容易。自己程序中的 class 和自己的 class 设计水平是在不断的编程实践中完善和发展的。

⑺ 重视 C++ 中的异常处理技术，并将其切实地运用到自己的程序中。

⑻ 经常回顾自己以前写过的程序，并尝试重写，把自己学到的新知识运用进去。

⑼ 热爱 C++!

1.2　C++ 的开发环境

1.2.1　认识 C++ 开发环境

"工欲善其事，必先利其器。"下面首先了解 C++ 的开发环境。

C++ 开发环境，就是运行 C++ 程序的平台。使用标准化程度高、兼容性好和可移植性强的编

译环境，对于 C++ 开发人员来说非常重要，特别是对于程序设计语言的初学者。

C++ 编译器主要有 Borland 公司的 Borland C++ 和 Microsoft 公司的 Visual C++。鉴于易用性和通用性，我们选择 Visual C++ 6.0 作为本书 C++ 的开发、编译环境。

1. Visual C++ 6.0 概述

Visual C++ 6.0 不仅是一个 C++ 编译器，而且是一个基于 Windows 操作系统的可视化集成开发环境，它集成在 Visual Studio 6.0 之中，但也可单独安装使用。

Visual C++ 6.0 开发环境的界面由标题栏、菜单栏、工具栏、工作区窗口、编辑窗口、输出窗口以及状态栏等组成。Visual C++ 6.0 界面如图 1–8 所示。

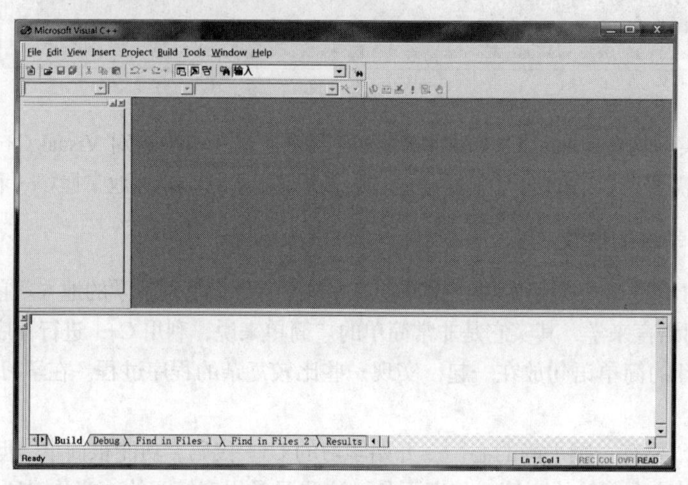

图 1–8

2. Visual C++ 6.0 下的开发步骤

在 Visual C++ 6.0 的菜单栏中，选择【File】➤【New】菜单命令，即可打开图 1–9 所示的【New】对话框。

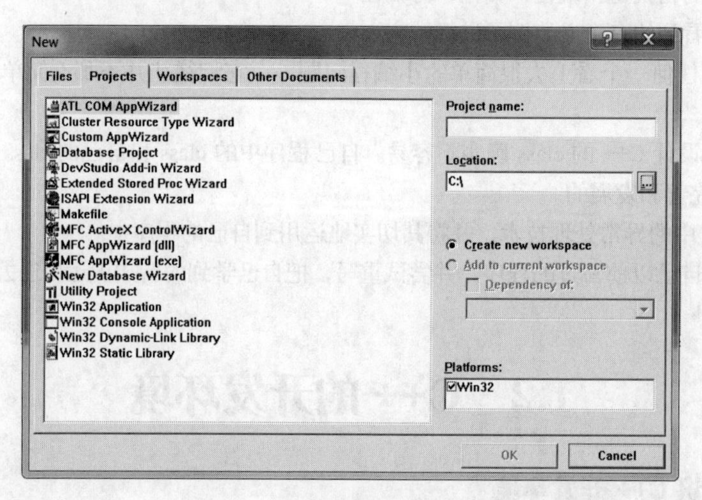

图 1–9

【New】对话框中包含 4 个选项卡，初学者可先了解如下两个部分。

(1)【Projects】选项卡。

【Win 32 Console Application】：用于创建控制台（即命令提示符窗口）下的程序的项目。

⑵【Files】选项卡。

【C/C++ Header File】：用于创建扩展名为 .h 的 C 或 C++ 的头文件。

【C++ Source File】：用于创建扩展名为 .cpp 的 C++ 的源程序文件。

3. 项目管理——工作区窗口

Visual C++ 6.0 是通过项目工作区窗口对项目进行管理的。工作区窗口如图 1–10 所示。

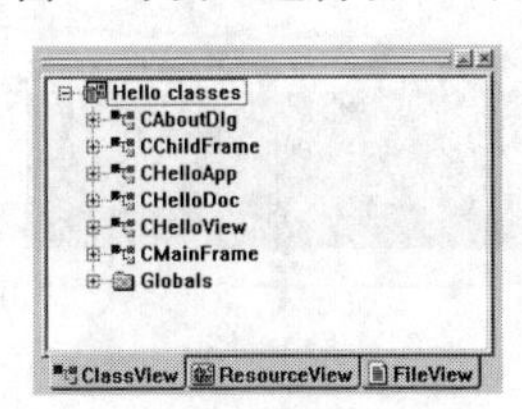

图 1–10

工作区窗口共有以下 3 个标签，分别代表 3 种视图形式。

⑴【ClassView】（类视图）：用以显示项目中所有的类信息。

⑵【ResourceView】（资源视图）：包含项目中所有资源的层次列表。每一种资源都有自己的图标。

⑶【FileView】（文件视图）：可将项目中的所有文件分类显示，每一类文件在【FileView】页面中都有自己的目录项。可以在目录项中移动文件、创建新的目录项，也可以将一些特殊类型的文件放在该目录项中。

4. 窗体及代码编辑——编辑窗口

在 Visual C++ 6.0 中，对代码或资源的一切操作都是在编辑窗口中进行的。

当创建 C++ 源程序时，编辑窗口作为代码编辑窗口使用，可进行输入、修改及删除代码等操作，如图 1–11 所示。

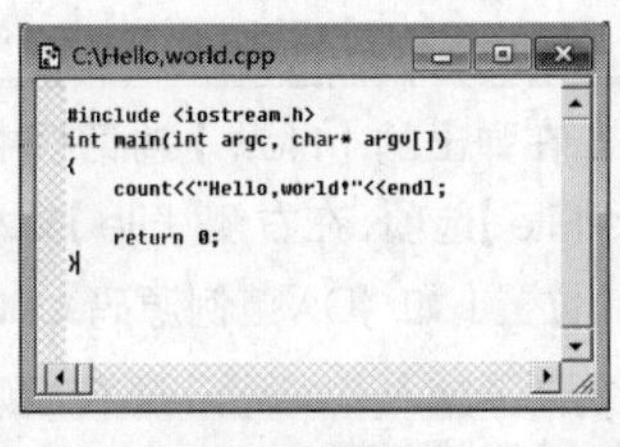

图 1–11

5. 程序调试——输出窗口

编译器在 Output 窗口中给出语法错误和编译错误信息，窗口如图 1–12 所示。

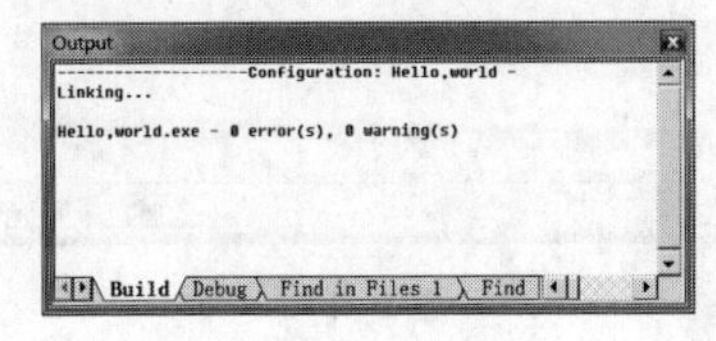

图 1–12

【error(s)】（语法错误）：鼠标双击错误信息后程序跳转到错误源代码处，一个语法错误可以引发多条错误信息，因此修改一个错误后，最好重新编译一次，以便提高工作效率。

【warning(s)】（警告信息）：一般是由于违反了 C/C++ 的规则，因而系统给出警告信息。警告信息不会影响程序的执行。

6. 程序运行——输出窗口

当程序 error(s) 和 warning(s) 都为 0 时，即可继续运行程序。单击 BuildExecuture（Ctrl+F5）运行后输出的结果如图 1-13 所示。

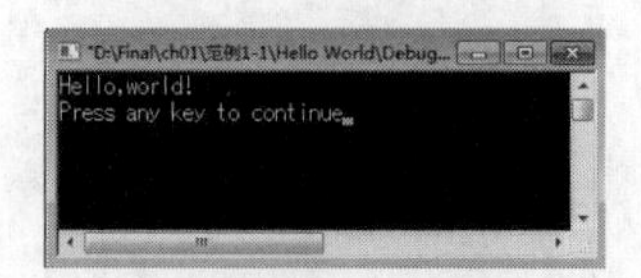

图 1-13

当看到“Press any key to continue”时，可以按下键盘上的任意键，使这个输出窗口消失。

1.2.2 第一个 C++ 程序

下面通过在 Visual C++ 6.0 中创建一个简单的 Hello World 程序，来了解 C++ 的编程过程以及 Visual C++ 6.0 的具体操作方法。

1. 创建源程序

【范例 1-1】 在 Visual C++ 6.0 中创建源程序，目的是在命令行中输出“Hello,world!”。

❶ 选择【开始】➤【程序】➤【Microsoft Visual Studio 6.0】➤【Microsoft Visual C++ 6.0】菜单项，运行 Visual C++ 6.0。

> 提示：第 1 次运行时，将显示【Tip of the Day】对话框，单击【Next Tip】按钮，可以看到各种操作的提示。若撤选左下角处的【Show tips at starup】复选框，以后运行 Visual C++ 6.0 时，将不再出现该对话框。

❷ 选择【File】➤【New】菜单命令，在弹出的【New】对话框中选择【Files】选项卡。

❸ 在左侧列表框中选择【C++ Source File】选项，在右侧【File】文本框中输入程序名称“Hello,world”，并单击 ... 按钮，选择该文件保存的位置（如“D:\范例源码\ch01\范例 1-1”），如图 1-14 所示。

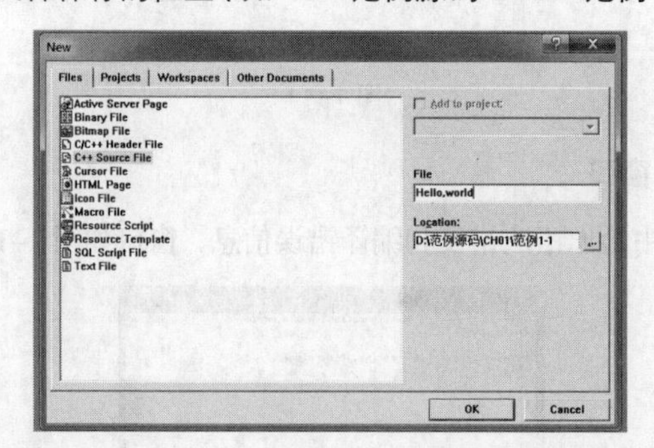

图 1-14

❹ 单击【OK】按钮，此时光标定位在 Visual C++ 6.0 的编辑窗口中，然后在编辑窗口中输入以下代码（代码 1-1.txt），如图 1-15 所示。

```
01  #include <iostream>
02  using namespace std;
03  void main()                              //定义主函数
04  {
05      cout<<"Hello,world!"<<endl;     // 在命令行中输出“Hello,world!”并换行
06  }
```

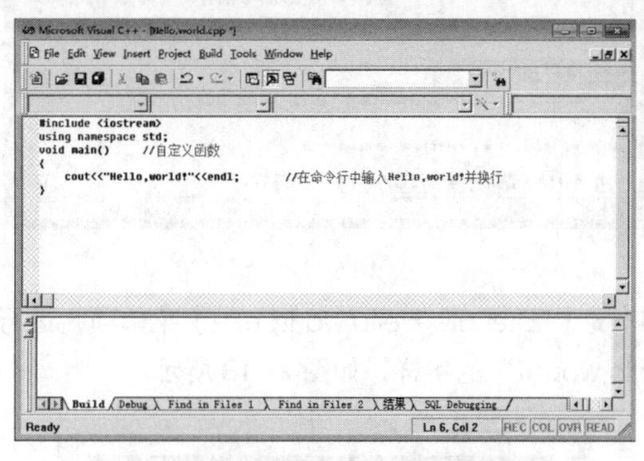

图 1–15

【代码详解】

C++ 程序是从 main 函数开始执行的。该函数只有“cout<<"Hello,world!"<<endl;”一条语句，用于输出字符串“Hello,world!”。

cout 是系统定义的输出流对象，它是通过 using namespace std 进行定义的。“<<”是插入运算符，与 cout 一起使用，它的作用是将“<<”右边的字符串“Hello,world!”插入到输出流中，C++ 系统将输出流的内容输出到标准输出设备（一般是显示器）上。

endl 的作用是换行。

语句完成后用英文的分号“;”作为结束符。

2. 编译、连接和运行程序

源程序创建完毕后，还需要编译、连接、运行，才能输出程序的结果。具体步骤如下。

❶ 编译程序。选择【Build】➤【Compile Hello,world.cpp】菜单项，对“Hello,world.cpp”进行编译。选择该命令后，会弹出图 1-16 所示的对话框。

图 1–16

技巧：单击【是】按钮，建立一个默认的项目工作区，然后编译系统开始编译程序，检查程序的语法错误，在输出窗口中输出编译信息。如果有错误，会指出错误的位置和性质；如果没有错误或警告，则会提示“Hello,world.obj – 0 error(s), 0 warning(s)”。

❷ 连接程序。选择【Build】➤【Build Hello,world.exe】菜单项，对程序进行连接。如果连接成功，将生成“Hello,world.exe”文件，如图 1–17 所示。

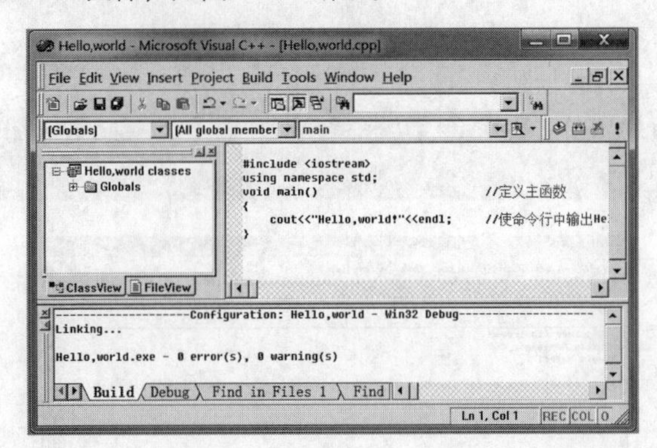

图 1–17

❸ 运行程序。选择【Build】➤【!Execute Hello,world.exe】菜单项，运行“Hello,world.exe”，即可在命令行中输出“Hello,world!”的字样，如图 1–18 所示。

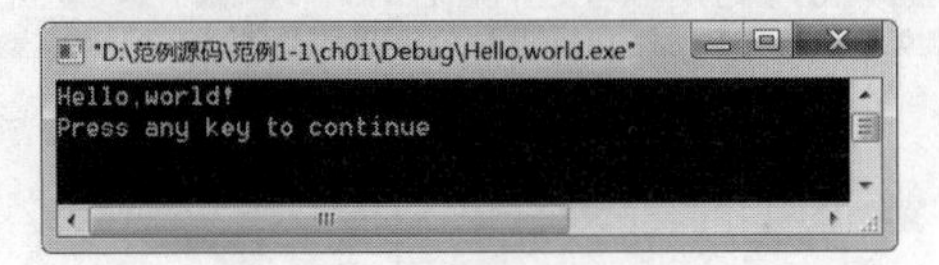

图 1–18

输出结果中的“Press any key to continue”是系统生成的，提示按任意键返回编辑窗口。

提示：也可以使用【Build Minibar】工具栏 进行编译、连接和运行。按钮 表示编译，按钮 表示连接，按钮 表示运行。

【拓展训练】

在 C++ 中输出“你好，中国！”。

既然能输出“Hello,world!”，那么肯定能输出“你好，中国！”。该怎么办呢？

只需要将上面程序第 4 行语句中引号里面的内容改为要输出的内容即可。在此改为“你好，中国！”，输出结果如图 1–19 所示。

```
cout<<" 你好，中国！ "<<endl;
```

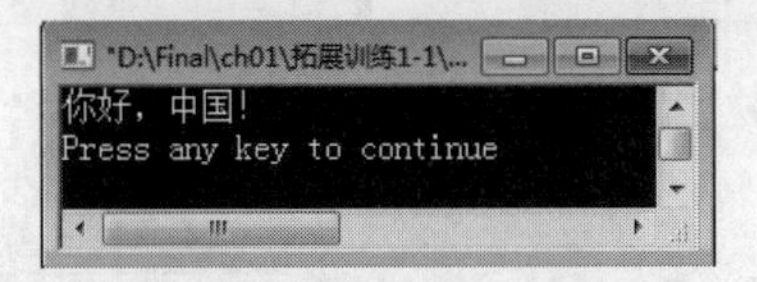

图 1–19

如果要输出两行该怎么办？

只需要使用两个 cout 命令行分别输出（如“我开始喜欢 C++ 了”和“征服 C++ 的旅程已经开始了……”）即可，如图 1–20 所示。

```
cout<<" 我开始喜欢 C++ 了 "<<endl;
cout<<" 征服 C++ 的旅程已经开始了……"<<endl;
```

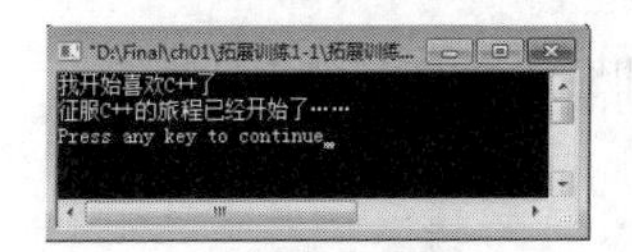

图 1-20

注意：双引号以外的标点符号必须是英文形式。

3. 常见错误

对于初学者来说，刚接触 C++ 编程语言时，难免会出现一些错误，而且出了错还不知道是怎么回事，不知道该怎么进行修改。下面就初学者常遇到的一些语法错误进行说明。

⑴ 语句中的符号误用成中文符号。

```
cout<< “hello,world!” ;
cout<<"hello,world!";
```

对比两者，你发现了什么？对，就在于引号的不同。第一条使用的是中文符号。在 C++ 的世界里，这是绝对不允许的，编译器对此无法识别，代码中除了 " " 当中可以出现中文符号之外，别的地方不可以出现。关于这一点，在后面的学习中将有讲解。再如，

```
cout<<"hello, world!"；
```

当对这条语句进行编译时，将出现图 1-21 所示的错误提醒。

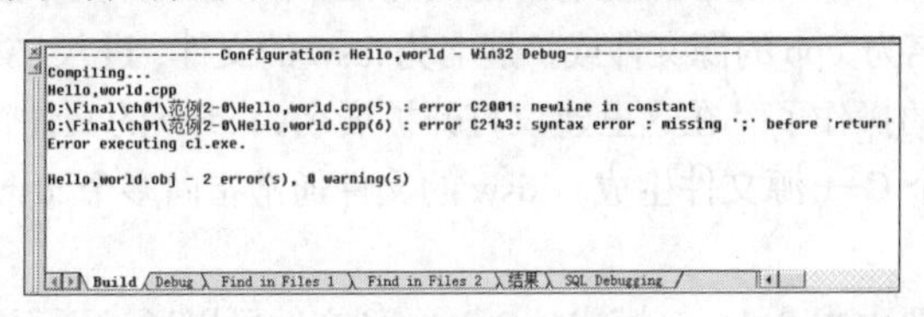

图 1-21

此处将 “;” 写成了中文格式的分号，在 C++ 的世界里，这是不允许的。

⑵ 语句后面漏分号。

C++ 规定，语句末尾必须有分号，分号是 C++ 语句不可缺少的部分。这也是 C++ 和其他语言不同的地方。当输入 “cout<<"Hello,world!"<<endl” ，然后对其编译时，程序将出现图 1-22 所示的提醒。

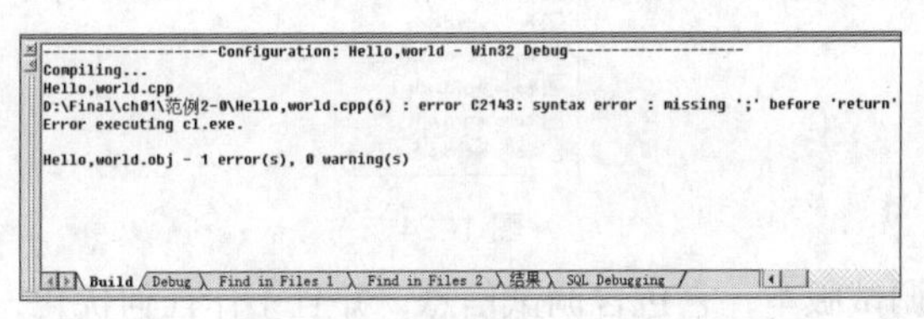

图 1-22

4. 打开已有文件

若一个程序已经建立，再次需要它时该如何找到这个程序并将其打开呢？如果是最近几次编译的程序，可以单击 C++ 编译器上的【File】，然后找到【Recent File】，在里面找到对应的程序。如果程序是很久以前编译的，且用这种方式未能找到，那么可以用接下来的方式。打开已编辑好的程序，找到它所在的存储位置。以上面编辑的程序为例，依次选择【计算机】➤【D 盘】➤【Final】➤

【ch01】➤【hello world】，将看到图 1-23 所示的文件列表。

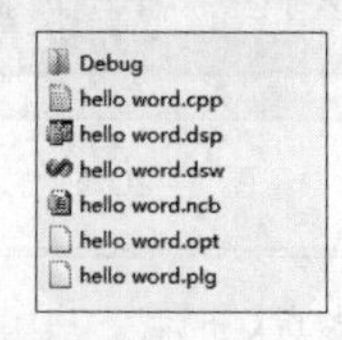

图 1-23

对程序进行编译后，将生成图 1-23 中所显示的几个文件。下面介绍各文件扩展名所代表的含义。

(1) CPP：用 C++ 编写的源代码文件。

(2) DSP：Visual C++ 开发环境生成的工程文件，Visual C++ 4 及以前版本使用 MAK 文件来定义工程。该类文件是项目文件，采用文本格式。

(3) DSW：Visual C++ 开发环境生成的 WorkSpace 文件，用于把多个工程组织到一个 WorkSpace 中。该类文件属于工作区文件，与 .dsp 类似。

(4) NCB：NCB 是“No Compile Browser”的缩写，无编译浏览文件，其中存放了供 ClassView、WizardBar 和 Component Gallery 使用的信息，由 Visual C++ 开发环境自动生成。当自动完成功能出现问题时，可以删除此文件，编译工程后会自动生成。

(5) OPT：Visual C++ 开发环境自动生成的用于存放 WorkSpace 中各种选项的文件，是工程关于开发环境的参数文件，如工具条位置信息等。

(6) PLG：编译信息文件，编译时的错误和警告信息文件。

(7) Debug：Visual C++ 编写的程序在执行时自动新建的一个文件夹，用于存放调试信息。

可以通过打开扩展名为 .cpp 的源文件或扩展名为 .dsw 的文件，进入 Visual C++ 6.0 的开发环境。接下来就可以进行需要的操作了。在这里建议打开扩展名为 .dsw 的文件，因为以后的章节会涉及工程文件，此时会有多个 C++ 源文件生成。.dsw 的文件通常指向多个 .dsp 文件，通过 .dsw 文件可以同时连接多个源文件。

编程后发布程序需要生成 Release 模式。Debug 型文件可以通过下面的步骤进行转换。

选择【Tool】➤【Customize】➤【Commands】➤【Category】➤【Build】，将右侧 buttons 里的矩形框图拖到工具栏处，就可以进行 Debug 和 Release 的更改。

更改后编译程序，将有如图 1-24 所示文件列表生成。

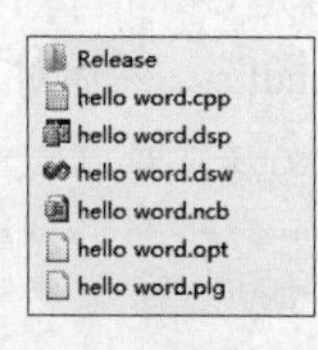

图 1-24

Debug 通常被称为调试版本，它包含调试信息，并且不作任何优化，便于程序员调试程序。Release 被称为发布版本，它往往进行了多种优化，使得程序在代码大小和运行速度上都是最优的，可以方便用户更好地使用。我们使用的软件多是 Release 版本的。Debug 和 Release 并没有本质的差别，它们只是一组编译选项的集合，编译器只是按照预定的选项进行编译链接。

1.3 C++ 代码编写规范

C++ 程序语言的书写格式自由度高，灵活性强，随意性大。如一行内可写一条语句，也可写几条语句；一条语句也可分写在多行。但这些书写特点使得 C++ 程序比其他语言程序更难读懂。为了提高程序的可读性，使用规范的代码编写是非常重要和必要的。

1. 代码编写规范的必要性

代码编写规范，可以使程序结构清晰、明了，程序代码紧凑，提高程序的可读性（特别是在团队开发程序的过程中），因此，写代码时遵守 C++ 的规范是非常重要的。

2. 如何将代码书写规范

为了提高程序的可读性，使其便于理解，编写程序时应按以下要点进行。

⑴ 一般情况下每个语句占用一行。一行输入完毕时按 Enter 键，光标会自动按 C++ 规范跳到下一行指定位置。

⑵ 表示结构层次的大括号，写在该结构化语句第 1 个字母的下方，与结构化语句对齐，并占用一行。

⑶ 适当增加空格和空行。

⑷ 编写代码的同时，对一些主要代码进行注释；写完代码后，还要写一些文档等信息。

1.4 综合实例——编写程序“Hello World”

【范例 1-2】 输出“Hello,world!”。

❶ 选择【File】➤【New】菜单项，弹出【New】对话框，选择【Projects】选项卡，选择【Win32 Console Application】选项，在【Projects name】文本框中输入项目名称“Hello World”，在【Location】文本框中输入或选择项目所在位置“D:\范例源码\ch01\范例1-2\Hello World”，如图 1-25 所示。

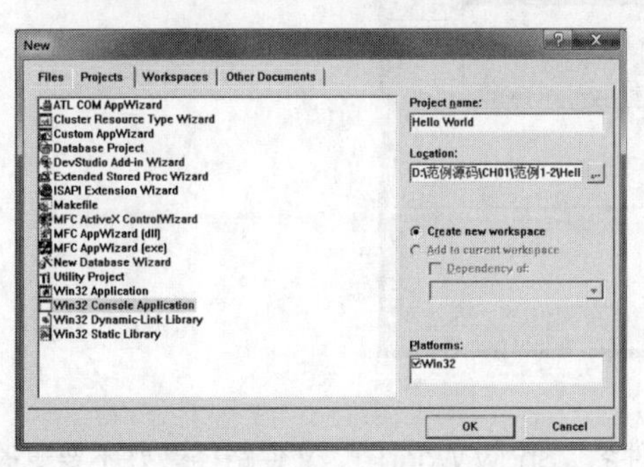

图 1-25

❷ 单击【OK】按钮，弹出【Win32 Console Application - Step 1 of 1】对话框，选中【A simple application】单选按钮（当然也可以选择其他单选按钮，如【An empty project】），如图 1-26 所示。

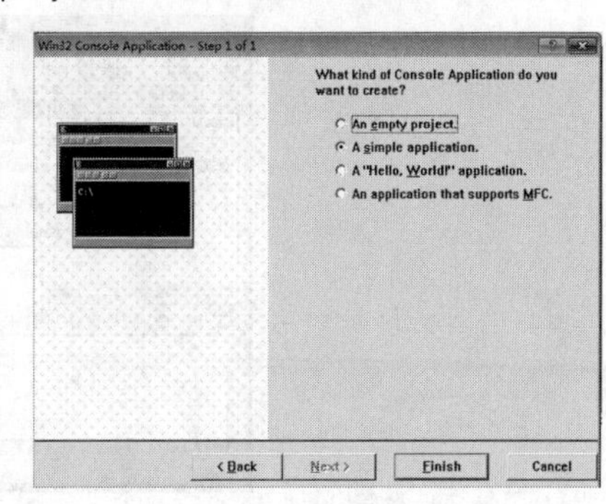

图 1-26

❸ 单击【Finish】按钮，弹出【New Project

Information】对话框，对新项目进行说明，如图 1-27 所示。

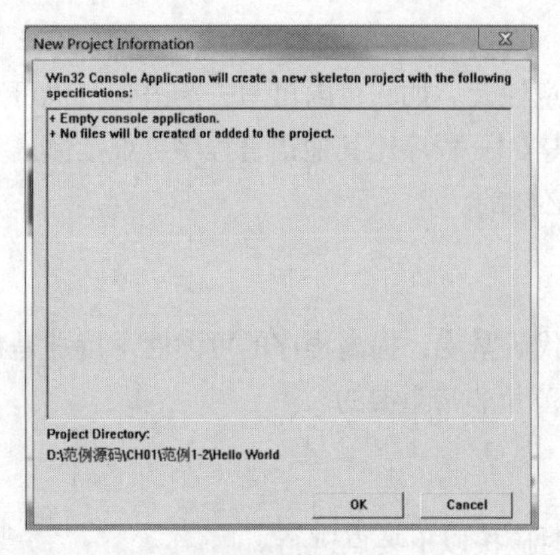

图 1-27

❹ 单击【OK】按钮，进入 Visual C++ 6.0 开发环境。在项目工作区可以看到【ClassView】和【FileView】两个标签项。

切换到【FileView】标签项，可以看到 AppWizard（应用向导）生成了 Hello World.cpp、stdafx.cpp、stdafx.h 和 ReadMe.txt 共 4 个文件。扩展名为 .cpp 的文件又称实现文件，扩展名为 .h 的文件又称头文件。

ReadMe.txt 是 Visual C++ 6.0 为每个项目配置的说明文件，包括 AppWizard 产生的“真正”具有实际意义的程序源代码，用户的代码将添加在该文件中。

选择【ClassView】标签项，将显示 Hello World 类信息，单击各目录项前面的“+”号，可将所有的目录项展开。双击 main 函数名，在编辑窗口中会自动打开 main 函数所在的 Hello World.cpp 源文件，且光标已经定位到该文件中。

❺ 在 Hello World.cpp 代码编辑窗口输入以下代码（代码 1-2-1.txt）。

```
01  #include <iostream>
02  using namespace std;
03  void show();                  // 声明 show 函数
04  int main()                    // 主函数，程序的入口
05  {
06    cout<<"Hello ";             // 输出 Hello
07     show();                    // 调用 show 函数
08     return 0;                  // 返回 0 结束程序
09  }
```

❻ 添加另外一个文件 ShowWorld.cpp。选择【Projects】➤【Add to Project】菜单项，然后在其子菜单中选择【New】菜单项，即可新建文件。选择【Files】菜单项可以添加已有的文件，如图 1-28 所示。

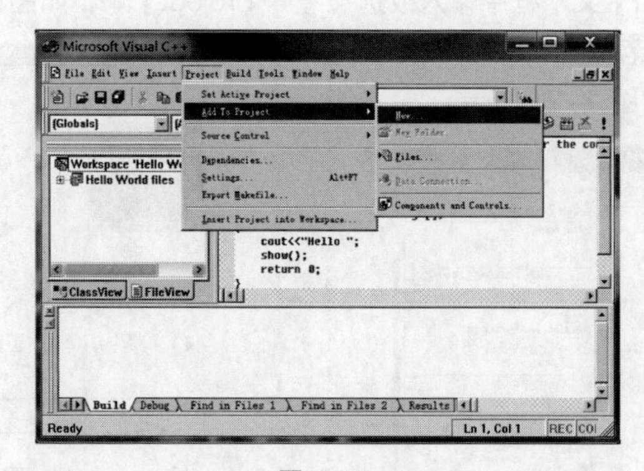

图 1-28

❼ 选择【New】菜单项，打开【New】对话框。输入文件名“Show World”，文件路径最好不要更改，

这样多个源程序都会在同一个目录下，如图 1–29 所示。

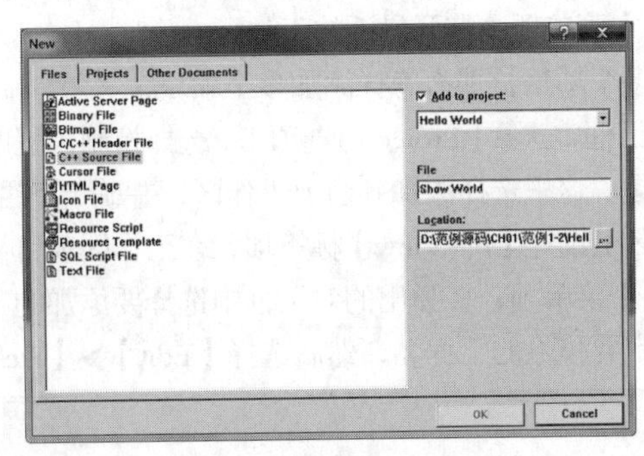

图 1–29

❽ 单击【OK】按钮，此时光标定位到 Show World.cpp 文件中。在该代码窗口中输入以下代码（代码 1–2–2.txt）。

```
01  #include <iostream>
02  using namespace std;
03  void show()                          // 定义 show 函数
04  {
05    cout<<"World!"<<endl;              // 输出 World! 并换行
06  }
```

【运行结果】

(1) 选择【Build】➤【Build Hello World.exe】菜单项，对程序进行连接。

(2) 选择【Build】➤【!Execute Hello World.exe】菜单项，运行“Hello World.exe”，即可在命令行中输出图 1–30 所示的结果。

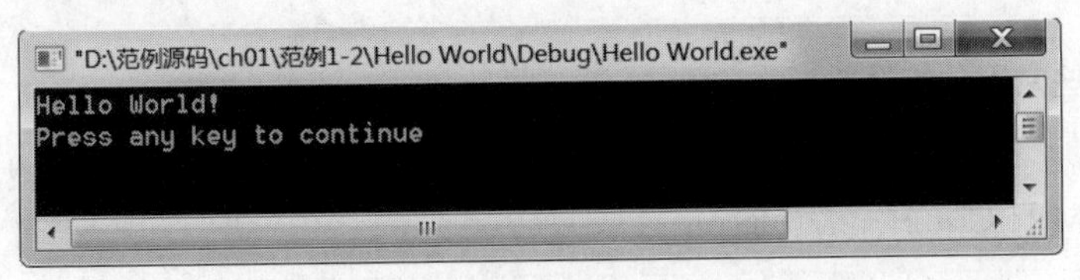

图 1–30

【范例分析】

C++ 程序都是从 main 函数开始执行的，先输出“Hello”，然后调用 show 函数输出“World!”。show 函数不在 Hello World.cpp 文件中，而是在 Show World.cpp 文件中，所以需要对该函数进行声明。如果运行代码时出现一个错误提示，则说明需要对当前项目的预编译头设置进行更改。选择【Project】➤【Settings】选项，在弹出的【Project Settings】对话框中选择【C/C++】选项卡，设置【Category】为“Precompiled Headers”选项，之后选中【Not using precompiled headers】单选项，单击【OK】按钮，再执行命令即可。

提示：程序已经完成，不再对其进行操作了，该怎么办？

选择【File】➤【Close Workspace】菜单项，关闭工作区，即可结束对程序的操作。如果要再次打开，选择【File】➤【Open Workspace】菜单项，找到 .dsw 文件打开即可；或者选择【File】➤

【Recent Workspace】菜单项，打开最近的工作区。

项目工作区可以包含多个项目，那么怎样添加多个项目，又怎样添加已存在的文件呢？

方法一：在【New】对话框中选择【Projects】选项卡，选择控制台程序，输入工程名及保存位置，项目工作区默认是创建。这里选择添加到当前工作区，并确定是否存在依赖关系。

方法二：在项目工作区上选择【FileView】标签项，在工作区项目上单击鼠标右键选择【Insert Project Into Workspace】菜单项，在弹出的对话框中选择要添加的工程文件（.dsp 文件）。

移除工程时，首先选定要移除的工程名，然后选择【Edit】➤【Delete】菜单项即可。

1.5 本章小结

本章主要讲解什么是 C++、C++ 的开发环境、第一个 C++ 程序和 C++ 代码编写规范。通过本章的学习，希望初学者学会在 Visual C++ 环境下进行 C++ 工程的布置，掌握 C++ 的基础知识。

1.6 疑难解答

1. C++ 和 C 语言相比有哪些主要的特点和优点？

C++ 的主要特点表现在两个方面，一是全面兼容 C 语言，二是支持面向对象的程序设计。

C++ 是一个更好的 C 语言，它保持了 C 语言的简洁、高效、接近汇编语言、良好的可读性和可移植性等特点，对 C 语言的类型系统进行了改革和扩充，因此 C++ 比 C 语言更安全，C++ 的编译系统能检查出更多的类型错误。C++ 最重要的特点是支持面向对象。

2. C++ 有哪些常用的编译器？

C++ 编译器主要有 Microsoft 的 Visual C++、遵循 GPL 协议的 GCC 下的 g++ 编译器、遵循 BSD 协议的 LLVM 和 Clang++ 编译器。

1.7 实战练习

操作题：在 C++ 中编写一个应用程序，要求实现以下功能：输出“我爱学习 C++，C++ 学习 So easy”。

第 2 章 数据类型

本章导读

经过第 1 章的学习，我们已经对 C++ 编程有了初步的认识和感知，知道了如何在 C++ 的编辑窗口编辑代码，以及经过编译连接生成可以被计算机执行的语言代码。计算机处理的对象是数据，为了描述不同的对象，需要用到不同的数据。为了提高数据的运算效率和数据的存储能力，本章将引入数据类型的概念。根据数据是否可以变化，可将数据分为变量和常量。

本章学时：理论 2 学时 + 实践 1 学时

学习目标

- 基本数据类型
- 常量
- 变量
- 数据类型转换

2.1 基本数据类型

数据是进行程序设计的基础，在 C++ 中定义了很多数据类型，本节将介绍常用的数据类型及其基本用法。常用的数据类型包括整型、浮点型、字符型。

2.1.1 整型

我们已经知道了计算机是如何存储数据的，下面将介绍计算机中最常用同时也是最简单的整型数据。“整型”就是不含小数部分的数值，包括正整数、负整数和 0，用 int 表示。

int 类型数据的特点如下。

首先来看整型常量。整型常量有 3 种表示方法。

(1) 十进制形式，如 26、–29、0 和 12000。

(2) 八进制形式，以数字 0 开头，由数字 0 ~ 7 组成的数据，如 056 和 –0234。

(3) 十六进制形式，以 0x 或 0X 开头，由数字 0 ~ 9 和字母 A、B、C、D、E、F 组成的数据，如 0X5A、0x39 和 –0x5b。注意，这里字母不区分大小写。

整型变量的值都为整数。计算机中的整数与数学意义上的整数有很大的区别。数学上的整数可从负无穷大到正无穷大，而计算机中的整数类型有很多种，并且值都是有范围的。整型按照表示长度有 8、16、32 位之分，具体如表 2–1 所示。

表 2–1

类型	有符号形式	无符号形式	默认形式
8 位	signed char	unsigned char	signed char
16 位	signed short int	unsigned short int	signed short int
32 位	signed int	unsigned int	signed int
*32 位	signed long int	unsigned long int	signed long int

有了类型和符号形式，就可以得到整型数值的表示范围。

（1）有符号形式：$L=-2^{n-1}$，$U=2^{n-1}-1$。

（2）无符号形式：$L=0$，$U=2^{n}-1$。

其中，L 表示范围的下限，即整型数据可以表示的最小数值；U 表示范围的上限，即整型数据可以表示的最大数值；n 表示类型，即位长。例如 short int，即默认的 signed short int，表示的数据范围为 -2^{15}~$2^{15}-1$，即 –32768~32767。

2.1.2 浮点型

浮点数也被称为实型数，就是我们平时所说的小数。有两种精度的浮点型数据，一种是单精度的 float 类型，另一种是双精度的 double 类型，它们的区别是精度不一样，小数点后面的精确位数 double 比 float 多。实型数有小数表示法和指数表示法两种表示形式。

(1) 小数表示法。使用这种表示形式时，实型常量分为整数部分和小数部分。其中的一部分可在实际使用时省略，如 10.2、.2、2. 等，但整数和小数部分不能同时省略。

(2) 指数表示法。指数表示法也被称为科学记数法，指数部分以 E 或 e 开始，而且必须是整数。如果浮点数采用指数表示法，则 E 或 e 的两边都至少要有一位数。如 1.2e20、-3.4e-2 是合法的。

浮点数在计算机中同样也必须用二进制表示，分为整数部分和小数部分两部分。整数部分的转换不用说了，小数部分采用与整数部分相反的方法进行，即“乘 2 取整法”，这里不再讨论。

2.1.3 字符型

字符型的数据是不同于整型和浮点型的一类数据类型，不是由数字组成的。可以说，除了上面介绍的两种类型的数据外，其他数据都是字符型的，整型和浮点型也可以被看成字符型。另外，键盘上可以打出来的内容都可以被视为字符，包括空格、回车等。计算机存储字符型数据是通过这个字符所对应的 ASCII 来进行的。

这里要特别说明的是，ASCII 是一种特殊字符转义字符。ASCII 有 128 个字符，其中 ASCII 值为 0~31 或 127 的为不可见字符，也就是控制字符。由此不难看出，在不太苛刻的条件下，上述不同的 ASCII 值的范围分别表示可见字符和不可见字符。仅仅如此还不足以体现字符型的个性所在。在 C++ 中有一种特殊形式的字符，即以“\”打头的格式字符，这就是转义字符。表 2-2 列出了 C++ 中转义字符的所有形式。

表 2-2

字符形式	整数值	代表符号	字符形式	整数值	代表符号
\a	0x07	响铃	\"	0x22	双引号
\b	0x08	退格	\'	0x27	单引号
\t	0x09	水平制表符	\?	0x3F	问号
\n	0x0A	换行	\\	0x5C	反斜杠字符
\v	0x0B	垂直制表符	\ddd	0ddd	1~3 位八进制数
\r	0x0D	回车	\xhh	0xhh	1~2 位十六进制数

2.2 常量

C++ 程序除了规定的语句之外，还需要操作一些数据。正如在数学中有已知数和未知数一样，C++ 中也有常量和变量之分。那么什么是常量？怎么使用常量？变量是什么？如何声明变量？如何使用变量？这些就是接下来要学习的内容。

常量，顾名思义，就是值不会改变的量。常量一般有 3 种形式，分别是用于输出的常量、用宏定义的字符常量和由 const 修饰、值不可以变化的变量（习惯上叫常量）。

2.2.1 输出常量

用于输出的常量有数值常量、字符常量和字符串常量。

数值常量即通常所说的常数，可以是整型、实数型，如 234、12、6、0.9、89.67、-89、-98.76 等，当然也可以是 0。如果是负数，一定要带上符号“-”；如果是正数，可以不带符号“+”，当然也可以带上。

C++ 的字符常量是用英文单引号引起来的一个字符，如 'a'、'F'、'3'、'!'、'%' 等。字符常量中的单引号仅起分界符的作用，存储和使用时都不包括单引号。输出时要用 ''（两个单引号）将它引起来。

字符常量以单引号作为分界符，单引号是英文标点符号，不能是中文标点符号。上面介绍数据类型、字符类型时提到的转义字符也都是英文标点符号。

注意：数值常量 3 和字符常量 '3' 代表不同的含义，3 表示数的大小，'3' 仅仅表示符号。后者就像电话号码中的数字，没有人会想到它的大小。在计算机内存中，3 和 '3' 的保存方式是不一样的。

C++ 的字符串常量是用双引号引起来的字符序列。

任何字母、数字、符号和转义字符都可以组成字符串，下面举例说明。

(1) "" 是空串。

(2) " " 是空格串，而不是空串。

(3) "b" 是由一个字符 b 构成的字符串。

(4) "Happy Birthday" 是由多个字符序列构成的字符串。

(5) "abc\t\n" 是由多个包括转义字符在内的字符构成的字符串。

注意："A" 和 'A' 不一样，前者是只有一个字符的字符串常量，后者是字符常量。

提示："A" 和 'A' 究竟有什么不同呢？

C++ 规定：在每一个字符串的结尾加一个“字符串结束标记”，以便系统能据此判断字符串是否结束。字符串结束标记就是 '\0'。所以在计算机内存中，"A" 其实占了两个字符的存储位置，一个是字符 'A'，一个是字符 '\0'。

字符常量与字符串常量的区别如下。

(1) 书写格式不同：字符常量用 ' '（单引号），字符串常量用 " "（双引号）。

(2) 表现形式不同：字符常量是单个字符，字符串常量是一个或多个字符序列。

(3) 存储方式不同：字符常量占用 1 字节，字符串常量占用 1 字节以上（比字符串的长度多 1 个）。

由双引号 " " 引起来的字符序列中的字符个数称为字符串的长度，字符串结束符 '\0' 并不计算在字符串的长度内（在定义字符串常量时，这个结束符不需要给出，C++ 会自动加上，但是存储时，空字符将会额外地占用 1 字节空间）。比较容易出错的是，当字符串中出现转义字符时字符串长度的确定。转义字符从形式上看是多个字符，但实际中它只代表一个字符，因此在计算字符串的长度时容易将它看成多个字符计入长度中。

提示：字符串“\\\"sam\"\\\n”的长度是多少？

它的长度为 8。

第 1 个字符是转义字符 \\，第 2 个字符是转义字符 \"，第 3 ~ 5 个字符是字符 s、a、m，接下来是第 6 个字符 \"，第 7 个是转义字符 \\，第 8 个是 \n。最终的输出形式为 \"sam"\，然后换行。

【范例 2-1】 认识常量。

(1) 在 Visual C++ 6.0 中，新建名为“helloConstant”的【C++ Source File】源程序。

(2) 在代码编辑区域输入以下代码（代码 2-1.txt）。

```
01  #include <iostream>
02  using namespace std;
03  int main()
04  {
05      cout<<" 认识 C++ 中常量 "<<endl;
06      cout<<34<<endl;                    // 在命令行中输出“34”并回车
07      cout<<1.8<<endl;                   // 在命令行中输出“1.8”并回车
08      cout<<-78<<endl;                   // 在命令行中输出“-78”并回车
09      cout<<'b'<<'a'<<'g'<<'\t'<<'\''<<'!'<<'\''<<'\n';    // 输出 3 个字符 b、a、g，然后输出
一个制表符、一个单引号 '、一个感叹号！、一个单引号 '，最后回车换行
10      cout<<"This is a book!"<<endl;          // 在命令行中输出“This is a book!”并回车
11      return 0;                          // 函数返回 0
12  }
```

【代码详解】

endl 的作用是输入一个回车并刷新缓冲区，其中输入回车的功能也可以使用“\n”代替。

由于入口函数使用了 int main()，所以在程序结束时需要返回一个整数，“return 0;”的作用就体现在此。如果使用 void main()，就不需要加 return 语句。另外，“return 0;”和“return EXIT_SUCCESS;”的功能一样，标志程序无错误退出。

【运行结果】

编译、连接、运行程序，即可在命令行中输出各个常量，如图 2-1 所示。

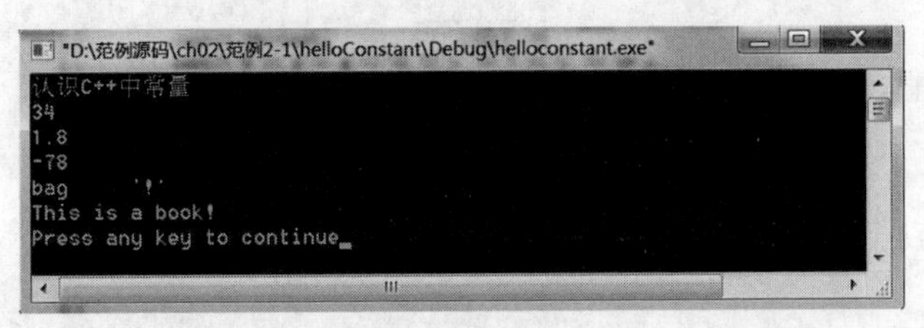

图 2-1

【范例分析】

在本范例中虽然有字符串常量、整型常量、字符常量，但其实是很简单的一个实例。

技巧：C++ 中的整型常量可不能像数学中的整数一样，个、十、百、千、万、十万、百万、千万、亿，爱写多少位就写多少位，C++ 中的整数大到一定程度就不能再大了。

在C++中，数值常量如果大到一定的程度，程序就会出现错误，无法正常运行。这是为什么呢？

原来，C++程序中的量，包括我们现在学的常量，也包括后面要学到的变量，在计算机中都要放在一个空间里，这个空间就是我们常说的内存。我们可以把它们想象成是一个个规格定好了的盒子，这些盒子的大小是有限的，不能放无穷大的数据。

注意：有些字符因为已经被用作界限符，比如单引号、双引号和反斜杠，所以如果要输出这些字符，就必须使用转义字符。

2.2.2 宏定义的符号常量

当某个常量引用起来比较复杂而又经常要被用到时，可以将该常量定义为符号常量，也就是分配一个符号给这个常量，在以后的引用中这个符号就代表了实际的常量。这种用一个指定的名字代表的常量被称为符号常量，即带名字的常量。在C++的语言世界里我们常用宏来使符号常量得以简化。使用宏可提高程序的通用性和易读性，减少不一致性，从而减少输入错误并便于修改。

在C++中，可以将程序中的常量定义为一个标识符，这个标识符被称为符号常量。它就是所谓的符号常量，也被称为“宏名”。符号常量必须在使用前先定义，定义的格式为：

```
#define 符号常量 常量
```

一般情况下，符号常量定义命令要放在主函数main()之前，如：

```
#define PI 3.14159
```

该命令的意思是用符号PI代替3.14159。在编译之前，系统会自动把所有的PI替换成3.14159，也就是说，编译运行时系统中只有3.14159而没有符号。

【范例2-2】 符号常量。

(1) 在Visual C++ 6.0中，新建名为“signconstant”的【C++ Source File】源文件。

(2) 在代码编辑区域输入以下代码（代码2-2.txt）。

```
01  #define  PI  3.14159                    //定义符号常量PI
02  #include <iostream>
03  using namespace std;
04  int  main()
05  {
06      int r;                              //定义一个变量，用来存放圆的半径
07      cout<<"请输入圆的半径：";          //提示用户输入圆的半径
08      cin>>r;                             //输入圆的半径
09      cout<<"\n圆的周长为：";
10      cout<<2*PI*r<<endl;                 //计算圆的周长并输出
11      cout<<"\n圆的面积为：";
12      cout<<PI*r*r<<endl;                 //计算圆的面积并输出
13      return 0;
14  }
```

【运行结果】

编译、连接、运行程序，根据提示输入圆的半径 6，按【Enter】键，程序就会计算圆的周长和面积并输出，如图 2-2 所示。

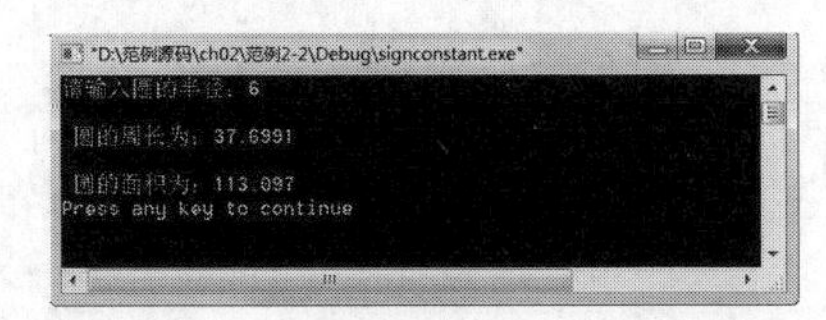

图 2-2

【范例分析】

在这个例子中我们用到了运算，有关这方面的内容将在后面介绍。由于我们在程序前面定义了符号常量 PI 的值为 3.14159，所以经过系统预处理，程序在编译之前已经变成如下形式。

```
01  #include <iostream>
02  using namespace std;
03  int  main()
04   {
05     int r;
06     cout<<" 请输入圆的半径：";
07     cin>>r;                                  // 将输入的半径赋值给 r
08     cout<<" \n 圆的周长为：";
09     cout<<2*3.14159*r<<endl;                 // * 在 C 语言中为乘法操作，此为求圆周长操作
10     cout<<" \n 圆的面积为：";
11     cout<<3.14159*r*r<<endl;                 // * 在 C 语言中为乘法操作，此为求圆面积操作
12     return 0;
13   }
```

步骤 (2) 中代码第 1 行的 #define 就是预处理命令。C++ 在编译之前首先要对这些命令进行一番处理，在这里就是用真正的常量值取代符号。

有人可能会问，既然在编译时也要处理成常量，为什么还要定义符号常量呢？原因有如下两个。

⑴ 易于输入，易于理解。在程序中输入 PI，可以清楚地与数学公式对应，且每次输入时相应的字符数少一些。

⑵ 便于修改。此处如果要提高计算精度，如把 PI 的值改为 3.1415926，只需修改预处理中的常量值，那么程序中不管用到多少次，都会自动跟着修改。

> 提示：① 符号常量不同于变量，它的值在其作用域内不会改变，也不能被赋值。② 习惯上，符号常量名用大写英文标识符，而变量名用小写英文标识符，以示区别。③ 定义符号常量的目的是提高程序的可读性，便于程序的调试和修改。因此在定义符号常量名时，应尽量使其表达它所代表的常量的含义。④ 程序中用双引号引起来的字符串，即使与符号一样，预处理时也不进行替换。

【拓展训练】

动手试一试下列程序的运行结果是否跟你想象的结果一样。分析一下原因。

```
01  #define  X  3+2
02  #include <iostream>
03  using namespace std;
04  int  main()
05   {
06     cout<<X*X<<endl;
07     cout<<X+X<<endl;
08     return 0;
09   }
```

在这里，符号常量代表表达式 3+2。经过编译预处理后，程序变成了下面的样子。

```
01  #include <iostream>
02  using namespace std;
03  int  main()
04   {
05     cout<<3+2*3+2<<endl;        // 用 3+2 代替 X
06     cout<<3+2+3+2<<endl;        // 用 3+2 代替 X
07     return 0;
08   }
```

所以输出分别为 11 和 10。因为 3+2×3+2 中先计算 2×3，而不是先计算 3+2。
由此可见，预处理时只是简单地取代符号，而不是先进行计算。

提示：如果要计算（3+2）×（3+2）的结果，该怎么定义符号常量呢？
只需要把“#define X 3+2”改为“#define X(3+2)”。这样编译预处理后程序就变成下面的样子。

```
01  #include <iostream>
02  using namespace std;
03  int  main()
04   {
05     cout<<(3+2)*(3+2)<<endl;    // 用 (3+2) 代替 X
06     cout<<(3+2)+(3+2)<<endl;    // 用 (3+2) 代替 X
07    return 0;
08    }
```

2.2.3　const 常变量

我们查阅字典后可以发现，单词 const 的意思就是常量。在定义变量时，如果加上关键字 const，则变量的值在程序运行期间不能改变，这种变量称为常变量（constant variable），也就是说，用 const 定义的是常量而不是变量，它的值只能读而不能写（修改），例如下面的语句。

```
const int a=3;          // 用 const 声明这种变量的值不能改变，指定其值始终为 3
const 常量定义格式为：const 类型名 常量名 = 常量值
```

例如上面定义了一个常量 a，它的值为 3。

在定义常变量时必须同时对它初始化（即指定其值），此后它的值不能再改变。而常变量不能出现在赋值号的左边。上面一行语句不能写成如下形式。

```
const int a;
a=3;                // 常变量不能被赋值
```

可以用表达式对常变量初始化，如下所示。

```
const int b=3+6,c=3*2;    //b 的值被定义为 9，c 的值被定义为 6
```

有读者自然会提这样的问题：变量的值应该是可以变化的，为什么值固定的量也称变量呢？的确，从字面上看，常变量的名称本身包含着矛盾。其实，从计算机实现的角度看，变量的特征是存在一个以变量名命名的存储单元，在一般情况下，存储单元中的内容是可以变化的。对常变量来说，无非是在此基础上加上一个限定：在存储单元中的值不允许变化。因此常变量又称只读变量。

常变量这一概念是从应用需要的角度提出的，例如有时要求某些变量的值不能改变（如函数的参数），这时就用 const 加以限定。除了变量以外，之后本书还要介绍指针、常对象等，如图 2–3 所示。

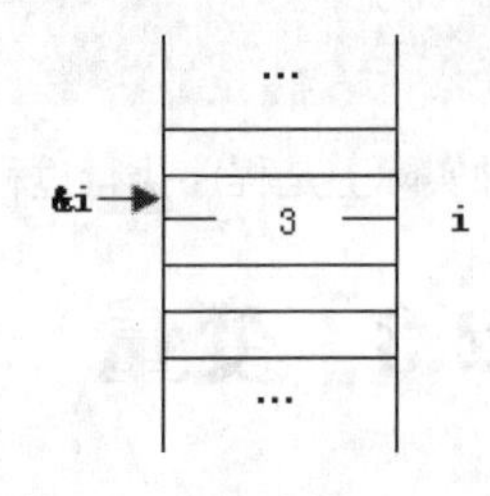

图 2–3

图 2–3 表示在编译时分配 2 字节大小的内存空间，变量 i 的值就从这 2 字节单元中取得。

变量有以下 4 个属性。

⑴ 变量名称：表示变量的一个标识符，符合标识符的命名规则。

⑵ 数据类型：一个变量必须属于 C++ 中的某种数据类型，如整型 int、字符型 char 等。

⑶ 变量地址：系统分配给变量的内存单元编号。C++ 可以用 &（地址运算符）加变量名称求得一个变量的地址，例如 &i。这方面的知识在学完指针后会更清晰。

⑷ 变量的值：定义一个变量的目的就是为了使用它的内容（值），没有值的变量是没有意义的。大部分数据类型的变量值可以用名称直接表示，例如 i = 3，就代表变量 i 的值为 3。

变量名称和数据类型由用户定义说明。变量地址由系统决定。变量的值来自程序中的赋值。给变量赋值的方法有初始化和赋值语句两种。赋值语句我们在前面已经有所接触，下面重点介绍变量的初始化。

C++ 允许在变量声明的同时对变量赋值，这被称为变量的初始化，也叫变量赋初值。在程序设计中常常需要对变量赋初值。

语法格式为：

```
类型说明符 变量名 = 初始数据；
```

其中“=”是赋值运算符，表示将初始数据存入变量名所代表的内存单元。

例如 int k=14，表示定义一个整型变量 k 的同时，将数据 14 存入 k 所代表的存储单元。

如果相同类型的几个变量需要同时初始化，可以在一个声明语句中进行。

语法格式为：

```
类型说明符 变量名 1= 初始数据 1，…，变量名 n= 初始数据 n;
```

例如 int a=8,b=8,c=8, 表示 a、b、c 的初始值均为 8，但并不表示整个程序中 3 个变量的值一直不变或一直相等。

也可以对被定义变量中的一部分赋初值。

例如：

```
int a=3,n; /* 定义 a、n 为整型变量，只有 a 被初始化，且 a 的初始值为 3*/
float b,c=10.1; /* 定义 b、c 为实型，且 c 的初值为 10.1*/
```

该语句相当于：

```
int  a,n;
float  b,c;
a=3;c=10.1;
```

但是两者之间有一定的差别，后一种实际上是程序执行过程中由赋值语句对变量进行赋值。

2.3 变量

我们已经见过 C++ 常量，在个别例子中也不可避免地看到了变量的影子，那什么是变量呢？变量怎么定义？变量如何初始化？

2.3.1 什么是变量

在数学学习中，一个变化的量可以用一个字符代替，并被称为变量。同样，在 C++ 中，为了存放一个值可以发生改变的量，我们也有变量的概念。

C++ 程序中出现的每个变量都是由用户在程序设计时定义的。C++ 规定，所有的变量必须先定义后使用，变量名必须按照 C++ 规定的标识符命名原则命名。在同一个函数中，变量名不要重复，即使它们的数据类型不同。

在学习变量时要了解的两个概念是标识符和关键字。

标识符就像我们给孩子起的名字一样，但是在 C++ 和其他的编程语言中，标识符的命名有一定的规则。关键字就是这些词语已经被系统征用了，用户不可以再使用。

标识符的特点如下。

(1) 由于 C++ 严格区分大小写字母，因此 Sum 和 sum 被认为是不同的变量名。为了程序的易读性，应该使用不同的变量名，而不是通过大小写来区分变量。

⑵ 对变量名的长度（标识符的长度）没有统一的规定，随系统的不同而有不同的规定。一般来说，C++ 编译器肯定能识别前 31 个字符，所以标识符的长度最好不要超过 31 个字符，这样可以保证程序具有良好的移植性，并避免发生某些令人费解的程序设计错误。许多系统只确认 31 个有效字符，所以在给变量取名时，名称的长度应尽量在 31 个有效字符之内。

⑶ 在选择变量名和其他标识符时应注意做到"见名知义""常用取简""专用取繁"，例如 count、name、year、month、student_number、display、screen_format 等，使人一目了然，以增强程序的可读性。可以用有含义的英文单词或英文单词缩写作为标识符。

关键字，如 int、double、har、include、for 等，在我们使用时，其颜色会变成蓝色。C++ 中的关键字有 63 个。

2.3.2 变量的定义

变量名实际上是和计算机内存中的存储单元相对应的，每一个变量都有一个名字、一种类型、一个具体的值。

定义一个变量，需要做以下两件事情。

⑴ 定义变量的名称。按照标识符的规则，根据具体问题的需要任意设置。

⑵ 给出变量的数据类型。根据实际需要设定，设定的数据类型必须是系统所允许的数据类型中的一种。

在 C++ 中，定义一个变量的完整格式是：

```
存储类别名 数据类型名 变量名 1= 表达式 1,…, 变量名 n= 表达式 n;
```

其中存储类别名有 static、extern、auto 等，我们在后面的学习中将学到。

C++ 允许将值放在变量中，每个变量都由一个变量名来标识。每个变量都有一个变量类型，变量类型会告诉 C++ 该变量随后的用法以及保存的类型。定义一个变量的过程实际上就是向内存申请一个符合该数据类型的存储单元空间的过程，因此可以认为变量实质上就是内存某一单元的标识符号。对这个符号的引用，就代表了对相应内存单元的存取操作。定义变量时给出的数据类型，一方面是编译系统确定分配存储单元大小的依据，另一方面也规定了变量的取值范围以及可以进行的运算和处理。在 C++ 中，定义变量是通过声明语句实现的。

声明语句的功能是定义变量的名称和数据类型，为 C++ 编译系统给该变量分配存储空间提供依据。

语句格式是：

```
类型说明符 变量表 ;
```

其中类型说明符可以是 int、long、short、unsigned、float、double、char，也可以是构造类型。构造类型在后面会学到。变量表是要声明的变量的名称列表。C++ 允许在一个类型说明符之后同时说明多个相同类型的变量，此时各个变量名之间要用逗号","分隔开，例如：

```
int  i,a23,x_123;
```

其中，int 为类型说明，i、a23、x_123 为 3 个变量名，其间用逗号分隔。

变量定义说明了有几个相同类型的变量（3 个）、变量叫什么（i、a23、x_123）以及用来做什么（参与整型数据的处理）。任意一个变量都必须具有确定的数据类型，不管变量值怎样变化，都必须符合该数据类型的规定（形式和规则两个方面）。同样，我们也可以同时定义四五个同样类型的数据。

但是有时一个类型后面跟太多变量，看着麻烦，我们可以分开定义。

2.3.3 变量的赋值

在数学中，有一个变量后，函数计算会给变量一个值，然后，让变量参加运算就可以得到结果。在 C++ 中，也需要对变量进行赋值，才可以让它参加运算。那么怎样给变量赋值呢？

变量赋值有以下两种形式。

直接赋值，又叫初始化，如下所示。

```
int a=10;float b=2.0;
char c='A';
```

另外一种是先定义变量，在要用该变量时再进行赋值运算。

```
int a;
int b;
b=10;          // 这里是通过一个数值赋值
a=b;           // 这里是通过一个变量给另一个变量赋值
```

对于变量赋值，左边是要赋值的变量，右边是要赋值的数值或字符。注意，左边只可以是单一的变量名，右边则可以是数值、一个有确定数值或字符的变量、一个运算式、一个函数调用（后面将讲到）后的返回值。还要注意的一点是，函数赋值必须是相同类型的数值之间的赋值，不可以将 int 赋值给 char。

下面通过几个例子，对前面讲到的数据类型和变量赋值进行系统讲解。

例如，下面的程序段中包含两个错误。

```
main()
{
    int  x,y;
    x=10;y=20;z=30;              /*z 未定义即被赋值 */
    sum=x+y*z;        /* sum 先使用，后定义 */
    int sum;
}
```

下面的程序段中包含一个错误。

```
main()
{
    int a;
    float a,x,y;   /*a 被定义了两次 */
    a=x+y;
}
```

提示：在 C++ 中，标识符用来定义变量名、函数名、类型名、类名、对象名、数组名、文件名等，只能由字母、数字和下划线等组成，且第 1 个字符必须是字母或下划线。另外，切不可用系统的关键字作标识符。例如，sum、a、i、num、x1、area、_total 等都是合法的变量名，但 int、float、2A、a!、x 1、100 等都不是合法的变量名。标识符应注意做到"见名知义""常用取简""专用取繁"，习惯上符号常量、宏名等用大写字母表示，变量、函数名等用小写字母表示，系统变量以下划线开头。

【范例 2-3】 定义变量并赋值，并在命令行中输出这些变量。

(1) 在 Visual C++ 6.0 中，新建名为"helloVar"的【C++ Source File】源文件。

(2) 在代码编辑区域输入以下代码（代码 2-3.txt）。

```
01  #include <iostream>
02  using namespace std;
03  int main()
04   {
05      int  x=1,y;                //定义两个整型变量 x 和 y，其中 x 赋初值 1
06      double  r=1.0;             //定义一个双精度型变量 r 并赋初值 1.0
07      char  a='a';               //定义字符型变量 a 并赋初值 a
08      y=x+1;                     //x 加 1 赋值给 y
09      cout<<"x="<<x<<'\t'<<"y="<<y<<'\t'<<"r="<<r<<'\t'<<"a="<<a<<endl;    //输
          出结果
10     return 0;
11   }
```

【运行结果】

编译、连接、运行程序，即可在命令行中输出图 2-4 所示的结果。

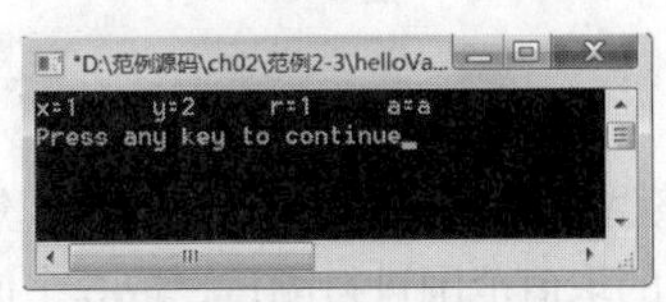

图 2-4

【范例分析】

变量必须先定义后使用。此处一共定义了 4 个变量，分别为两个整型变量 x 和 y、一个双精度型变量 r、一个字符型变量 a。变量相当于一个存放东西的盒子，那么东西什么时候放进盒子里呢？有两种方法：一种是在定义变量时直接放进去，即定义变量并同时进行初始化，如本例的变量 x、r、a；另一种是在程序中用赋值语句给变量赋值，如本例的变量 y。

【范例 2-4】 输入整型数据运算后输出。

(1) 在 Visual C++ 6.0 中新建名为"PutoutInt"的【C++ Source File】源文件。

(2) 在代码编辑区域输入以下代码（代码 2-4.txt）。

```
01  #include <iostream>
02  using namespace std;
03  void main()
```

```
04 {
05     short int a;                            // 声明一个短整型数据
06     cout << "请输入一个短整型：";            // 显示提示内容
07     cin >> a;                               // 输入数据赋值给 a
08     cout << "你输入的是：" << a << endl; // 输出数据 a 到屏幕
09 }
```

【代码详解】

endl 的作用是输入一个回车并刷新缓冲区，其中输入回车的功能也可以使用“\n”来代替。

因为入口函数使用 void main()，所以不需要加 return 语句。如果入口函数使用 int main()，则在程序结束时需要返回一个整数，“return 0;”的作用就体现在此。另外，“return 0;”和“return EXIT_SUCCESS;”的功能一样，标志程序无错误退出。这些在后面的代码中将得到体现。

【运行结果】

编译、连接、运行程序，按照提示分别输入 –32800、–32768、0、32767 和 32800，并按【Enter】键，结果如图 2–5 所示。

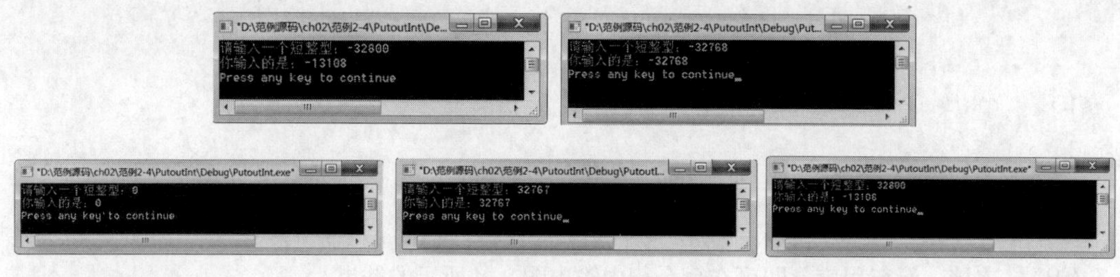

图 2–5

【范例分析】

在这个实例中，先定义了短整型变量 a，接着输入 a 的值，然后输出其值，程序十分简单，但结果却并不简单。这里按照短整型的取值范围进行测试，取 5 个值，具有图 2–6 所示的分布。

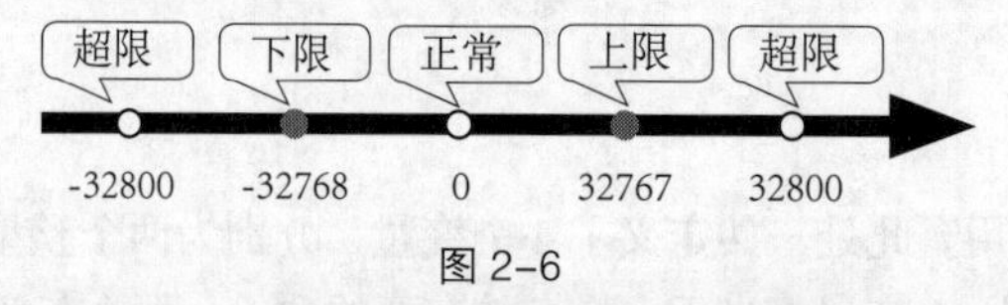

图 2–6

5 个点代表了所有的情形。可以看出，出现超限即溢出的情形是不好解释的。其实，不同的编译器有不同的理解方式，大可不必去追究太多，但是必须知道这是一个异常。

【范例 2–5】 字符型数据的输出。

⑴ 在 Visual C++ 6.0 中，新建名为“PutoutChar”的【C++ Source File】源文件。

⑵ 在代码编辑区域输入以下代码（代码 2–5.txt）。

```
01 #include <iostream>
02 using namespace std;
03 void main()
```

```
04 {
05     int a = 7;                      // 定义整型变量 a 并赋初值 7
06     char b = 7;                     // 定义字符型变量 b 并赋初值 7
07     char c = '7';
08     cout << a << b << endl;
09     cout<<c<<endl;                  // 输出 c
10 }
```

【运行结果】

编译、连接、运行程序，即可在控制台中输出 7，如图 2-7 所示，并伴随“嘀”的一声。

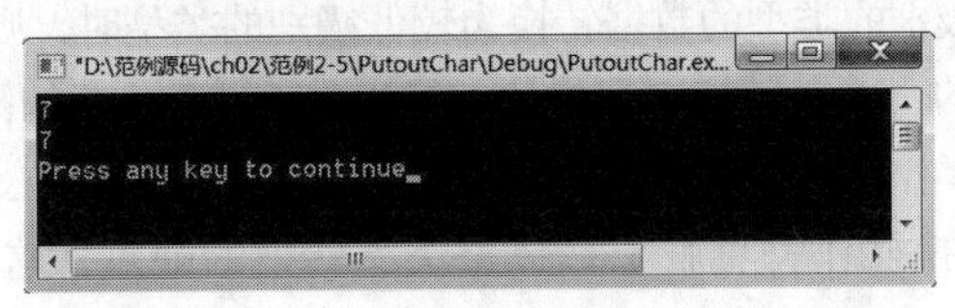

图 2-7

【范例分析】

a 是整型数据，就显示 7；b 是字符型数据，按控制字符的要求做一次响应；c 也是字符型数据，因为带有引号标示，所以 c 输出的是字符 7。三者的值都是 7，但是显示的结果却是天差地别，只因为数据类型不同。

【拓展训练】

如果将最后一句变成“cout << a + b;”将会如何？大家试一试吧！看到结果后能不能自己分析一下原因？科学就要大胆猜想，仔细求证。

2.3.4 变量的生存周期

对象的生存周期限制在其出现的“完整”的表达式中，“完整”的表达式结束，对象也就被销毁了。生存周期指一个变量被定义以后存活的时间。我们目前已学到的知识还很有限，等到学习了函数、类以后，将进行更深入的讨论。但是我们务必明白，一个变量并非在任何地方都是可见的，也不是在任何时候都存在。

2.4 数据类型转换

提示：能将一个浮点型常量赋值给整型吗？

C++ 中有明确的规定，不同类型的数据不能一起参加任何运算。这是铁的纪律，谁都要遵守。但是明明可以将浮点值赋值给整型的啊！

通过前面的学习，我们已经了解到 C++ 对数据的“门派观念”是很严格的。这一点虽然对代码的执行效率、安全性和规范性等都起到了极为重要的作用，但是，森严的等级和严格的门户之见也必将引起很多纠纷和不便。

那么两者如何协调？解决纷争的关键是什么呢？

类型转换应运而生了。所谓类型转换，就是将一种数据类型转换为另外一种数据类型。一般来说有如下的转换次序：

字符型→短整型→整型→单精度浮点型→双精度浮点型

这一顺序按照数据类型的级别由低到高排列，所有的这些转换都是由系统自动进行的，使用时只需了解结果的类型即可。那么可以打破系统规定好的这个次序吗？当然可以！C 语言也提供了显式的强制转换类型的机制，我们可以强制转换，其语法如下。

```
（要转换的新的数据类型）被转换的表达式
```

当较低级别的类型的数据要转换为较高级别的类型时，一般只是形式上有所改变，而不会影响数据的实质内容；但较高级别的类型的数据转换为较低级别的类型时，则可能会使有些数据丢失。

上面介绍的是旧风格的，或者说是 C 风格的转换方式。这种方式的缺点有以下两点：一是它们过于粗鲁，允许你在任何类型之间进行转换；二是 C 风格的类型转换在程序语句中难以识别。C++ 通过引进 4 个新的类型转换操作符克服了 C 风格类型转换的缺点，这 4 个操作符是 static_cast、const_cast、dynamic_cast 和 reinterpret_cast。

static_cast 在功能上基本与 C 风格的类型转换一样强大，含义也一样，也有功能上的限制。const_cast 用于类型转换表达式的 const 或 volatileness 属性。dynamic_cast 用于安全地沿着类的继承关系向下进行类型转换。reinterpret_cast 专门用于底层的强制转型。

下面以 static_cast 为例说明其用法。

```
static_cast < 要转换的新的数据类型 > 被转换的表达式
```

【范例 2-6】 C++ 中的类型转换。

⑴ 在 Visual C++ 6.0 中，新建名为“simplesort”的【C++ Source File】源文件。

⑵ 在代码编辑区域输入以下代码（代码 2-6.txt）。

```
01 #include <iostream>
02 using namespace std;
03 void main()
04 {
05     int firstNumber, secondNumber;          // 定义两个整型变量
06     firstNumber = 9;                        //firstNumber 赋值为 9
07     secondNumber = 43;                      //secondNumber 赋值为 43
08     double result = static_cast <double> (firstNumber)/secondNumber;
09     // 定义双精度变量 result 并赋初值，
10     //static_cast <double> 将 firstNumber 强制转换为 double，也可以用语句
11     //double result = (double)firstNumber/secondNumber; 来实现这一功能
12     cout << result << endl ;                // 输出结果
13     return;
14 }
```

【代码详解】

从功能上看，这是一个简单的程序，实现了两个数的相除运算。

第 5~7 行定义了两个整型变量并赋值。

第 8 行中利用 static_cast 实现了强制类型的转换。为了与旧的风格相比较，在第 11 行中写出了 C 风格的转换语句。

第 12 行是一个输出语句，用到了标准输出流。

第 13 行是返回语句，将程序控制权回交给系统。

【运行结果】

编译、连接、运行程序，即可在控制台中输出图 2–8 所示的结果。

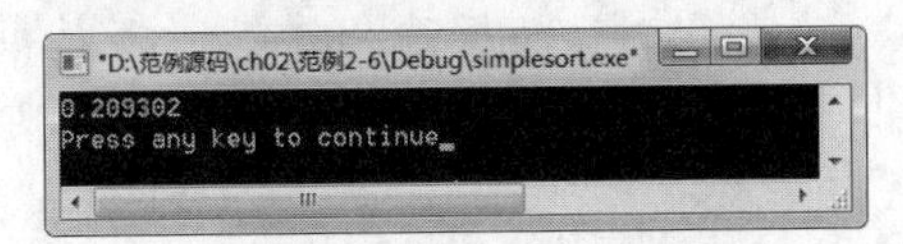

图 2–8

将代码中第 8 行的强制转换去掉，重新编译、连接、运行程序，结果如图 2–9 所示。这是因为进行了整数相除，所以结果为 0。

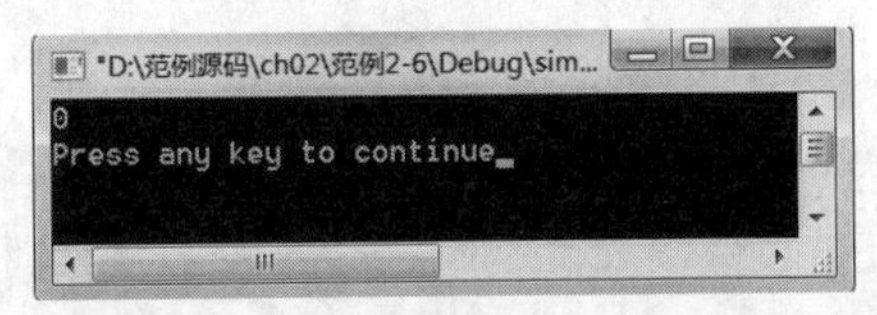

图 2–9

【范例分析】

在本范例中，用到了两次类型转换。第 1 次在【代码详解】中已经说明，也是本范例的重点部分。第 2 次发生在什么时候呢？同样是在第 8 行。实际上，当把 firstNumber 强制转换为 double 后，secondNumber 在与其进行相除的运算中也被强制转换为 double，然后才能得到浮点除法的结果。这一次转换是系统自动进行的，这是因为先前我们说的那一条铁的原则——不同类型的数据不能一起进行运算，其转换原则由转换次序决定。

注意：本范例中 firstNumber 和 secondNumber 的值自始至终没有改变。类型转换不会影响变量本身的值。

【范例 2–7】 C++ 中的类型转换。

(1) 在 Visual C++ 6.0 中，新建名为“numCount”的【C++ Source File】源文件。

(2) 在代码编辑区域输入以下代码（代码 2–7.txt）。

```
01  #include <iostream>
02  using namespace std;
03  int  main()
04  {
05     int  num,count1=0,count2=0;                    // 定义 3 个整型变量，其中 num 用来接收输入的
```

```
数值，count1 用来统计其中正整数的个数，count2 用来统计负整数的个数
    06    double  sum=0.0,ave=0.0;        // 定义存放总和与平均值的两个变量 sum 和 ave
    07    cout<<" 请输入若干个正整数，以 0 结束输入 :\n";
    08    cin>>num;
    09    while(num!=0)                   // 当输入的数字不为 0 时进行大括号内的操作，否则直
接跳过
    10    {
    11        sum=sum+num;                // 累加
    12        if (num>0)                  // 如果输入的数值大于 0, 则进行 count1++ 运算
    13          count1++;                 // 正数个数统计
    14        else                        // 如果输入的数值小于 0，则进行 count2++ 运算
    15          count2++;                 // 负数个数统计
    16          cin>>num;
    17    }
    18        if((count1+count2)!=0)      // 判断正数之和与负数之和是否等于 0。如果不为 0，
则进行如下操作；如果为 0，则进行下方 else 处的操作
    19        {
    20          ave=sum/(count1+count2);          // 求平均值
    21          cout<<" 和为："<<sum<<'\t'<<" 平均值为："<<ave;
    22          cout<<"\n 正整数有 "<<count1<<" 个 .\n"<<" 负整数有 "<<count2<<" 个 .\n";
    23        }
    24      else          // 如果 count1 和 count2 之和为 0，进行如下操作
    25          cout<<" 没有输入有效的数！ ";
    26    return 0;
    27  }
```

【代码详解】

第 5 行和第 6 行首先定义变量并且赋初值。关于 sum 和 ave 为什么要定义成 double 型，大家可以上机试试。如果把它们定义成整型，最后的结果会有什么变化呢？第 8 行先读入一个数，然后才能开始循环，在循环里先累加刚刚读入的数。

第 9 ~ 17 行是循环体，重复累加和判断。如果输入的是正整数，count1 加 1；如果是负整数，count2 加 1。

第 18 行是判断刚才有无计数。如果计数器未计数，那“count1+count2”为 0，用累加和去除以 0 会出现错误。由此可以看出，我们在写程序时要尽量考虑周全，否则会发生很多意想不到的错误。

第 20 ~ 22 行求平均值并输出结果。

第 25 行输出没有输入有效数字的提示。

提示：我们在做累加和累乘运算时，运算结果可能会很大，如果定义成整型变量可能会超出范围，所以如果无法保证结果不超出整型的范围，那么最好定义成双精度型或长整型。如本范例的 sum 变量，求平均值时，如果是两个整型变量相除，商自动为整型，如 6/4 结果为 1。

为了保证精度，本范例把 sum 和 ave 变量都定义成双精度型变量。本范例的流程图如图 2-10

所示。

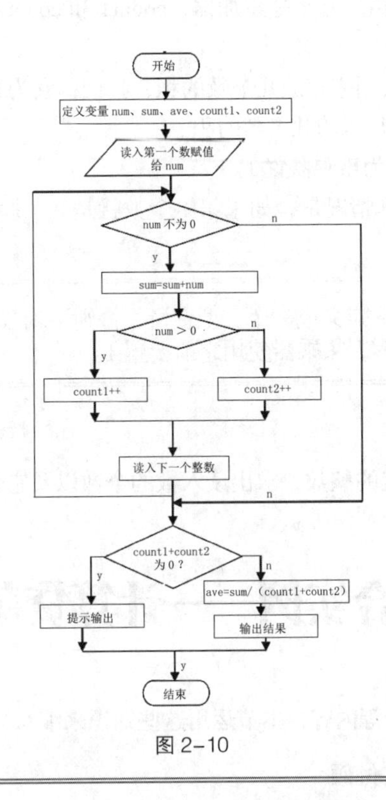

图 2-10

【运行结果】

单击工具栏中的【Build】按钮，再单击【Execute Program】按钮，即可在控制台中运行程序。根据提示在命令行中输入若干整数，按【Enter】键，即可得到图 2-11 所示的运行结果。

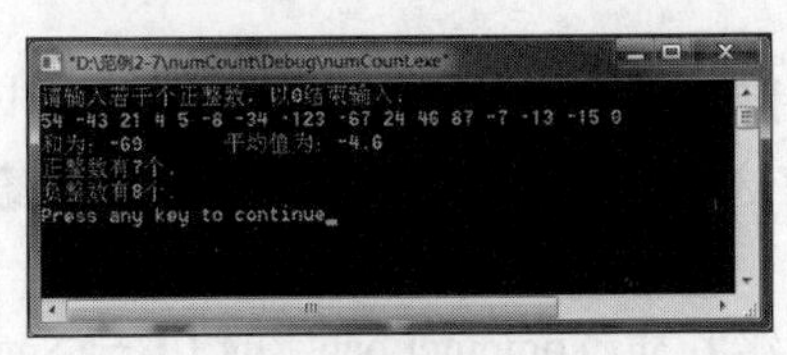

图 2-11

【范例分析】

我们首先分析解决这个问题需要用到几个变量。读入的整数需要一个变量，此处我们用 num。另外，总和与平均值各需要一个变量，此处用 sum 存放总和，用 ave 存放平均值。程序读入数据是一个重复的动作，显然要用到循环语句。在这里，循环次数不固定，所以适宜用 while 循环，循环结束条件是输入的数据为 0，此时不需要用到循环控制变量。那么还需要什么变量？求平均该怎么求？肯定是用总和除以数的个数，显然我们在输入的过程中一定要统计输入的变量个数，所以还需要两个变量分别存放正整数的个数和负整数的个数，此处用 count1 和 count2。

求和怎么求？用累加的方法，读入一个就往存放总和的变量中加一个。我们给存放总和的这个变量取个名字，叫累加器。

既然累加器是用来统计总和的，那么在统计之前一定要清零，也就是要给它赋初值 0。

给累加器赋初值 0，我们称为累加器清零。

本范例中 sum 用来存放总和，当然是累加器，count1 和 count2 用来计数，也是累加器，所以在使用之初都应该清零。

举一反三，如果一个变量被用来存放几个数的积，我们称它为累乘器。累乘器在使用之前必须赋初值 1，这样才不会改变真正待求的几个数的积。

给累乘器赋初值 1，我们称为累乘器置 1。

在这里还要考虑的一种特殊情况是，如果第 1 个数就是 0，那么就不算平均，所以可以给 ave 也赋初值 0。

提示：在此处将 sum 和 ave 定义成一个实型变量，否则平均数将是一个取整后的整数。
C++ 累加器使用之前要清零，累乘器使用之前要置 1。

【拓展训练】

编写程序，读入个数不确定的整数，求出读入数的个数以及它们的积，0 不参与计数。当输入为 0 时，程序结束。

2.5 综合实例——计算贷款支付额

前面几节讲述了常量和变量等内容，本节运用这些知识来编写一个有趣、实用的程序。

【范例 2-8】 计算贷款支付额

本范例演示如何编写程序来计算贷款支付额。贷款可以是购车款、学生贷款，也可以是房屋抵押贷款。本程序要求用户输入年利率、贷款年数和贷款总额，程序计算月支付额和总支付额，并将它们显示出来。

计算月支付额的公式如下。

月支付额 =（贷款总额 × 月利率）/（1-1/（1+ 月利率）$^{年数 \times 12}$）

在实际应用中，不需要知道这个公式是如何推导出来的，只需给定年利率、贷款年数和贷款总额，就能够算出月支付额。

(1) 在 Visual C++ 6.0 中，新建名为“computeLoan”的【C++ Source File】源文件。

(2) 在代码编辑区域输入以下代码（代码 2-8.txt）。

```
01  #include <iostream>
02  #include <math.h>                    // 用到其中的函数 pow()
03  using namespace std;
04  int  main()
05    {
06      int year;                        // 贷款年数定义为整型
07      double annualRate;               // 定义年利率变量
08      double loanSum;                  // 定义贷款总额变量
09      double monthRate;                // 定义月利率变量
10      double totalPay;                 // 定义总支付额变量
11      double monthPay;                 // 定义月支付额变量
```

```
12      cout<<"\n 请输入贷款年利率，如 5.75：";
13      cin>>annualRate;                          // 输入年贷款利率
14      cout<<"\n 请输贷款年数，如 15：";
15      cin>>year;                                // 输入贷款年数
16      cout<<"\n 请输贷款总额，如 100000：";
17      cin>>loanSum;                             // 输入贷款总额
18      monthRate=annualRate/(12*100);            // 计算月利率
19      monthPay=loanSum*monthRate/(1-1/pow(1+monthRate,year*12));      // 计算月
支付额
20      totalPay=monthPay*12*year;                // 计算总支付额
21      cout<<"\n 你每月必须偿还："<<monthPay<<" 元！";                   // 输出月支付额
22      cout<<"\n 你一共需偿还 "<<totalPay<<" 元 !"<<endl;               // 输出总支付额
23      return 0;
24  }
```

【运行结果】

编译、连接、运行程序，根据提示输入内容，即可在命令行中输出图 2–12 所示的结果。

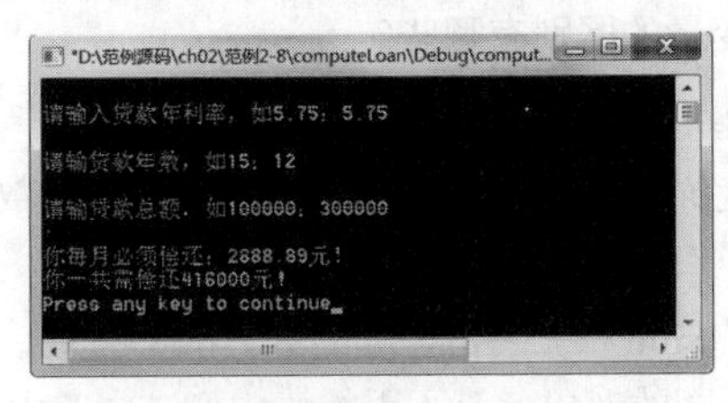

图 2–12

【范例分析】

编写本程序的步骤如下。

(1) 提示用户输入贷款年利率、贷款年数和贷款总额。

(2) 利用年利率算出月利率。

(3) 通过前面给出的公式计算月支付额。

(4) 计算总支付额，即月支付额乘以 12 再乘以年数。

(5) 显示月支付额和总支付额。

通过上面的分析，本范例需要用到以下变量。

贷款年利率：annualRate

贷款年数：year

贷款总额：loanSum

月利率：monthRate

总支付额：totalPay

月支付额：monthPay

计算 x^y 用到头文件 math.h 中的函数 pow()，函数原型如下。

double pow(double x,double y);

2.6 本章小结

本章主要介绍了常用的数据类型及其基本用法。常用的数据类型包括整型、浮点型、字符型数据。通过本章的学习，你应该能掌握 C++ 中常量和变量的定义与使用，掌握数据类型转换规则和具体转换方式。本章难点是 C++ 中变量的具体表示方法。

2.7 疑难解答

1. 注释有什么作用？ C++ 中有哪几种注释方法？

注释在程序中的作用是对程序进行注解和说明，以便阅读。

编译器在对源程序进行编译时不理会注释部分，因此注释对程序的功能实现不起任何作用。适当地应用注释，能够提高程序的可读性。

在 C++ 中，有两种注释的方法：一种是使用 /* 和 */ 将注释文字括起来；另一种是使用 //，从 // 开始，直到它所在的行的结尾，所有字符都被作为注释处理。

2. C++ 中全局变量和局部变量的区别有哪些？

局部变量：在一个函数内部定义的变量就是局部变量。

有效作用范围：只局限在定义它的函数体之内，即只有在该函数体内才能使用该变量，而在该函数之外是不能使用它的。

由于在不同函数体内定义的变量只在它所在的函数体内部有效，所以可以在不同函数体中定义相同名字的变量，但它们代表不同的对象，互不干扰。它们在内存中占用不同的内存单元。

函数的形式参数也是该函数的局部变量，其他函数不能调用。

全局变量：一个源程序文件可以包含一个或若干个函数。在所有函数体外部定义的变量为全局变量（或外部变量），全局变量可以被本文件中其他所有的函数调用（使用）。

有效作用范围：从定义该变量的位置开始，到本程序文件的末尾结束。

2.8 实战练习

1. 操作题

模仿书中例子，在 C++ 中编写应用程序，尝试实现下列要求。

⑴ Jack 生病了，医生说他发烧到 101 华氏度，他以为自己病得很严重。请将其体温转换为摄氏度，并告诉他病得是否严重。摄氏度 =(5/9) × (华氏度 −32)。

⑵ 通过键盘输入 5 名学生的成绩，然后求 5 名学生的平均成绩。

2. 思考题

可不可以通过某种方式在操作题⑵中实现如下功能：输入 5 名学生的成绩后，自动输出平均成绩。

第 3 章

运算符和表达式

本章导读

在数学中，我们通常要对数据进行加减乘除等运算后才能得到希望的结果。同样，在 C++ 的编程世界中，运算符和表达式就像数学运算中的公式一样，是必需的。要正确、灵活地使用运算符和表达式，就需要编程开发者具有扎实的基本功。认真、深入地学习本章，将助我们在编程之路上前行，迈步更加坚实。

本章学时：理论 4 学时 + 实践 1 学时

学习目标

- C++ 中的运算符和表达式
- 算术运算符和表达式
- 逻辑运算符和表达式
- 关系运算符和表达式
- 条件运算符和表达式
- 赋值运算符和表达式
- 逗号运算符和表达式
- 运算符的优先级

3.1　C++ 中的运算符和表达式

与其他高级语言一样，C++ 也是由多种运算符组成各种各样的运算的，比如“+”“–”“*”和“/”分别表示四则运算的加、减、乘、除运算。如果表达式中有两个或两个以上不同的运算符，则按一定的次序来计算，这种次序被称为优先级。由运算符、操作数和括号按照一定的规则组成的式子叫作表达式。

3.1.1　运算符

C++ 包含多种运算符，不同的运算符有不同的运算次序，比如“*”“/”的优先级高于“+”“–”的优先级。如果表达式中相同的运算符有一个以上，则可从左至右或从右至左地计算，这被称为结合性。“+”“–”“*”和“/”的结合性都是从左至右的。

表 3–1 所示为 C++ 中各种运算符的优先级、功能说明以及结合性。

表 3–1

优先级	运算符及功能说明	结合性
1	圆括号 ()、数组 [ ]、成员选择 . –>	从左至右
2	自增 ++、自减 ––、正 +、负 –、取地址 &、取内容 *、按位求反 ~、逻辑求反 !、动态存储分配 new　delete、强制类型转换 ()、类型长度 sizeof	从右至左
3	乘 *、除 /、取余数 %	
4	加 +、减 –	
5	左移位 <<、右移位 >>	
6	小于 <、小于等于 <=、大于 >、大于等于 >=	
7	等于 ==、不等于 !=	
8	按位与 &	从左至右
9	按位异或 ^	
10	按位或 |	
11	逻辑与 &&	
12	逻辑或 ||	
13	条件表达式 ? :	
14	赋值运算符 =　+=　–=　*=　/=　%=　&=　^=　|=　>>=　<<=　&&=　||=	从右至左
15	逗号表达式 ,	从左至右

3.1.2　表达式

在介绍了运算符的基本知识后，下面简单介绍什么是表达式，它具有什么特点。

⑴ 表达式是由运算符、操作数（常量、变量、函数等）和括号按照一定的规则组成的式子。

⑵ 可以将常量、变量和函数视为最简单的表达式。

⑶ 表达式可以嵌套。

⑷ 每个表达式都有一个值。

⑸ 在计算时要考虑运算符的优先级、结合性及数据类型的转换。

⑹ 计算机中的表达式都要写在一行中。

⑺ 表达式有算术、赋值、关系、逻辑、条件和逗号表达式等类型。

⑻ 在表达式的后边加个分号就是表达式语句。除控制语句外，所有语句几乎都是表达式语句。

提示：这么多知识我可怎么记得住啊！更不用说使用了！
没关系，读完后续章节，你会觉得运算符和表达式原来是这么简单啊！

3.2 算术运算符和表达式

C++ 中的算术运算和数学中的四则算术运算一样，不同的只是前者用程序语言来描述。

3.2.1 基本算术运算符

基本的算术运算有加法、减法、乘法、除法和取模（求余数）。表 3–2 是基本算术运算符的说明。

表 3–2

运算符	结合性
乘法 *	从左至右
除法 /	
取模 %	
加法 +	
减法 –	

3.2.2 算术运算符和算术表达式

有算术运算符的表达式叫算术运算表达式。下面通过举例的形式，详细说明基本算术运算符和表达式的用法。

1. 加、减、乘运算

```
int a,b,c;
a=10;
b=5;
c=a+b*3-1;
```

输出 c 的结果是 24。因为“*”的优先级高于“+”和“–”，并且结合性为右结合，所以先算 b*3，然后算 a 加上 b 与 3 的乘积 15，最后算减法 –1，得到结果 c = 24。

2. 取模运算

```
21%6        //结果是 3
```

```
4%2         //结果是 0
4.0%2       //程序报错，% 运算符要求左右两边必须为整数
```

取模运算“%”要求运算符的两边必须都是整数。如果任何一边不是整数，程序就会报错。

3. 整除运算

```
5/4         //结果是 1
4/5         //结果是 0
```

当“/”运算符用于两个整数相除时，如果商含有小数部分，小数部分将被截掉，不进行四舍五入。

4. 浮点除运算

```
5/4.0       //结果是 1.25
4.0/5       //结果是 0.8
```

要进行通常意义上的除运算，则至少应保证除数或被除数中有一个是浮点数或双精度数。可以在参加运算的整数值后面补上小数点与 0，作为双精度常量参加运算。

> 注意：在使用算术运算符时，需要注意算术表达式求值溢出时的相关问题的处理。在进行除法运算时，若除数为 0 或实数的运算结果溢出，系统会认为这是一个严重的错误而中止程序的运行。整数运算产生溢出时则不被认为是一个错误，但这时运算结果已不正确了，所以对整数溢出的处理是程序设计者的责任。

使用算术运算符需要注意以下 4 个问题。

(1)“/”运算符的两个运算对象均为整数时，其结果是整数；如果有一个是浮点数，其结果则是浮点数。

(2) 取模运算符“%”要求参与运算的两个数均为整数。

(3) 遵循算术的自然特征，例如禁止除数为 0。

(4) 防止数据溢出。

3.2.3 自加和自减运算符

++（自加）、--（自减）是 C++ 中使用方便且效率很高的两个运算符，它们都是单目运算符，运算顺序是从右至左。这两个运算符有前置和后置两种形式。前置指运算符在操作数的前面，后置指运算符在操作数的后面，如表 3-3 所示。

表 3-3

运算符	结合性
自加 ++	从右至左
自减 --	

下面通过几个例子，详细说明自加、自减算术运算符和表达式的用法。

1. 自加和自减单独运算

```
i++;                        //++ 后置
```

```
--j;                    //-- 前置
```

无论是前置还是后置，这两个运算符的作用都是使操作数的值加 1 或减 1，但它们对由操作数和运算符组成的表达式的值的影响却完全不同。

2. 自加前置运算后直接赋值

```
int i=5;
x=++i;                  //i 先加 1 ( 增值 ) 后再赋给 x
y=i;                    //i=6，x=6，y=6
```

这是自加运算符的前置形式。通过运算，最终 i、x、y 的值都等于 6。

3. 自加前置运算后再赋值

```
int i=5;
++i;                              //i 自加 1，值为 6
x=y=i;                  //i=6，y=6，x=6
```

这是自加运算符的前置形式。这段代码与上段代码没有太大的不同，只是把上题中的 x=++i 语句拆分成了 ++i 和 x=i 两句单独实现，结果与上段代码一样。

4. 自加后置运算后直接赋值

```
int i=5;
x=i++;                  //i 赋给 x 后再加 1
y=i;                    //x=5，i=6，y=6
```

这是自加运算符的后置形式。通过运算，最终 x 的值等于 5，而 i 和 y 的值等于 6。

5. 自加后置运算后再赋值

```
int i=5;
i++;
x=y=i;                  //i=6，y=6，x=6
```

这是自加运算符的后置形式。该题也是把 x=i++ 语句拆分成了两句，分别是 i++ 和 x=i，但运算结果是 i、x、y 的值都等于 6，从中大家可以体会前后置运算的异同。

比较这些例子可知，若对某变量自加（自减）而不赋值，无论是前置还是后置，结果都是该变量本身自加 1 或自减 1；若某变量自加（自减）的同时还要参与其他的运算，则前置运算是先变化后运算，后置运算是先运算后变化。

技巧：由于 ++、-- 运算符内含了赋值运算，所以运算对象只能赋值，不能作用于常量和表达式，比如 5++、(x+y)++ 都是不合法的。

【范例 3-1】 计算自加和自减表达式的值。

(1) 在 Visual C++ 6.0 中，新建名为“计算自加自减表达式的值”的【C++ Source File】源程序。

⑵ 在代码编辑区域输入以下代码（代码 3-1.txt）。

```
01 #include <iostream>        //包含标准输入 / 输出头文件
02 using namespace std;
03 void main()
04 {
05          int a=2;                    //初始化 a
06          cout<< a++<<endl;       //输出 2 后，++ 后置运算，a 再加 1，值改变为 3
07          cout<< a--<<endl;        //输出 3 后，-- 后置运算
08          cout<< ++a<<endl;
09          //输出 3 后，先进行 ++ 前置运算，a 的值改变为 3，再输出 3
10          cout<< --a<<endl;        //输出 2，先进行 -- 前置运算
11          cout<< -a++<<endl;
12          //输出 -2 后，++ 后置运算，a 的值改变为 3
13          //这里负号只影响输出，对 a 没有影响
14          cout<< -a--<<endl;       //输出 -3 后，-- 后置运算
15 }
```

【运行结果】

编译、连接、运行程序，即可在命令行中输出图 3-1 所示的结果。

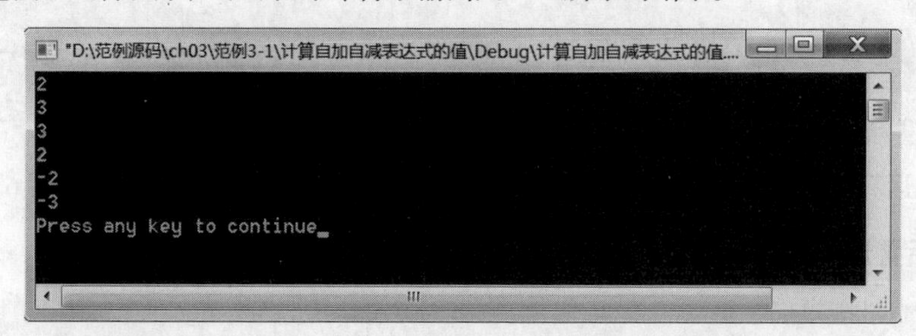

图 3-1

【范例分析】

仔细体会这道题中自加、自减前置和后置的运算，这对灵活使用它们有很大的帮助。分析结果，我们可以得出这样的结论：前置和后置运算，如果是单独的语句，那么没有区别；如果是其他语句的组成部分，则前置运算是先计算后赋值，后置运算是先赋值后计算。

3.3 逻辑运算符和表达式

公司开会，需要对某项决议进行表决，只有全票通过，决议才能通过，只要有一票不通过，决议就通不过，如果用逻辑关系来描述，这叫“与”；还是这家公司进行表决，只要有一票赞成，表

决结果就是赞成，只有大家都不赞成，表决结果才是不赞成，如果用逻辑关系来描述，这叫“或”；其中某一票由赞同变为反对，或者由反对变为赞同，这叫“非”。

3.3.1 逻辑运算符

逻辑运算符用于实现逻辑运算和逻辑判断，返回类型是布尔（bool）型。表3-4所示为逻辑运算符。

表 3-4

运算符	结合性
逻辑求反 !	从左至右
逻辑与 &&	
逻辑或 II	

3.3.2 逻辑表达式

在实际应用逻辑表达式之前，我们需要明确逻辑运算表达式有哪些，结果是怎么样的。表 3-5 列出了逻辑运算关系。

表 3-5

逻辑表达式	结果	逻辑表达式	结果
false && false	false	false && true	false
true && false	false	true && true	true
false II false	false	false II true	true
true II false	true	true II true	true
! false	true	! true	false

逻辑运算符的操作数应为 bool 型，当操作数为其他数据类型时，将它转换成 bool 值参加运算。下面举例说明逻辑运算符和表达式的用法。

假设 a=10、b=5、c= -3，分析下面表达式的结果。

```
!a 值为 false
```

非 0 数求反运算，结果为 false；相反，为 0 的数求反运算，结果为 true。

```
a && b 值为 true
```

&& 两边都是非 0 数，结果为 true。

```
a II b 值为 true
```

II 两边只要有一边数值不为 0，结果就为 true。

```
a+c >= b && b 值为 true
```

因为“+”的优先级高于“>=”，所以先计算 a+c 得 7，再与 b 比较，7 大于等于 5 成立，结果为 true，转换为数值类型 1，最后再进行逻辑与运算，1 和 b 逻辑与结果得 true。

注意：C++ 可对二元运算符“&&”和“||”进行短路运算。由于“&&”与“||”表达式按

照从左到右的顺序进行计算，如果根据左边的计算结果能得到整个逻辑表达式的结果，则右边的计算就不需要进行了。该规则叫短路运算。

```
(num!=0)&&(1/num>0.5)
```

当 num 为 0 时，&& 操作符的第 1 个操作数结果为 false，这样就不会计算第 2 个操作数，避免了计算当 num 为 0 时 1/num 的错误。

技巧：当表示的逻辑关系比较复杂时，用小括号将操作数括起来是一种比较好的方法。

3.4 关系运算符和表达式

关系运算也叫比较运算，用来比较两个表达式的大小关系。

3.4.1 关系运算符

在解决许多问题时需要进行情况判断。C++ 提供关系运算符用于比较运算符两边的值，比较后返回的结果为布尔常量 true 或 false 。表 3-6 所示的即关系运算符。

表 3-6

运算符	结合性
小于 < 、小于等于 <= 、大于 > 、大于等于 >=	从左至右
等于 == 、不等于 !=	

3.4.2 关系表达式

关系表达式就是由关系运算符将两个操作数连接起来的式子。这两个操作数可以为常量、变量、算术表达式、逻辑表达式，以及后面将讲到的赋值表达式和字符表达式等，如表 3-7 所示。

表 3-7

运算符	结合性
x <= y	从左至右
x == y	
x! = y	

下面举例说明关系运算符和表达式的用法。

1. 整数和整数的关系表达式

```
a=1;
b=2;
```

```
c=3;
d=4;
a+b>c+d;
```

“+”的优先级高于“>”，所以先分别求出 a+b 和 c+d 的值，然后进行关系比较，运算结果为 false。

2. 字符和字符的关系表达式

```
'a'<'b'+'c' ;
```

“<”右边需要求算术运算和，所以字符 'b' 和 'c' 分别由字符型隐式地转换为整型数 98 和 99，求和结果为 197。“<”左边的字符型也需要转换为整型数 96 才能进行比较。整个表达式的值为 true。

3. 关系表达式连用

```
a>b>=c>d ;
```

关系运算符优先级相同，所以从左至右依次计算。假设 a=1、b=2、c=0、d=4，先计算 a>b 的值为 false，然后计算 false>=c，因为“>=”两边的数据类型不一致，布尔类型 false 转换为整型数 0，0>=0 的比较结果为 true，最后计算 true>3，true 转换为整型数 1，1>4 的比较结果为 false，所以整个表达式的结果为 false。

提示：关系运算符中表示等于的运算符由两个等号组成，不要误写为赋值运算符 =。

若关系运算符的计算结果需要继续在表达式中使用，则 true 与 false 分别被当成 1 与 0。关系运算符的操作数可以是任何基本数据类型的数据，但由于实数（float）在计算机中只能近似地表示某一个数，所以一般不能直接进行比较。当需要对两个实数进行 ==、!= 比较时，通常的做法是指定一个极小的精度值，若两个实数的差在这个精度范围内，就认为这两个实数相等，否则为不相等。

对下面两个表达式进行分析。

（1）等于。

```
x==y
应写成
fabs(x-y)<1e-6
```

（2）不等于。

```
x!=y
应写成
fabs(x-y)>1e-6
```

fabs(x) 的作用是求 double 类型数 x 的绝对值，使用时需要头文件 <math.h>。fabs(x−y)<1e−6 表示 x 和 y 的差的绝对值小于 0.000001，说明 x 和 y 的差值已经非常小，可以认为两者相同。

3.5 条件运算符和表达式

C++ 中唯一的三目运算符是条件运算符。它能够实现简单的选择功能，类似于条件语句，故被称为条件运算符。条件运算符优先级比较低。表 3−8 所示的是条件运算符和表达式。

表 3−8

运算符	表达式	结合性
条件表达式 ? :	A ? B:C	从左至右

其中，A、B 和 C 分别是 3 个表达式。该运算符的功能说明如下。

(1) 计算 A。

(2) 如果 A 的值为 true（非 0），返回 B 的值作为整个条件表达式的值。

(3) 如果 A 的值为 false（0），返回 C 的值作为整个条件表达式的值。

(4) 条件表达式的返回类型将是 B 和 C 这两个表达式中数据类型等级更高的那种类型。

简单条件表达式：

```
a=(x>y ? 12 : 10.0);
```

若 x>y（值为 true），将 12 赋给 a，否则 a=10.0，但 a 的类型最后都是 double。

3.6 赋值运算符和表达式

在前面的程序当中，我们已经接触过赋值运算。本节将介绍赋值运算符和表达式。

3.6.1 赋值运算符

赋值运算符之所以被称为赋值运算符，是因为其功能是给变量赋值，除在定义变量时给变量赋初值外，还被用于改变变量的值。各赋值运算符如表 3−9 所示。

表 3−9

运算符	结合性
= += −= *= /= %= &= ^= |= >>= <<= &&= ||=	从右至左

C++ 提供的赋值运算符功能是将右表达式（右操作数）的值放到左表达式对应的内存单元中，因此左表达式一般是变量或表示某个地址的表达式，也被称为左值。左值在运算中作为地址使用。

右表达式在赋值运算中则会被取值使用，称为右值。所有赋值运算的左表达式都应该是左值。

3.6.2 赋值表达式

一般可把赋值语句分为简单赋值语句和复合赋值语句两种。

1. 简单赋值语句

```
int i = 100;             // 变量名为 i 的地址中的内存数据是 100
char a = 'A', b, c;      // 声明 3 个字符型变量，同时变量 a 赋值为字符“A”
c = b = a + 1;
// 变量 b 的值为 'A'+1，即 65，但 b 是字符型，所以再将 65 转换为字符型数据“B”
// 变量 c 的值等于变量 b 的值 'B'
```

如果 a 的地址是 2000（此时该地址中存放的数据是“A”），则 b 的地址是 2001（此时该地址中存放的数据是“B”），c 的地址是 2002（此时该地址中存放的数据也是“B”）。

2. 复合赋值语句

```
*=
等价于
x=x * y
```

对赋值运算还有下列几点说明。

(1) 用复合赋值运算符表示的表达式不仅比用简单赋值运算符表示的表达式简练，而且生成的目标代码也较少，因此在 C++ 程序中应尽量采用复合赋值运算符。

(2) 在 C++ 中，还可以连续赋值，赋值运算符具有右结合性，例如 x=y=2.6;（赋值运算符是从右至左计算的，所以表达式相当于 x=(y=2.6)，根据优先级，先计算括号里面的赋值语句，再把 y 的值赋给 x）。再如 a=b=3+8，按照右结合，该表达式先计算 3+8，然后将 11 赋给 b，再将 b 的值 11 赋给 a。

【范例 3-2】 赋值运算。

(1) 在 Visual C++ 6.0 中，新建名为“赋值运算”的【C++ Source File】源程序。

(2) 在代码编辑区域输入以下代码（代码 3-2.txt）。

```
01 #include <iostream>
02 using namespace std;
03 void main()
04 {
05     int a=123, b=3, c=2, d=456, x=2;
06     c+=a;          // 等价 c=c+a
07     d%=b;          // 等价 d=d%b
08     x+=x-=x*x;
09     cout<<"c="<<c<<" d="<<d<<" x="<<x<<endl;
10 }
```

【运行结果】

编译、连接、运行程序，即可在命令行中输出图 3-2 所示的结果。

图 3-2

【范例分析】

x+=x-=x*x 可分解成以下几步进行：第 1 步 x+=x-=4；第 2 步 x+=x=x-4，等价于 x=-2 、x+=x，这时 x 的值发生了改变，由 2 变为 -2；第 3 步 x=x+x，x 的最后计算结果为 -4。

3.7 逗号运算符和表达式

逗号可作分隔符使用，将若干个变量隔开，如“int a,b,c;”。逗号也可作运算符使用，称为逗号运算符，用于将若干个独立的表达式隔开。

逗号运算符使用的一般形式如下。

表达式 1，表达式 2……表达式 n;

使用逗号运算符可以将多个表达式组成一个表达式。逗号表达式的求解过程为先求表达式 1 的值，再求表达式 2 的值……最后求表达式 n 的值。整个逗号表达式的结果是最后一个表达式 n 的值。它的类型也是最后一个表达式的类型。

在 C++ 程序中，逗号运算符常用来将多个赋值表达式连成一个逗号表达式。

1. 逗号表达式单独运算

```
假设 a=3，b=5，c=7
求表达式 a=a+b, b=b*c, c=c-a;
表达式依次计算出 a 的值为 8，b 的值为 35，c 的值为 -1。
```

2. 逗号表达式赋值运算

```
x=(a=a+b, b=b*c, c=c-a);    //该表达式的结果等于 -1，即 x 的值为 -1
```

逗号运算符还用在只允许出现一个表达式而又需要多个表达式才能完成运算的地方，可以用它将几个表达式连起来组成一个逗号表达式。

在 C++ 所有的运算符中，逗号表达式的优先级最低。

提示：在学习中需要区分运算符、表达式和语句的不同。不同类型的操作数赋值时，应尽量进行显式转换，隐式转换容易犯错误。在优先级和结合性上也容易犯错误。通常，在表达式中加上圆括号，既能够提高程序的安全性，又可以提高程序的可读性。

3.8　运算符的优先级

C++ 的大多数运算符有不同的优先级，各类运算符还有不同的结合性，可以总结出如下的规律。

(1) 运算符的优先级按单目、双目、三目、赋值依次降低。单目运算是从右至左的，旨在与右边的数结合在一起形成一个整体，因此优先级高，如 +（正）、-（负）、++、--，逻辑运算中的取反 !，按位运算中的取反 ~。赋值运算之所以优先级低且为右结合，是因为右边的表达式计算完后才赋值给左边的变量。

(2) 算术、位移、关系、位、逻辑运算的优先级依次降低，如图 3-3 所示。

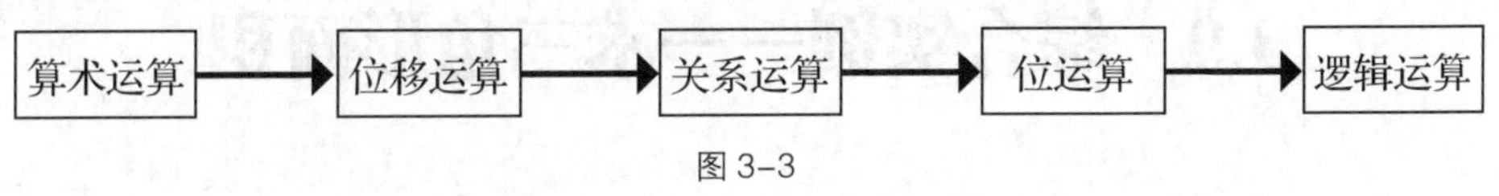

图 3-3

【范例 3-3】 运算符优先级。

(1) 在 Visual C++ 6.0 中，新建名为“运算符优先级”的【C++ Source File】源程序。

(2) 在代码编辑区域输入以下代码（代码 3-3.txt）。

```
01 #include <iostream>
02 using namespace std;
03 void main()
04 {
05         int a=1,b=2,m=3,n=4,x,y;
06         x=-m++;                          //自加和符号优先级相同，但 ++ 后置，故先取负再算自加，最后赋值
07         x=x+8/++n;                       //先自加，再求除，然后求和，最后赋值
08         y=(n = b > a) || (m = a < b);    //先求括号，再取或运算，最后赋值
09         cout<<"m="<<m<<endl;
10         cout<<"n="<<n<<endl;
11         cout<<"x="<<x<<endl;
12         cout<<"y="<<y<<endl;
13 }
```

【运行结果】

编译、连接、运行程序，即可在命令行中输出图 3-4 所示的结果。

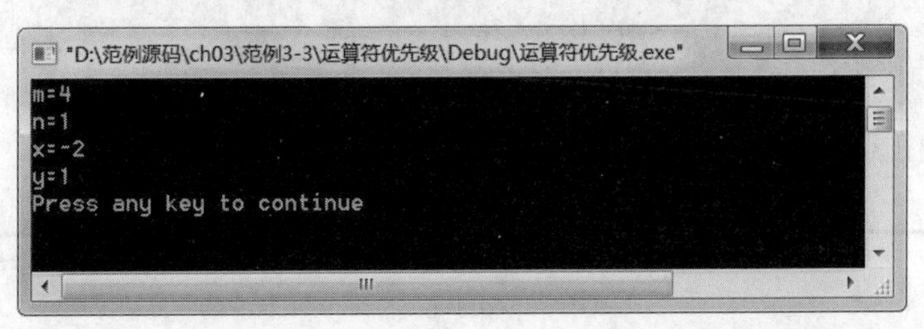

图 3-4

【范例分析】

在表达式“x=−m++”中，先取负，再进行自加运算，经过运算得 x=−3、m=4。

对于表达式“x=x+8/++n”，先进行自加运算，因为 n 是自加前置，所以该式等价于先计算“n=n+1”，即 n=5，再计算“x=x+8/n”，经过运算“x=1+8/5”，按照前面讲述的运算方法得 x=−2，是整数。

对于表达式“y=(n = b > a) || (m = a < b)”，先计算左括号中的“n = b > a”，因为关系表达式的优先级高于赋值表达式，经过计算得 n=1；因为这个或运算是短路运算符，当运算符左边已经为 true 时，右侧就不再计算了，也就是说，“m=a<b”将不会得到计算，所以 m 的值不会改变为 1，而是保持为 4。

3.9 综合实例——求三角形面积

本节通过两个数学计算的程序，介绍 C++ 中运算符和表达式的综合应用。

【范例 3-4】 输入三角形 3 条边的长，求三角形面积。

假设三角形的 3 条边分别是 a、b、c，已知面积公式如下。

$$area=\sqrt{s(s-a)(s-b)(s-c)}$$

$$s=(a+b+c)\times 0.5$$

需要注意的是，开平方用到了数学函数库“math.h”提供的 sqrt 函数。

⑴ 在 Visual C++ 6.0 中，新建名为“求三角形面积”的【C++ Source File】源程序。

⑵ 在代码编辑区域输入以下代码（代码 3-4.txt）。

```
01 #include <iostream>
02 #include <cmath>                    // 包含数学函数头文件，因为程序当中用到了开方
函数 sqrt
03 using namespace std;
04 void main()
05 {
06     float a,b,c,s,area;
07     cin>>a>>b>>c;
08     s= (a+b+c) *1/2.0;
09     area=sqrt(s*(s-a)*(s-b)*(s-c)); // 使用公式计算面积值
10     cout<<"a="<<a<<" b="<<b<<" c="<<c<" s="<<s<<endl;          // 依次输出各个变量
的值
11     cout<<"area="<<area<<endl;
12 }
```

程序流程如图 3-5 所示。

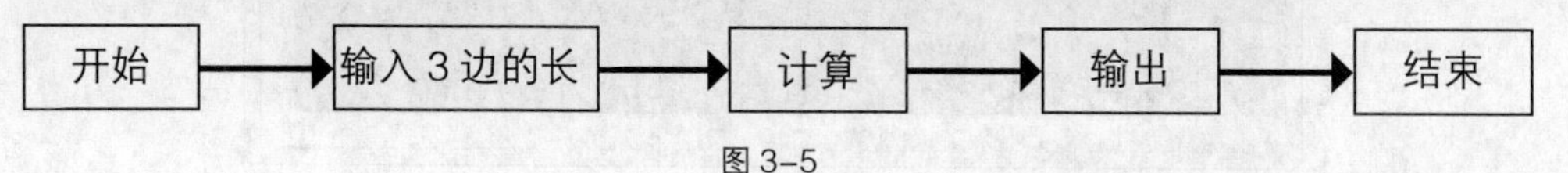

图 3-5

【运行结果】

编译、连接、运行程序，在命令行中依次输入三角形 3 条边的长，按【Enter】键即可输出三角形的面积，如图 3–6 所示。

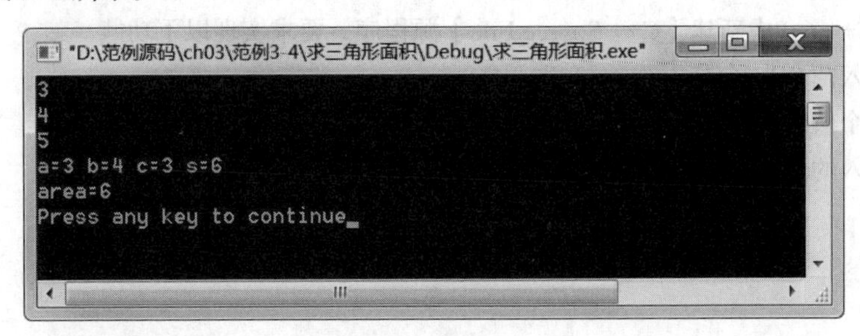

图 3–6

【范例分析】

一个完整的程序包含输入、运算和输出 3 部分。该范例首先使用 cin 标准输入函数分别接收 a、b 和 c 作为三角形 3 条边的长，然后调用数学函数库的开方函数，计算出三角形的周长和面积，最后使用 cout 输出结果。

因为程序中包含 sqrt 函数，所以头文件中必须包含 math。

如果输入的 3 条边不能组成一个三角形，将会出现什么样的结果呢？我们将在下一章学习对能否组成三角形的判断。

3.10　本章小结

本章主要介绍 C++ 各种运算符的使用方法以及由运算符组成的表达式，重点是各种运算符的优先级、运算符的使用方法、表达式的运算规则以及逗号运算符的使用方法。

3.11　疑难解答

1. C++ 中记忆运算符优先级的口诀是什么？

括号成员第一；全体单目第二； 乘除余三 , 加减四；移位五，关系六；等于 (与) 不等排第七；位与异或和位或，“三分天下”八九十；逻辑或跟与，十二和十一；条件高于赋值；逗号运算级最低。

2. 使用表达式时需要注意哪些方面？

使用表达式时要注意括号匹配：

括号都是成对出现的。括号的输入应成对进行，否则容易出现括号不匹配的现象。

现在的编译器都可以按照对齐方式检查括号的配对情况。

3.12 实战练习

在 Visual C++ 6.0 中新建【C++ Source File】源程序，要求实现以下功能。

(1) 分别输入两个半径值。

(2) 比较两个值的大小。

(3) 根据输入的两个半径值计算圆环的面积。

第 4 章
程序控制结构和语句

本章导读

本章重点介绍顺序结构、选择结构和循环结构的控制语句及其实现方法。通过学习，希望读者能够了解 C++ 面向过程的结构化程序设计方法，掌握顺序结构、选择结构和循环结构这 3 种 C++ 程序结构，掌握 break、continue 和 goto 等转向语句的功能以及使用方法。

本章学时：理论 4 学时 + 实践 1 学时

学习目标

- ▶ 程序流程概述
- ▶ 顺序结构
- ▶ 选择结构与语句
- ▶ 循环结构与语句
- ▶ 转向语句

4.1　程序流程概述

现实生活中的流程是多种多样的。例如，汽车在道路上行驶，要按顺序沿道路前进，碰到交叉路口时，驾驶员需要判断是转弯还是直行，在环路上是继续前进还是需要从一个出口出去。

在编程世界中遇到这些状况时，想改变程序的执行流程，就要用流程控制和流程控制语句。

语句是构造程序最基本的单位，程序运行的过程就是执行程序语句的过程。程序语句执行的次序被称为流程控制（或控制流程）。

流程控制的结构有顺序结构、选择结构和循环结构 3 种。

例如生产线上零件的流动过程。零件应该按顺序从一个工序流向下一个工序。这就是顺序结构。但当检测不合格时，就需要从这道工序中退出，或继续在这道工序中接受再加工，直到检测通过为止。这就是选择结构和循环结构。

编程前要先画出程序流程图。

流程图将在后面进行详细的解释，这里先做图 4-1 所示的简要图示说明。

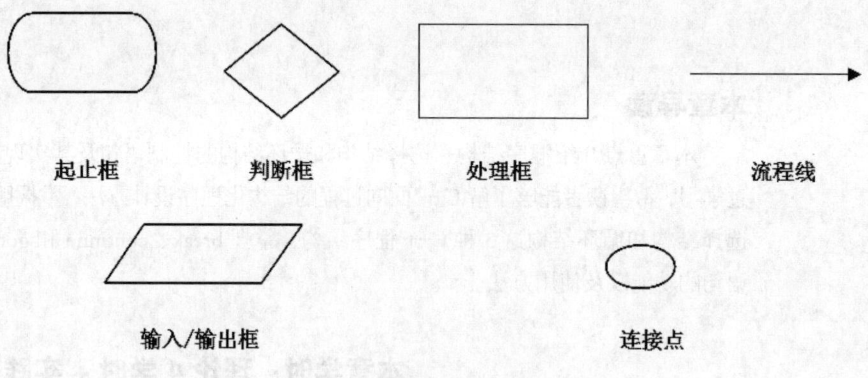

图 4-1

4.2　顺序结构

顺序结构的程序是指程序中的所有语句都是按书写顺序逐一执行的，只有顺序结构的程序功能有限。下面是一个只有顺序结构的程序的例子。

【范例 4-1】计算圆的面积和周长。

⑴ 在 Visual C++ 6.0 中，新建名称为“Circle Area”的【C++ Source File】源文件。

⑵ 在代码编辑区域输入以下代码（代码 4-1.txt）。

```
01 # include <iostream>
02 using namespace std;     // 标准库中输入 / 输出流的头文件， cout 就定义在这个头文件里
03 void main( )
04 {
```

```
05      double  radius,area, girth ;
06      cout << " 请输入半径值： " ;
07      cin >> radius ;                                    // 输入半径
08      area=3.1416* radius* radius ;
09      girth=3.1416* radius*2
10      cout<<"area= "<<area<<endl ;                       // 输出圆的面积
11      cout<<"girth="<<girth<<endl;                       // 输出圆的周长
12 }
```

【运行结果】

编译、连接、运行程序，根据提示输入圆的半径值，按【Enter】键即可计算并输出圆的面积和周长，如图 4-2 所示。

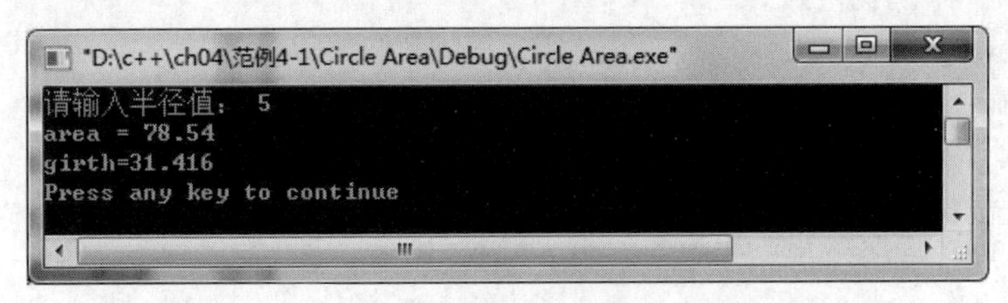

图 4-2

【范例分析】

该程序是一个顺序结构的程序，首先定义 3 个 double 类型的变量 radius、area 和 girth，在屏幕上输出“请输入半径值: ”的提示语句，之后从键盘获取数据复制给变量 radius，然后为变量 area 赋值，再经过周长计算，给 girth 赋值，最后将 area 和 girth 的值输出。程序的执行过程是按照书写的语句一步一步地按顺序执行的，直至程序结束。

4.3 选择结构与语句

选择结构通过对给定的条件进行判断，来确定执行哪些语句。C++ 提供以下 3 种类型的选择结构。

(1) 单分支选择结构。

(2) 双分支选择结构。

(3) 多分支选择结构。

4.3.1 选择结构

选择结构也被称为分支结构，用于处理程序中出现两条或更多条执行路径的情况。选择结构可以用分支语句来实现。分支语句包括 if 语句和 switch 语句，我们将在后面讲解这些语句的语法。下面先介绍一个具有选择结构的程序。

【范例 4-2】判断输入的数据是否为奇数。

控制台输入一个数值，不能被 2 整除，则为奇数。

⑴ 在 Code::Blocks 17.12 中，新建名称为“Judge Odd”的【C/C++ Source File】源文件。

⑵ 在代码编辑区域输入以下代码（代码 4–2.txt）。

```
01  // 范例 4-2
02  //Judge Odd 程序
03  // 判断输入的数据是否为奇数
04  //2017.07.11
05  #include <iostream>
06  using namespace std;
07  int main(void)
08  {
09      int num;                    // 定义一个整型变量
10      cout << " 请输入一个整数 : "<<endl;
11      cin >>num;                  // 从键盘获取输入的数值
12      if(num%2!=0)
13      {
14        cout<<num<<" 是奇数！ "<<endl;
15      }
16      return 0;
17  }
```

【运行结果】

编译、连接、运行程序，根据提示依次输入任意整数，按【Enter】键即可输出这个数是否为奇数，如图 4–3 所示。

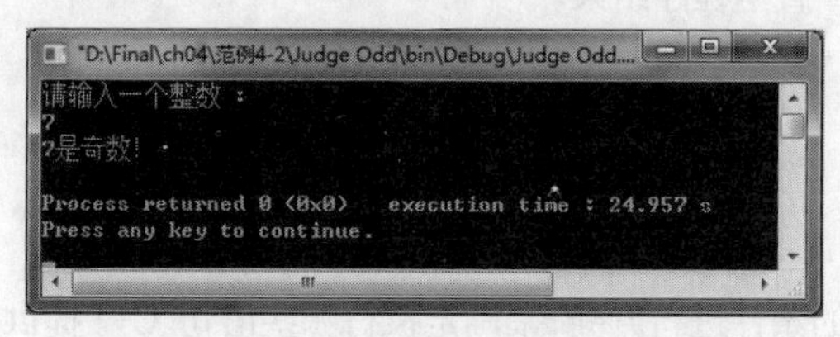

图 4–3

【范例分析】

此程序是一个简单的 if 选择结构的程序，在执行过程中根据键盘输入的值 num，进入 if 语句中进行判断，满足 if 的条件则进入 if 结构内，输出 num 的提示语句，否则不执行 if 内部语句，退出程序。

4.3.2 单分支选择结构——if 语句

if 语句的一般形式如下。

```
if ( 表达式 )
语句 ;
```

“表达式”是给定的条件。if 语句首先判定是否满足条件，如果满足条件，则执行“语句”，否则不执行该“语句”。图 4–4 展示了 if 语句的流程。

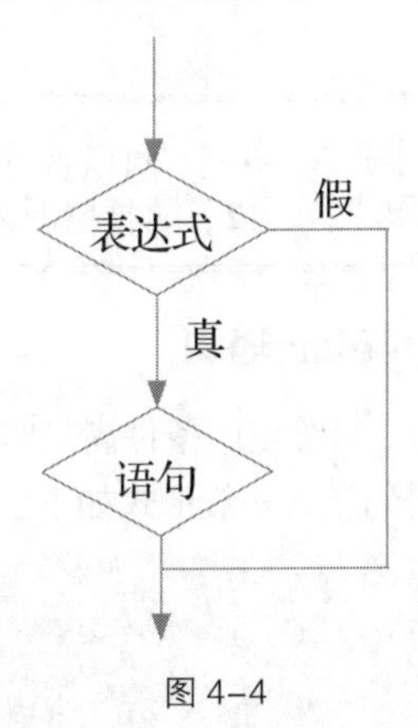

图 4–4

if 语句的功能为：对条件表达式求值，若值为真（非 0），就执行它后面的语句，否则什么也不做。若需要执行的语句用单条语句写不下，就应该用复合语句。

【范例 4–3】详细讨论典型 if 语句的运用。

```
01 # include < iostream>
02 using namespace std;
03 int  main( )
04 {
05          float  a , b , ls ;                        // 定义 3 个浮点型的变量 a、b 和 ls
06          cout << " 请输入两个数值 : "  // 从键盘输入两个数值
07          cin >> a >> b ;                          // 从键盘输入两个值，分别赋给变量 a 和 b
08          if  ( a > b )                                // 如果满足条件 a>b，以下 3 句的功能为交换 a、b
的值
09          {
10                 ls = a ;
11                 a = b ;
12                 b = ls ;
13                 }
14          cout << a << " " << b << endl ;       // 输出交换后 a、b 的值
15          return 0;
16          }
```

【范例分析】

该程序的功能是把两个数由小到大进行输出。假如从键盘输入 12、29，则 a 的值为 12，b 的值为 29，那么表达式 a>b 的值为 false，if 里面的语句不被执行，程序只是按顺序往下执行“cout << a << " " << b << endl;”语句，输出 a、b 的值。

假如从键盘输入 29、12，则 a 的值为 29，b 的值为 12，那么表达式 a>b 的值为 true，if 里面的语句将被执行，即 a、b 交换值，然后程序按顺序往下执行“cout << a << " " << b << endl;”语句，输出 a、b 的值。

提示：在 Visual C++ 6.0 中按【F11】键单步执行，可以查看 if 语句的执行情况。对于【范例 4-3】，可以分别从键盘输入“12、29”和“29、12”两种情况来查看 if 语句的执行过程。

4.3.3 双分支选择结构——if-else 语句

if 语句的一个变种是指定两个语句。当给定的条件满足时，执行一个语句；当条件不满足时，执行另一个语句。这也被称为 if-else 语句，其一般形式如下。

```
if ( 表达式 )
语句 1;
else
语句 2;
```

图 4-5 展示了 if-else 语句的流程。

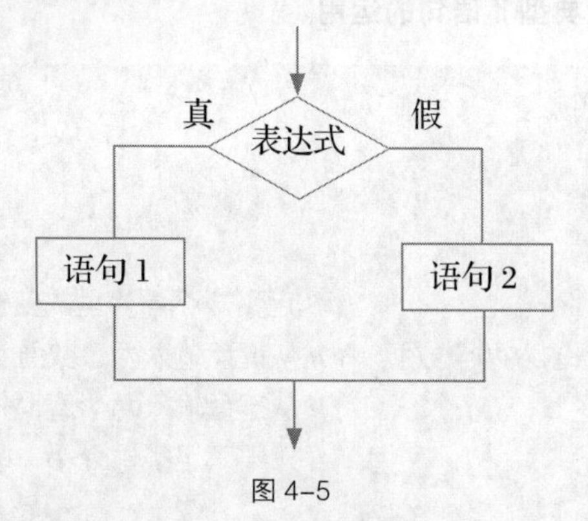

图 4-5

if-else 语句的功能是，对条件表达式求值，若值为真（非 0），执行其后的语句 1，否则执行 else 后面的语句 2，即根据条件表达式是否为真分别进行不同的处理。

【范例 4-4】用 if-else 语句修改【范例 4-3】的程序，并完成相同的功能。

⑴ 在 Visual C++ 6.0 中，新建名称为“Value Order1”的【C++ Source File】源文件。

⑵ 在代码编辑区域输入以下代码（代码 4-4.txt）。

```
01  # include < iostream >
02  using namespace std;
03  int  main( )
04     {
05          float  a , b  ;
06          cout << " 请输入两个数值 : " ;
07          cin >> a >> b ;
08          if  ( a < b )
```

```
09        cout << a << " " << b << endl ;   // 先输出 a 再输出 b
10      else
11        cout << b << " " << a << endl ;   // 先输出 b 再输出 a
12      return 0;
13  }
```

【运行结果】

编译、连接、运行程序，根据提示依次输入任意两个数，按【Enter】键即可将这两个数按照从小到大的顺序输出，如图 4-6 所示。

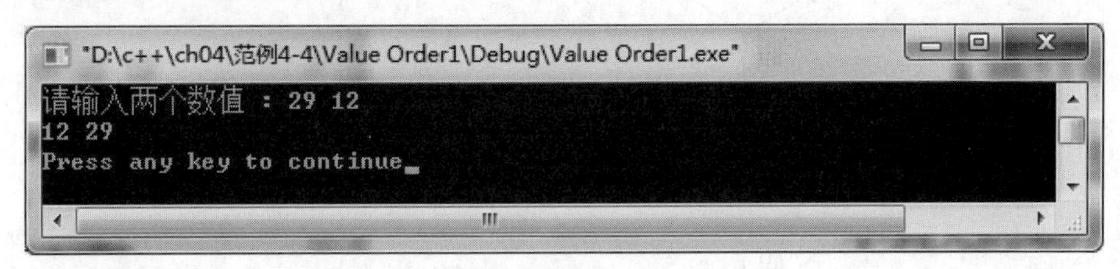

图 4-6

【范例分析】

本范例中输入的值 a 为 29、b 为 12，if 语句中的判断条件 a<b 为 false，执行 else 后面的语句，先输出 b 的值，后输出 a 的值。假如从键盘输入的值 a<b，则执行 if 后面的语句，先输出 a 的值，后输出 b 的值。

本范例是一个比较简单的例子，而现实生活中的各种条件是很复杂的，在一定的条件下，还需要满足其他的条件才能确定相应的动作。为此，C++ 提供有 if 语句的嵌套功能，即一个 if 语句能够出现在另一个 if 语句或 if-else 语句里。需要注意的是，使用 if 语句的嵌套形式时，else 语句都是与离它最近的 if 语句配对的。

4.3.4 多分支选择结构——switch 语句

当一条路线需要分为多个分支路线时，用前面的 if 语句书写会变得异常烦琐，而且不易阅读。为此，C++ 提供了另外一套语句——switch 语句。

switch 语句的一般形式如下。

```
switch ( 表达式 ) {
case 常量表达式 1:
语句 ;
...
case 常量表达式 n:
语句 ;
default:
语句 ;
```

switch 语句的执行过程如下。首先计算“表达式”的值，然后将其结果依次与每一个常量表达式的值进行匹配（常量表达式的值的类型必须与“表达式”的值的类型相同）。如果匹配成功，则

执行该常量表达式后面的语句。当遇到 break 时，立即结束 switch 语句的执行，否则顺序执行到大括号中的最后一条语句。default 的执行是可选的，如果没有常量表达式的值与“表达式”的值匹配，则执行 default 后面的语句。

图 4–7 展示了 switch 语句的流程。

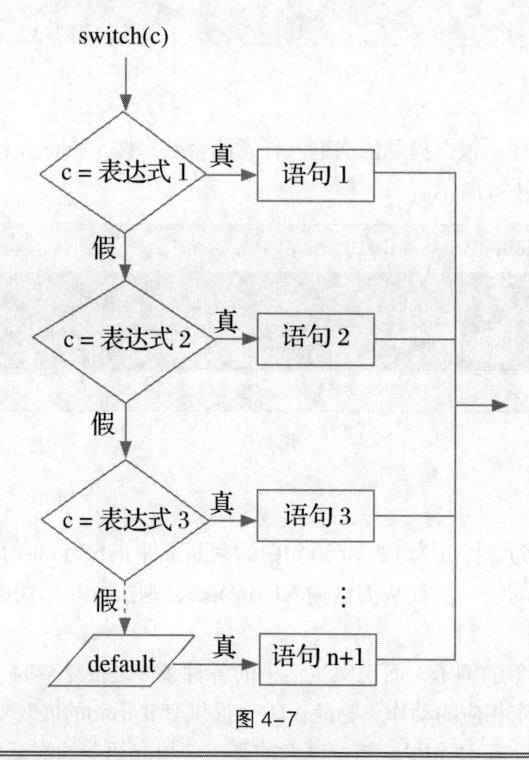

图 4–7

注意：“表达式”的值的类型必须是字符型或整型。

提示：每个 case 表达式后面的 break 语句用来结束 switch 语句的执行，如果某个 case 后面没有 break 语句，则程序运行到此 case 时将按顺序一直执行下去，直到遇到 break 语句，或顺序执行到大括号中的最后一条语句，此时往往会出现意想不到的错误。建议读者结合后面对 break 的介绍，进一步弄懂 switch 语句的功能，否则就可能“触雷”。

【范例 4–5】根据一个代表星期几的 0 ~ 6 的整数，在屏幕上输出它代表的是星期几。

(1) 在 Visual C++ 6.0 中，新建名称为“Numerical Week”的【C++ Source File】源文件。

(2) 在代码编辑区域输入以下代码（代码 4–5.txt）。

```
01 # include < iostream>
02 using namespace std;
03 int main( )
04 {
05         int w ;              // 定义代表星期几的整数变量 w
```

```
06        cout << " 请输入代表星期几的整数 : " ;
07        cin >> w ;          // 从键盘获取数据，赋值给变量 w
08        switch （ w ）{     // 根据变量 w 的取值，选择执行不同的语句
09          case  0 :         // 当 w 的值为 0 时执行下面的语句
10            cout << " It's Sunday ." << endl ;
11          break ;
12          case  1 :         // 当 w 的值为 1 时执行下面的语句
13            cout << " It's Monday ." << endl ;
14          break ;
15          case  2 :         // 当 w 的值为 2 时执行下面的语句
16            cout << " It's Tuesday ." << endl ;
17          break ;
18          case  3 :         // 当 w 的值为 3 时执行下面的语句
19            cout << " It's Wednesday ." << endl ;
20          break ;
21          case  4 :         // 当 w 的值为 4 时执行下面的语句
22            cout << " It's Thursday ." << endl ;
23          break ;
24          case  5 :         // 当 w 的值为 5 时执行下面的语句
25            cout << " It's Friday ." << endl ;
26          break ;
27          case  6 :         // 当 w 的值为 6 时执行下面的语句
28            cout << " It's Saturday ." << endl ;
29          break ;
30            default : cout << "Invalid data !"    << endl ;   // 当 w 为其他的值时
31      }
32        return 0;
33 }
```

【运行结果】

编译、连接、运行程序，根据提示输入“4”（0~6 中的任意一个整数），按【Enter】键即可在命令行中输出图 4-8 所示的结果。

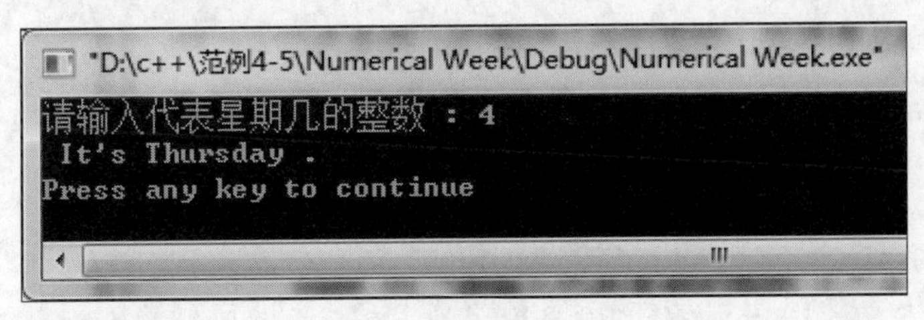

图 4-8

【范例分析】

在本范例中，首先从键盘输入一个整数并赋值给变量 w，根据 w 的取值分别执行不同的 case 语句。例如，当给 w 赋值为 4 时，执行“case 4 :”后面的语句：

```
cout << " It's Thursday ." << endl ;
break ;
```

于是，屏幕上输出“It's Thursday.”。从本范例可以看到：switch 语句中每一个 case 的结尾通常都有一个 break 语句，用来停止 switch 语句的继续执行，而转向该 switch 语句的下一个语句。但是，使用 switch 语句比用 if–else 语句简洁得多，可读性也好得多，因此遇到多分支选择的情形时，应当尽量选用 switch 语句，以避免采用嵌套较为复杂的 if–else 语句。

【思 考】

如果不加 break，将遇到什么样的情况呢？我们可以进行调试，从而加深对 break 运用的理解。

4.4 循环结构与语句

循环结构是程序中一种很重要的结构，其特点是在给定条件成立时，反复执行某程序段，直到条件不成立为止。给定的条件称为循环条件，反复执行的程序段称为循环体。C++ 提供以下 3 种循环语句。

(1) for 语句。

(2) while 语句。

(3) do–while 语句。

4.4.1 循环结构

循环结构是指在满足循环条件时反复执行代码块，直到循环条件不能满足为止。C++ 中的 while 语句、do–while 语句和 for 语句可用来实现循环结构，它们各有各的特点，而且常常可以互相替代。在编程时，应根据题意选择最适合的循环语句。下面先来看一个具有循环结构的例子。

【范例 4–6】计算 100 以内奇数的和。

(1) 在 Visual C++ 6.0 中，新建名称为“Odd Sum”的【C++ Source File】源文件。

(2) 在代码编辑区域输入以下代码（代码 4–6.txt）。

```
01 # include <iostream>
02 using namespace std;
03 int main( )
04 {
05   int n = 1 ;              // 为奇数变量 n 赋初值为 1
06   int sum = 0 ;            // 奇数的累加和
07   while ( n < 100 )        // n 不能超过 100
08     {
```

```
09        sum += n ;              // 累加
10        n += 2 ;                // 将 n 修改为下一个奇数
11        }
12  cout << "100 以内的奇数和是 : " << sum << endl ;
13  return 0;
14  }
```

【运行结果】

编译、连接、运行程序，即可计算出 100 以内的奇数的和，并在命令行中输出，如图 4-9 所示。

图 4-9

【范例分析】

该程序是一个循环结构的程序，在执行过程中会根据循环条件反复执行循环体里的语句，直到条件不能满足为止。在该范例中，从 n 为 1 开始，累加出 100 以内奇数的和，直到 n 为 101 时，不满足“n<100”这个循环条件，才终止循环。

提示：要更直观地查看循环体的运行过程，建议在 Visual C++ 6.0 中按【F11】键单步执行每条语句。同样，对于前面讲到的顺序结构和选择结构，也可以通过单步执行来查看语句的执行情况。

4.4.2 for 语句

for 语句的一般形式如下：

```
for ( 表达式 1; 表达式 2; 表达式 3)
      语句 ;
```

图 4-10 展示了 for 语句的流程。

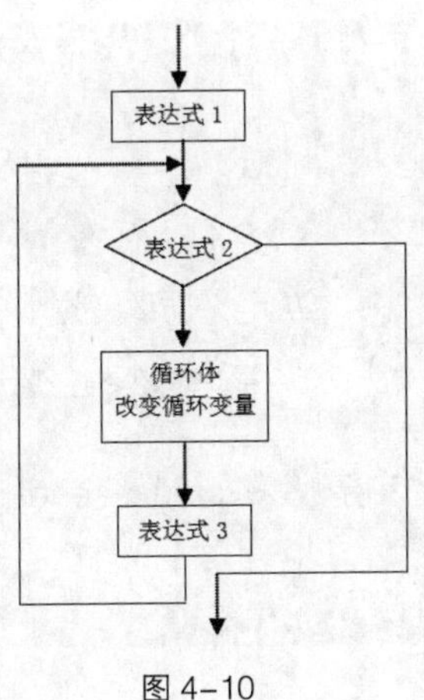

图 4-10

for 语句的执行过程如下。首先计算“表达式 1”（循环初值），且仅计算一次。每一次循环之前计算“表达式 2”（循环条件），如果其结果成立，则执行“语句”（循环体），并计算“表达式 3”（循环增量）。否则，循环终止。

for 语句有以下几个特点。

⑴ for 语句通常用于有确定次数的循环。例如，下面的 for 语句用于计算整型数 1~n 的和。

```
sum = 0;
for (i = 1; i <= n; ++i)
sum += i;
```

⑵ for 语句 3 个表达式中的任意一个都可以省略。例如，省略第 1 个和第 3 个表达式。

```
for (; i != 0;)
    语句 ;
```

如果把 3 个表达式都省略，则循环条件为 1，循环无限次地进行，即死循环。

```
for (;;)
    语句 ;
```

⑶ for 语句可以有多个循环变量。此时，循环变量的表达式之间用逗号隔开。

```
for (i = 0, j = 0; i + j < n; ++i, ++j)
    语句 ;
```

⑷ 循环语句能够用在另一个循环语句的循环体内，即循环能够嵌套。

```
for (int i = 1; i <= 3; ++i)
    for (int j = 1; j <= 3; ++j)
    cout << "(" << i << "," << j << ")"<<endl;
```

【范例 4-7】用 for 循环语句计算 1~100 整数的和。

⑴ 在 Visual C++ 6.0 中，新建名称为“Integer Sum”的【C++ Source File】源文件。

⑵ 在代码编辑区域输入以下代码（代码 4-7.txt）。

```
01 # include <iostream>
02 using namespace std;
03 int main( )
04 {
05    int i,sum=0;                   // 定义循环变量 i，初始化变量 sum 为 0
06    for ( i = 1 ; i <= 100 ; i ++ )  // 定义循环变量初值、循环条件和循环增量
07        sum += i;                  // 整数求和
08    cout << "1~100 的整数的和是 : " <<sum<< endl ;
09    return 0;
10 }
```

【运行结果】

编译、连接、运行程序，即可计算 1~100 的整数的和，并在命令行中输出，如图 4–11 所示。

图 4–11

【范例分析】

该程序中的 for 语句定义了循环变量初值 1、循环条件（小于等于 100）、循环增量（在前一个的基础上加 1）。

程序在执行的过程中，从 i 为 1 开始，累计求出 1~100 以内整数的和，直到 n 为 101 时，不满足 i ≤ 100 这个循环条件，才终止循环。

【范例 4–8】用嵌套 for 循环语句测试执行循环的次数。

⑴ 在 Visual C++ 6.0 中，新建名称为“Cycle Index”的【C++ Source File】源文件。

⑵ 在代码编辑区域输入以下代码（代码 4–8.txt）。

```
01 #include <iostream>
02 using namespace std;
03 int main()
04 {
05       cout << "i \t j \n" ;
06       for ( int i =1;  i <= 3;  i ++ )                    // 外循环
07           {
08                 cout << i ;
09                 for ( int j =1;  j <= 3;  j++ )           // 内循环
10                 { cout << "\t" << j << endl; }
11           }
12       return 0;
13 }
```

【运行结果】

编译、连接、运行程序，即可测试循环执行次数并在命令窗口输出，如图 4–12 所示。

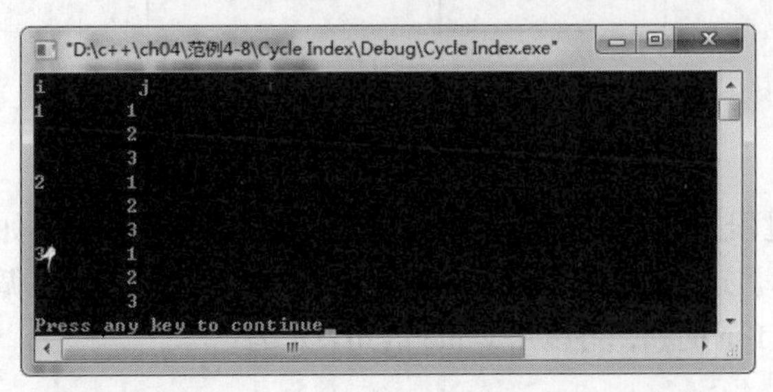

图 4–12

【范例分析】

该程序是一个嵌套的 for 循环语句，首先定义了外层循环，循环变量 i 初值 1、循环条件（小于等于 3）、循环增量（在前一个的基础上加 1）；然后嵌套了内层循环，循环变量 j 初值 1、循环条件（小于等于 3）、循环增量（在前一个的基础上加 1）。

程序在执行的过程中，从 i 为 1 开始，先执行一次内层循环，直到 j 为 4 时，不满足 j ≤ 3 的内层循环条件，内层循环终止，返回外层循环。这时 i 为 2，满足外层循环条件，又开始执行一次内层循环，直到 j 为 4 时，不满足 j ≤ 3 内层循环条件，内层循环终止，返回外层循环。这时 i 为 3，满足外层循环条件，又开始执行一次内层循环，直到 j 为 4 时，不满足 j ≤ 3 内层循环条件，内层循环终止，又一次返回外层循环。这时 i 为 4，不满足外层循环条件，循环结束。

注意：C++ 允许在 for 循环的各个位置使用几乎任何一个表达式，但也有一条不成文的规则，即 for 语句的 3 个位置只应当分别用来进行初始化、测试和更新计数器变量，而不应挪作他用。我们应形成这样的编程习惯。

4.4.3 while 语句

while 语句的一般形式如下：

```
while ( 表达式 )
      语句 ;
```

图 4-13 展示了 while 语句的流程。

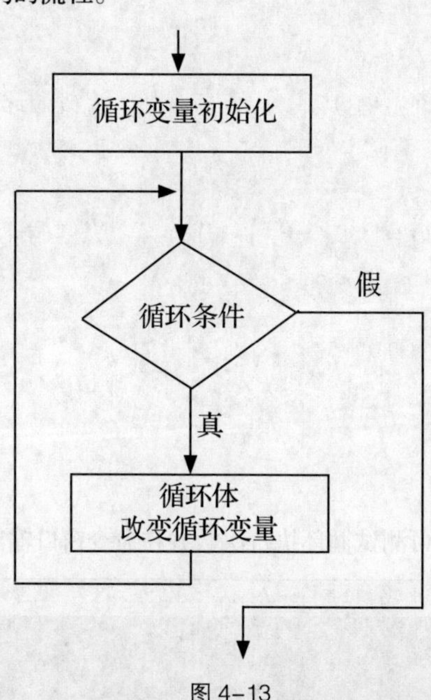

图 4-13

while 语句的执行过程如下。首先计算“表达式”（循环条件）的值，如果该值满足循环条件，执行“语句”（循环体）。这个过程重复进行，直至“表达式”的值不满足循环条件时才结束循环。

例如要计算整型数 1~n 的和，可以用 while 语句表示为：

```
int i = 1, sum = 0;
while (i <= n)
sum += i++;
```

如果把 n 设置为 5，表 4–1 提供了上述循环语句的执行过程，该循环体执行了 5 次。

表 4–1

循环次数	i	n	i ≤ n	sum +=i++
第 1 次	1	5	1	sum=0+1
第 2 次	2	5	1	sum=1+2
第 3 次	3	5	1	sum=3+3
第 4 次	4	5	1	sum=6+4
第 5 次	5	5	1	sum=10+5
第 6 次	6	5	0	

【范例 4–9】计算 1~100 的整数的和。

(1) 在 Visual C++ 6.0 中，新建名称为“Integer Sum1”的【C++ Source File】源文件。

(2) 在代码编辑区域输入如下代码（代码 4–9.txt）。

```
01  # include <iostream>
02  using namespace std;
03  int main( )
04  {
05      int i = 1,sum=0 ;   // 定义整型变量 i 并赋初值 1，定义整型变量 sum 并赋初值 0
06      while (i<=100 )     // 设置循环条件，设置 i 的最大值为 100
07      sum += i++ ;        // 求和并改变循环变量的值
08      cout << "1~100 的整数的和是 : " << sum << endl ;
09    return 0;
10  }
```

【运行结果】

编译、连接、运行程序，即可计算 1~100 的整数的和，并在命令行中输出，如图 4–14 所示。

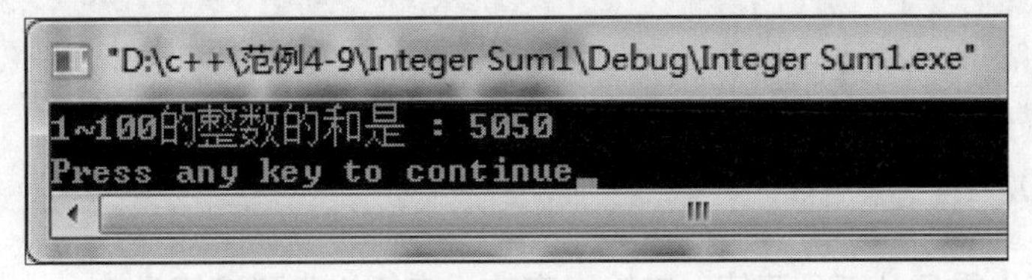

图 4–14

【范例分析】

本范例和【范例 4-7】不同的地方在于，【范例 4-7】中使用 for 语句定义了 i 的初值、范围和循环增量，本范例中则使用 while 语句定义 i 的循环条件，并使用“sum += i++;”语句进行累加计算。

这两个范例实现的功能是一样的。读者在编程的过程中，可以灵活地选择这些语句。

4.4.4 do-while 语句

do-while 语句类似于 while 语句，但是它先执行循环体，然后检查循环条件。do-while 语句的一般形式如下。

```
do
    语句;
while ( 表达式 );
```

图 4-15 展示了 do-while 语句的流程。

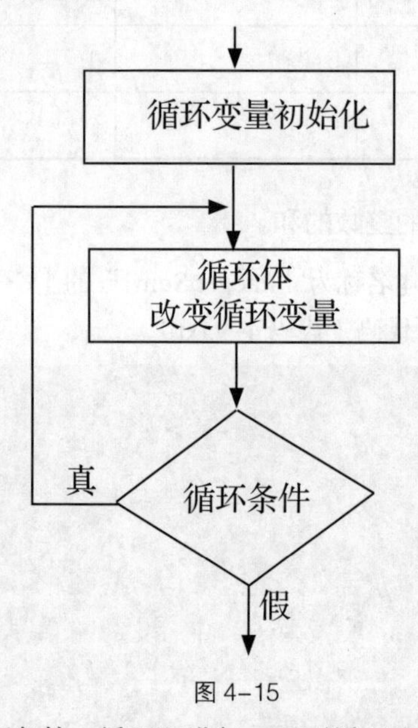

图 4-15

如果“表达式”的值满足循环条件，循环即进行，否则循环终止。

与 while 语句相比，do-while 语句使用得要少一些。但是对于有些情况，例如循环体至少要执行一次的情况，do-while 语句就很有用。例如，要重复读一个值，并输出它的平方值，终止的条件是该值不满足循环条件，此时可以用 do-while 语句表示为：

```
do {
    cin >> n;
    cout << n * n << '\n';
    }
while (n != 0);
```

【范例 4-10】重复从键盘读值，并输出它的平方值，直到该值为 0。

(1) 在 Visual C++ 6.0 中，新建名称为“Square Value”的【C++ Source File】源文件。

⑵ 在代码编辑区域输入以下代码（代码 4-10.txt）。

```
01 #include <iostream>
02 using namespace std;
03 int main()
04 {
05     int n;
06     do {
07             cout<<"n=";
08             cin>>n;                          // 输入 n 值
09             cout<<"n*n="<<n*n<<endl;         // 输出 n 的平方值
10         }
11 while(n!=0);                                 // 当 n=0 时退出
12 return 0;
13 }
```

【运行结果】

编译、连接、运行程序，从键盘输入任意一个数，按【Enter】键即可计算它的平方值并输出。当输入的数字为 0 时，程序计算结果输出后即结束，如图 4-16 所示。

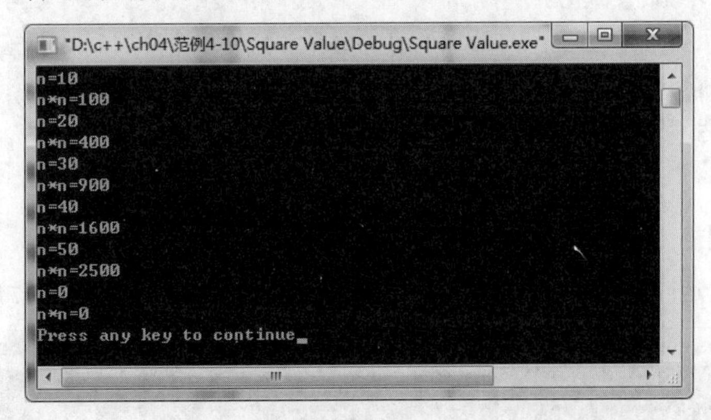

图 4-16

【范例分析】

当从键盘输入 10 时，n 的值为 10，先执行 do-while 的循环语句，再判断 n 是否为 0。n 为 10，不为 0，条件满足，于是则继续循环，依此类推。直到输入为 0 时，循环结束。

4.5 转向语句

C++ 中除了上述语句外，还有一类很重要的语句，就是转向语句。转向语句用来完成特定的程序流程控制，包括 goto 语句、break 语句和 continue 语句，共 3 种。

goto 语句是无条件转移语句。break、continue 语句经常用在 while、do-while、for 和 switch 语句中，

两者使用时有区别，continue 只结束本次循环，不终止整个循环，而 break 则会终止本循环并从循环中跳出。

4.5.1 goto 语句

goto 语句的作用是使程序执行分支转移到被称为“标号”（label）的目的地。使用 goto 语句时，标号的位置必须在当前函数内。也就是说，不能使用 goto 从 main 转移到另一个函数的标号上，反过来也不可以。

【范例 4-11】用 goto 语句显示 1~100 的整数的数字。

⑴ 在 Visual C++ 6.0 中，新建名称为“Mark Label”的【C++ Source File】源文件。

⑵ 在代码编辑区域输入以下代码（代码 4-11.txt）。

```
01 #include <iostream>
02 using namespace std;
03 int main()
04 {
05         int count=1;
06         label:              // 标记 label 标签
07         cout << count++<<" ";
08         if(count <= 100)
09         goto label;         // 如果 count 的值不大于 100，则转到 label 标签处开始执行程序
10         cout<<count++<<endl;
11         return 0;
12 }
```

【运行结果】

编译、连接、运行程序，即可在命令行中输出 1~100 的整数数字，如图 4-17 所示。

图 4-17

【范例分析】

本范例使用 goto 语句对程序运行进行了转向：在代码中标记了一个位置（label），后面使用“goto label;”来跳转到这个位置。

所以程序在运行时，会先输出 count 的初值 1，然后跳转回 label 标记处，在值上加 1 后再输出，即 2，直到不再满足“count <= 100”的条件就停止循环，然后运行“cout<<endl;”结束。

注意：现代程序设计方法主张尽可能地限制 goto 语句的使用，转而使用 if、if-else 和 while 等结构来代替它，以提高代码的可读性。

4.5.2 break 语句

break 语句在循环体内的作用是终止当前的循环。

根据程序的目的，有时需要程序在满足某个特定条件时立即终止循环，继续执行循环体后面的语句，使用 break 语句可以实现此功能。

在前面我们已经看到，break 语句常与 switch 语句配合使用。break 语句和 continue 语句也常与循环语句配合使用，对循环语句的执行起着重要的作用，但是 continue 语句只能用在循环语句中，例如：

```
01 // 无 break 语句
02 int sum = 0, number;
03 cin >> number;
04 while (number != 0) {
05        sum += number;
06       cin >> number;
07   }
08 // 有 break 语句
09 int sum = 0, number;
10 while (1) {
11       cin >> number;
12       if (number == 0)
13       break;
14       sum += number;
15 }
```

这两段程序产生的效果是一样的。需要注意的是，break 语句只是跳出当前的循环体，对于嵌套的循环语句，break 语句的功能是从内层循环跳到外层循环，例如：

```
01 int i = 0, j, sum = 0;
02 while (i < 5) {
03              for ( j = 0; j < 5; j++) {
04              sum += i + j;
05              if ( j == i)
06              break;
07              }
08              i++;
09 } .
```

本例中的 break 语句执行后，程序立即终止 for 循环，并转向 for 循环外的下一个语句，即 while 循环中的 i++ 语句，继续执行 while 语句。

【范例 4-12】从键盘接收 10 个整数，求它们的平方根。若遇到负数则终止程序。

⑴ 在 Visual C++ 6.0 中，新建名称为“Square Root”的【C++ Source File】源文件。

⑵ 在代码编辑区域输入以下代码（代码 4-12.txt）。

```
01  # include <iostream>
02  # include <cmath>          // 包含数学函数头文件，因为程序当中用到了开方函数 sqrt
03  using namespace std;
04  void  main( )
05  {
06          int  i = 1 , num ;
07          double  root ;
08          while  ( i <= 10 ) {
09                  cout << " 请输入一个整数 : " ;
10                  cin >> num ;
11                  if  ( num < 0 )             // 若 num 是负数则退出循环
12          break ;                             //break 退出的是整个 while 循环
13          root = sqrt(num) ;
14          cout << root << endl ;
15          i++ ;
16          }
17  }
```

【运行结果】

编译、连接、运行程序，从键盘输入任意一个整数，按【Enter】键即可计算它的平方根并输出。当输入的数字为负数或已输入 10 个数时，程序就会结束，如图 4-18 所示。

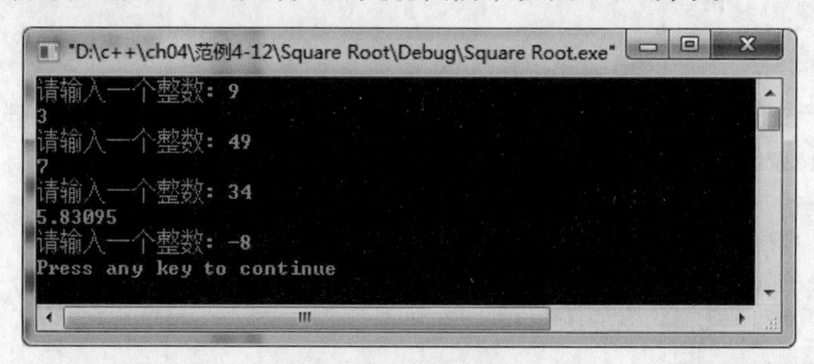

图 4-18

【范例分析】

这个程序有两个出口。在计算每个输入的数的平方根之前都要判断它的正负，若为负数则退出循环，这是第 1 个出口。另外，整型变量被用来实现计数。i 的初值为 1，每执行一次循环体就将它的值加 1，当它的值为 11 时，表示循环体已经被执行了 10 次，于是循环终止，这是第 2 个出口。这样的程序可读性较差。

注意：如果用 break 终止当前的循环，那么在多重循环中，break 只能退出它所在的那重循环，进入外层循环中。要退出外层循环，要在外层循环中使用 break。

4.5.3 continue 语句

根据程序的目的，有时需要程序在满足某个特定条件时跳出本次循环，使用 continue 语句可实现该功能。continue 语句的功能与 break 语句不同，是结束当前循环，执行下一次循环。在循环体中，continue 语句被执行之后，其后的语句均不再被执行。

图 4–19 所示的是 continue 语句的流程。

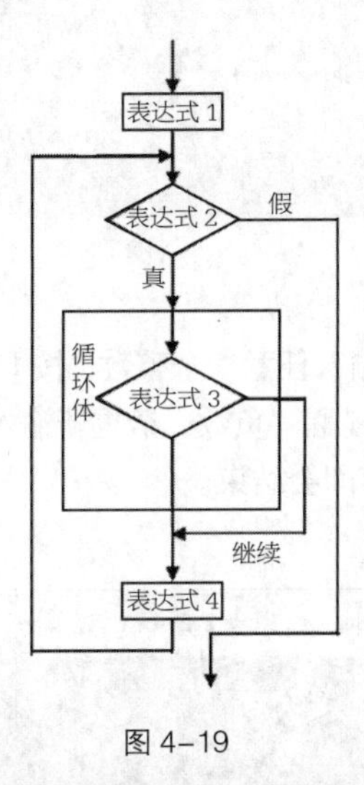

图 4–19

注意：continue 语句用在循环体中，它的作用是忽略循环体中位于它之后的语句，重新进行条件表达式的判断。

【范例 4–13】从键盘接收 10 个整数，求它们的平方根。若遇到负数，则忽略，并输入下一个数据。

(1) 在 Visual C++ 6.0 中，新建名称为“Square Root1”的【C++ Source File】源文件。

(2) 在代码编辑区域输入以下代码（代码 4–13.txt）。

```
01  # include <iostream>
02  # include <math.h >
03  using namespace std;
04  int  main( )
05              {
06              int  i = 1 , num ;              // 定义变量 i 和 num
07              double  root ;                  // 定义变量 root
08              while  ( i <= 10 ) {            // 定义循环次数为 10，也就是接收 10 个整数
09              cout << " 请输入一个整数 : " ;
10              cin >> num ;                    // 从键盘输入一个数，赋值给变量 num
11              if  ( num < 0 )
12              {                               // 若 num 是负数，则回到循环开始处
```

```
13                  cout << " 负数，请重新输入正整数 !\n";
14                  continue ;          //continue 退出本次循环，重新进行表达式判断
15          }
16          root = sqrt(num) ;
17          cout << root << endl ;
18          i++ ;
19          }
20          return 0;
21 }
```

【运行结果】

编译、连接、运行程序，从键盘输入任意一个整数，按【Enter】键即可计算它的平方根并输出。

当输入的数为负数时，程序就会提醒“负数，请重新输入正整数 !”。

当输入超过 10 个整数之后，程序即会结束。

结果如图 4-20 所示。

```
"D:\c++\ch04\范例4-13\Square Root1\Debug\Square Root1.exe"
请输入一个整数 : 1
1
请输入一个整数 : 2
1.41421
请输入一个整数 : 3
1.73205
请输入一个整数 : 4
2
请输入一个整数 : -5
负数，请重新输入正整数!
请输入一个整数 : 6
2.44949
请输入一个整数 : 7
2.64575
请输入一个整数 : 8
2.82843
请输入一个整数 : 9
3
请输入一个整数 : 10
3.16228
请输入一个整数 : 11
3.31662
Press any key to continue
```

图 4-20

【范例分析】

本范例和【范例 4-12】基本一致，只是将【范例 4-12】中的一个出口（遇到负数则结束），使用 continue 语句进行了改变，使之退出当前的循环，回到 while 循环。因此当输入负数时，程序就会给出提示，并执行输入整数计算平方根的循环。

本范例中的出口是当计数变量 i 的值超过 10 时，程序即结束，这与【范例 4-12】是一致的。

4.6 常见错误

当我们写完程序并运行的时候，有时程序会出现错误提示，有时运行出来的结果并非我们所希望得到的结果。不要担心，这个时候我们可以通过平台错误提示进行修改，或通过编译器自带的调试功能进行程序的调试，从而发现错误并进行改正。

所谓程序调试，指当程序的工作情况（运行结果）与设计的要求不一致，通常是程序的运行结果不对时，通过一定的科学方法（而不是凭运气）来检查程序中存在的设计问题。

4.6.1 语法错误

语法错误指程序违背了C++语法的规定。对这类错误，编译程序一般能给出“出错信息”，并且说明是哪一行出错了。只要细心，是可以很快发现并排除语法错误的，如图4-21所示。

File Edit View Insert Project Build Tools Window Help
include < iostream >
using namespace std;
void main( )
{
double radius , area ,girth;
cout << "请输入半径值：" ;
cin >> radius ;
// 输入半径
area = 3.1416* radius* radius
girth=3.1416* radius* 2;
cout << "area = " << area << endl ;// 输出面积
cout << "girth = " << girth << endl ;
}

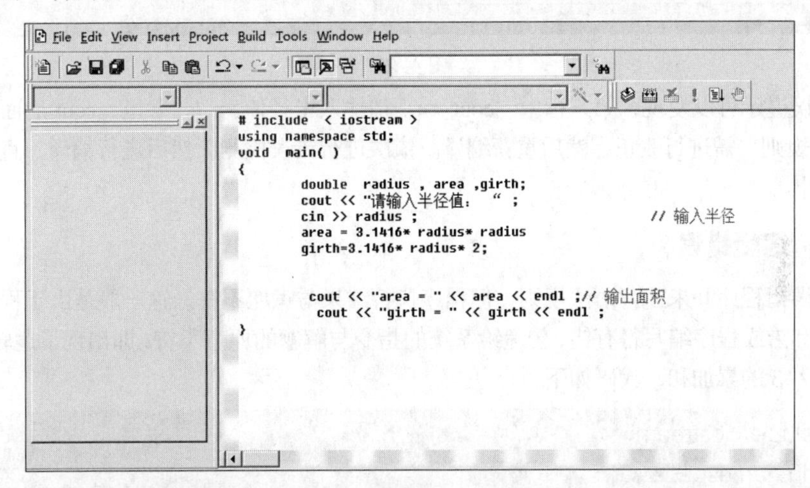

图4-21

运行后会出现图4-22所示的错误提示。

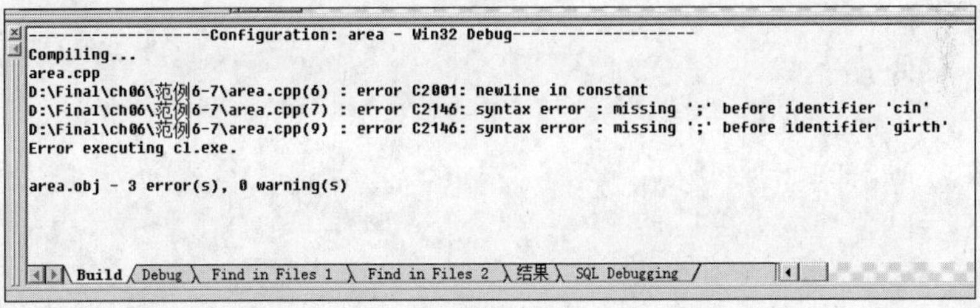

--------------------Configuration: area - Win32 Debug--------------------
Compiling...
area.cpp
D:\Final\ch06\范例6-7\area.cpp(6) : error C2001: newline in constant
D:\Final\ch06\范例6-7\area.cpp(7) : error C2146: syntax error : missing ';' before identifier 'cin'
D:\Final\ch06\范例6-7\area.cpp(9) : error C2146: syntax error : missing ';' before identifier 'girth'
Error executing cl.exe.
area.obj - 3 error(s), 0 warning(s)
Build
Debug
Find in Files 1
Find in Files 2
结果
SQL Debugging

图4-22

在信息窗口中双击第一条出错信息，编辑窗口就会出现一个箭头，指向程序出错的位置（一般在箭头所在行或上一行可以找到出错语句），输出窗口也会显示当前的出错信息，如图4-23所示。

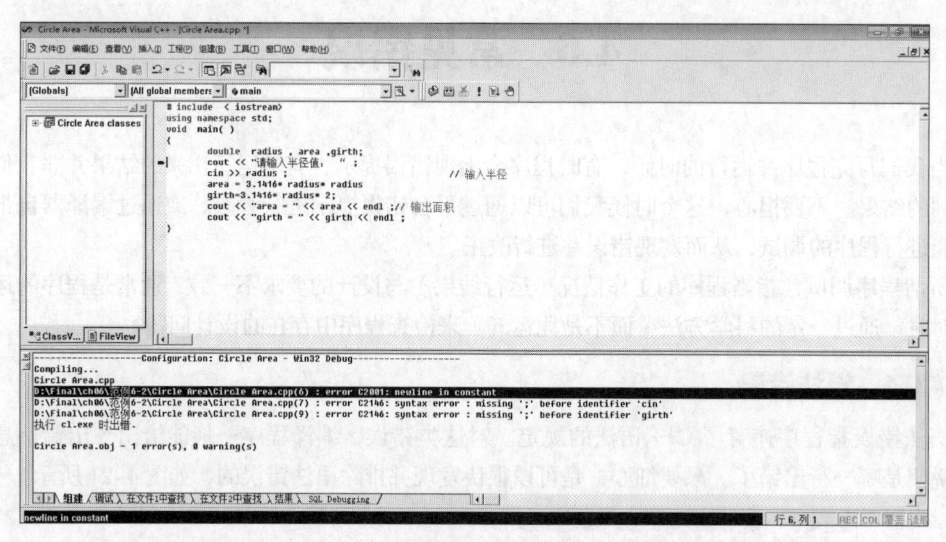

图 4-23

根据错误提示可以发现，第 6 行中“cout << " 请输入半径值： “ ; ”里，cout 后面的引号不符合 C++ 语法规则，需进行改正，然后重新编译。依次进行错误检测，然后进行编译，直到程序无错误和警告为止。

4.6.2 逻辑错误

逻辑错误指程序并未违背语法规则，但程序执行结果与意愿不符。这一般是由于程序设计人员设计的算法有错或程序编写得有错，传递给系统的指令与解题的原意不符，即出现了逻辑上的错误。

求整数 1~5 的累加和，代码如下。

```
01 #include <iostream>
02 using namespace std;
03 int main()
04 {
05         int i;
06         int sum;
07         i=0;sum=0;
08         for(i=0;i<5;i++)
09         {
10                 sum=sum+i;
11         }
12         cout<<sum<<endl;
13 }
```

上述程序语法并无错误，但 for 语句传递给系统的信息是当 i<5 时，执行“sum=sum+i;”。C++ 无法辨别程序中这个语句是否符合作者的意愿，而只能忠实地执行这一指令，所以此代码中 i 只能累加到 4，得不到希望的结果。这种错误比语法错误更难检查，要求程序员有较丰富的程序编

写经验，并利用后面会讲到的程序调试，一步一步看结果是否符合设计的想法，才能找到错误的地方。

4.6.3 运行错误

这是我们在第 15 章要提到的异常处理中涉及的错误，主要是因为程序的内存不可以用，或者是进行了错误的输入，还可能是运行结果溢出。

4.7 综合实例——模拟具有加、减、乘、除 4 种功能的简单计算器

本节通过一个综合应用的例子，把前面学习的选择、循环和转向等语句再熟悉一下。

【范例 4-14】 编写一个程序，模拟具有加、减、乘、除 4 种功能的简单计算器。

(1) 在 Visual C++ 6.0 中，新建名称为“Simple Calculator”的【C++ Source File】源文件。

(2) 在代码编辑区域输入以下代码（代码 4-14.txt）。

```
01 #include <iostream>
02 using namespace std;
03 int main()
04 {
05     double displayed_value;              // 设置显示当前值变量
06     double new_entry;                    // 定义参与运算的另一个变量
07     char command_character;              // 设置命令字符变量，用来代表 +、-、*、/
运算
08     displayed_value = 0;                 // 设置当前值为 0
09     cout << " 简单计算器程序 " << endl<< "----" << endl;
10     cout << " 在 '>' 提示后输入一个命令字符 "<< endl;        // 输出提示信息
11     cout << "Value : " << displayed_value << endl;           // 输出当前值
12     cout << "command>";
13     cin >> command_character;                    // 输入命令类型，如 +、-、*、/、C、Q
14     while (command_character != 'Q') {           // 当接收 Q 命令时，终止程序运行
15 switch(command_character) {                      // 判断 switch 语句的处理命令
16     case 'C':
17         displayed_value = 0;             // 当输入命令为“C”时，表示清除命令，设置当前
值为 0
18     break;                               // 转向 switch 语句的下一条语句
19     case '+':
20         cout << "number>";               // 当输入命令为“+”时，执行如下语句
```

```
21          cin >> new_entry;                  // 输入一起运算的第 2 个数
22          displayed_value += new_entry;      // 进行加法运算
23      break;                                 // 转向 switch 语句的下一条语句
24      case '-':
25          cout << "number>";                 // 当输入命令为“-”时，执行如下语句
26          cin >> new_entry;                  // 输入一起运算的第 2 个数
27          displayed_value -= new_entry;      // 进行减法运算
28      break;                                 // 转向 switch 语句的下一条语句
29      case '*':
30          cout << "number>";                 // 当输入命令为“*”时，执行如下语句
31          cin >> new_entry;                  // 输入一起运算的第 2 个数
32          displayed_value *= new_entry;      // 进行乘法运算
33      break;                                 // 转向 switch 语句的下一条语句
34      case '/':                              // 当输入命令为“/”时，执行如下语句
35          cout << "number>";
36          cin >> new_entry;                  // 输入一起运算的第 2 个数
37          displayed_value /= new_entry;      // 进行除法运算
38      break;                                 // 转向 switch 语句的下一条语句
39      default:
40          cout << " 无效输入，请重新输入命令类型 !";          // 当输入命令为其他字符
时，执行如下语句
41          cin.ignore(100,'\n');              // 在计数值达到 100 之前忽略提取的字符
42      }                                      // 结束 switch 语句
43      cout << "Value : " << displayed_value << endl;
44      cout << "command>";
45      cin >> command_character;              // 输入命令类型，如 +、－、*、/、C、Q
46    }                                        // 结束 while 循环语句
47    return 0;
48 }
```

【运行结果】

编译、连接、运行程序，从键盘输入命令类型，如 +、–、*、/，按【Enter】键，然后输入操作的第 2 个数，即可实现简单的计算操作。

当输入的命令类型为“C”时，是清除命令，当前值设置为 0；当输入的命令类型为“Q”时，终止程序运行；当输入其他字符时，程序会提醒“无效输入，请重新输入命令类型 !”，如图 4-24 所示。

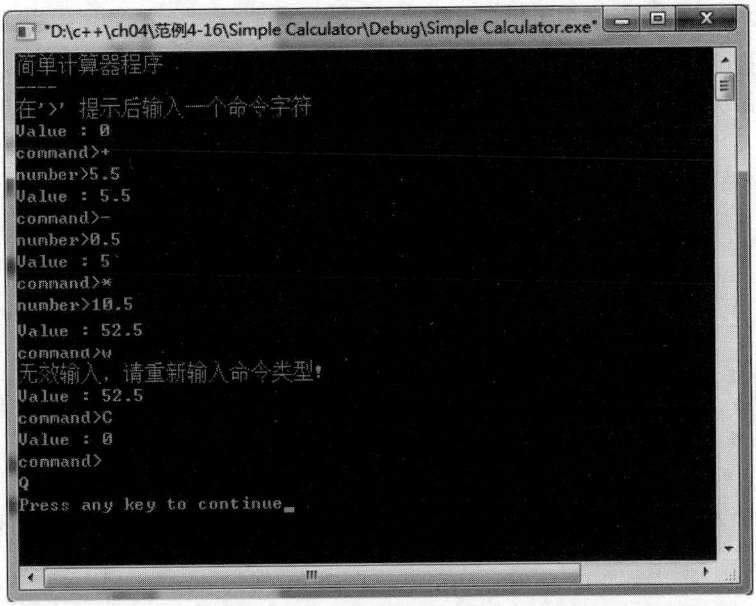

```
"D:\c++\ch04\范例4-16\Simple Calculator\Debug\Simple Calculator.exe"
简单计算器程序
----
在'>' 提示后输入一个命令字符
Value : 0
command>+
number>5.5
Value : 5.5
command>-
number>0.5
Value : 5
command>*
number>10.5
Value : 52.5
command>w
无效输入，请重新输入命令类型!
Value : 52.5
command>C
Value : 0
command>
Q
Press any key to continue
```

图 4-24

【范例分析】

此范例用选择和循环语句实现了程序功能。该程序首先进行程序的初始化，然后进行循环设置，在循环体内完成处理命令、显示运算结果、提示用户输入命令字符以及读命令字符。程序总的控制结构是一个 while 循环，而对于不同的命令的处理，则用多分支的 switch 语句来完成，并嵌套在循环语句当中。

4.8 本章小结

本章主要讲述 C++ 中的顺序结构、选择结构、循环结构 3 大控制结构。通过本章的学习，可以了解 goto 语句的使用方法与环境，掌握简单语句与复合语句，应用流程控制语句——顺序、分支、循环和转移，熟练使用控制语句与表达式编写基于简单算法的程序——迭代与穷举。

4.9 疑难解答

1. goto 语句的应用场景是什么？

goto 只能在函数体内跳转，不能跳到函数体外的函数，即 goto 有局部作用域，而且需要在要跳转到的程序段起始点加上标号。

在一些特定场景下合理使用 goto，不仅不会导致代码可读性和可维护性变差，反而有助于理解和维护代码，比如跳出多层循环、统一处理并返回。

2. 穷举法和迭代法分别适用于什么场景？

穷举法：把所有可能的情况都走一遍，使用if条件筛选出满足条件的情况。

迭代法：每次循环都要把某个或多个变量放大，为的是下一次循环可以继续使用，最后达到最终的大小。

4.10 实战练习

1. 操作题

⑴ 用C++编写程序，要求在从键盘录入学生成绩的同时，计算班级平均成绩、及格学生的人数和平均成绩。

⑵ 从键盘输入一个数字（不限位数），用循环语句编程，判断并输出这个数字的位数。

2. 思考题

⑴ 在操作题⑴中，如果输入成绩时误将成绩输入为字符，结果将会怎样？

⑵ 在操作题⑵中，可不可以将数字改为字符串，并用循环语句来判断字符串的字符长度？

第 5 章

数组

本章导读

在现实中，我们会把相同的实物归为一类。在 C++ 的世界也是一样，我们也可以把相同的数据类型归为一组，这就是我们在这一章中将讲到的数组——将相同的数据归为一组。在前面我们已经学习了整型、字符型和浮点型等简单数据类型，对应就有整型数组、实数数组、字符数组等。数组是包含若干个同一类型的变量的集合，在程序中这些变量具有相同的名字，但是具有不同的下标，类似 array[0]、array[1]、array[2]、array[3]、array[4]……这种形式。在实际应用中，使用数组可以大大缩短并简化程序，结合循环可以高效处理许多问题。本章将介绍数组的定义、数组中元素的存取和数组的初始化。

本章学时：理论 4 学时 + 实践 1 学时

学习目标

- 什么是数组
- 二维数组
- 多维数组
- 一维数组元素排序

5.1 什么是数组

假如现在要求你整理全班同学的 C++ 程序设计课程的成绩，你希望写个小程序。全班共有 60 名学生，所以必须用 60 个变量来存储每一名学生的成绩。现在问题来了，根据之前学过的内容，难道必须定义 60 个不同名称的变量来存储学生的成绩吗？当然不会这么麻烦，C++ 专门提供了“数组”，让我们可以定义一个以“索引”来识别的数据类型。

C++ 中提供的数组类型可以用来处理大批量数据。数组是一个具有单一数据类型对象的集合。数组中的每一个数据都是数组中的一个元素，而且每一个元素都属于同一个数据类型。

5.1.1 一维数组

一维数组就是一个单一数据类型对象的集合。其中的单个对象并没有被命名，但是我们可以通过它在数组中的位置来访问它。该种访问形式被称作下标访问或索引访问。

例如：

```
int  a[5];     // a 是一个数组，它包含 a[0]、a[1]、a[2]、a[3]、a[4] 共 5 个元素
float  b[5];  //b 也是一个数组
```

一维数组在内存中存储时是连续的，如上面例子中的数组 a，在内存中会有一段连续的空间用来存储 a[0]、a[1]、a[2]、a[3]、a[4] 这 5 个元素。

5.1.2 一维数组的声明和定义

一维数组定义的一般形式为：

```
数据类型名 数组名 [ 常量表达式 ];
```

(1) “数据类型名”用于声明数组的基类型，即数组中元素的数据类型，如 int、float 等。

(2) “数组名”用于标识该数组。方括号中必须使用“常量表达式”来表示元素的个数，即数组长度。

(3) “常量表达式”的值只需为整数或整数子集就可以。

例如：

```
int a[6];   // 定义了一个 int 型数组，数组名为 a，该数组中有 6 个元素，都是 int 型
float m[10];  // 定义了一个名为 m 的 float 型数组，该数组中有 10 个元素，都是 float 型
```

定义数组时要注意以下几点。

(1) 数组名的命名规则与变量名相同。如上面的 a、m，都是合法的数组名。

(2) 在定义数组时需指定数组的大小，即元素的个数，如 a[6] 表示数组 a 中有 6 个元素，可以用数组名加下标的方法来表示数组元素。需要特别注意的是，下标是从 0 开始的。a 中的 6 个元素分别为 a[0]、a[1]、a[2]、a[3]、a[4] 和 a[5]，不包含 a[6]。数组 a 在内存中的存储状态如图 5-1 所示。

数组 a

a[0]	
a[1]	
a[2]	
a[3]	
a[4]	
a[5]	

图 5-1

(3) 数组定义是具有编译确定意义的操作，它分配固定大小的空间，就像变量定义一样明确，因此元素个数必须由编译时就能够确定的“常量表达式”来表示，例如：

```
int s=50;
int a[s];                //错误：元素的个数必须是常量
```

又如：

```
int a[‘c’];              //正确，‘c’为字符常量，等价于 int a[99]
```

下面的定义也是允许的：

```
const int num=20;   //定义一个整型常量 num
int array[num];          //正确，相当于 int array[20];
```

5.1.3 一维数组的初始化

初始化一维数组的方法有以下 3 种。

(1) 在定义数组的同时直接给数组中的元素赋初值，将需要赋的值一一列举并用一对大括号括起来，然后用逗号分隔。例如：

```
int array[5]={12,8,63,100,88};        //即 a[0]=12,a[1]=8,a[2]=63,a[3]=100,a[4]=88
```

在上述初始化的形式中，大括号中初始值的个数不能多于数组的长度，不能通过逗号的方式省略。

(2) 只给数组中的部分元素赋初值。例如：

```
int v1[8]={2,4,6,8};
```

显然，该数组中有 8 个元素，但是赋值时只有 4 个初值，这表示只对前面的 4 个元素赋初值，即 v1[0]=2、v1[1]=4、v1[2]=6、v1[3]=8，后面 4 个元素的初值都为 0。

```
int v2[8]={2,4,6,};     //错误，不能以逗号方式省略
int v3[8]={};               //错误，初始值不能为空
int v4[8]={10};           //正确，第 1 个元素值为 10，其余 7 个元素值都为 0
```

(3) 如果初始化数组时初值全部给出，则可以不指定数组长度。例如：

```
int v5[]={11,22,33,44,55,66,77,88};      //等价于下面的语句
int v5[8]={11,22,33,44,55,66,77,88};
```

5.1.4 一维数组元素的引用

一维数组元素的引用方式为：

```
数组名 [ 下标 ]
```

说明如下。

⑴ 与一维数组定义时不同，这里的下标既可以为整型常量或整型表达式，也可以是含有已赋值变量的整型表达式，例如：

```
m[2]=m[3]+m[20*4];
```

⑵ 数组元素的下标从 0 开始。系统不会自动检查下标是否越界，因此在编写程序时必须认真检查数组的下标，以防止越界。例如，若定义数组 m[10]，则数组元素为 m[0]、m[1]……m[9]，显然 m[10] 是不属于数组 m 的元素，编程时若使用 m[10]，就会导致不可预料的错误。

⑶ 注意区分定义数组时用到的“数组名 [常量表达式]”和使用数组元素时用到的“数组名 [下标]”，例如：

```
int m[10],temp;        // 定义数组 m，长度为 10
temp=m[5];             // 使用数组 m 中序号为 5 的元素的值，此时 5 不代表数组长度
```

⑷ 在 C++ 中，无法整体引用一个数组，只能引用数组的元素。一个数组元素其实就是一个变量，代表内存中的一个存储单元，且一个数组是占用一段连续存储空间的，例如：

```
int array[5]={1,2,3,4,5};
cout<<array[0]; // 输出数组第一个元素的值 1，而不能写成 cout<<array 来输出整个数组的值
```

【范例 5-1】 定义一个一维数组，给数组元素赋值并输出各个元素的值。

⑴ 在 Visual C++ 6.0 中，新建名为“UseArray”的【C++ Source File】源程序。

⑵ 在代码编辑区域输入以下代码（代码 5-1.txt）。

```
01  #include <iostream>
02  using namespace std;
03  int main()
04  {
05    int array[6],i;            // 定义一维数组 array，包含 6 个元素
06    for(i=0;i<6;i++)           // 用 for 循环给每个元素赋值
07       array[i]=6-i;
08    for(i=0;i<6;i++)           // 用 for 循环输出每个元素的值
09       cout<<array[i]<<" ";
10  return 0;
11  }
```

【运行结果】

编译、连接、运行程序，即可在命令行中输出图 5-2 所示的结果。

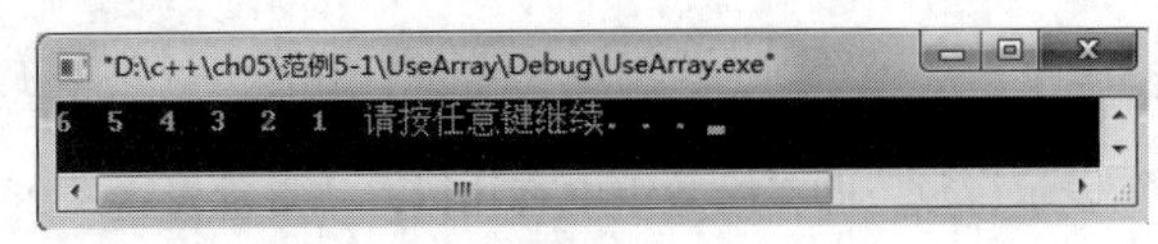

图 5-2

【范例分析】

程序中定义了一个长度为 6 的整型数组 array。第 1 个 for 循环语句用来给数组中的每个元素赋值，这里需要注意的是循环变量 i 的初值必须是 0，以保证和数组的下标一致，循环条件是 i<6 即 i<=5。第 2 个 for 循环语句是遍历并输出每个元素的值，为了使每一个元素的值输出时彼此分隔开，输出时加了空格。

5.2 二维数组

一维数组只有一个下标。但是在应用中我们有可能用到一维以上的数组，例如存储 4 个学生 5 门课的成绩，此时数据需要按照行和列来排列：第 1 行是第 1 个学生 5 门课的成绩，第 2 行是第 2 个学生 5 门课的成绩，依此类推；显然第 1 列的数据应该是 4 个学生各自的第 1 门课的成绩，第 2 列的数据应该是 4 个学生各自的第 2 门课的成绩，依此类推。使用二维数组可以很好地处理类似的问题。二维数组就是含有两个下标的数组，第 1 个下标是行下标，第 2 个下标是列下标。

例如：

```
int a[3][4];   //a 是一个二维数组
```

二维数组 a 的第 1 维称为行维，第 2 维称为列维，即二维数组 a 中含有 3 行 4 列，共 3×4 个元素。因此，我们也可以把二维数组看作一个特殊的一维数组，即 a 是一个含有 3 个元素的一维数组，只不过每一个元素又是一个含有 4 个元素的一维数组。也就是说，上面定义的二维数组可以理解为定义了 3 个一维数组，即相当于如下形式。

int a[0][4],a[1][4],a[2][4];

在此可以把 a[0]、a[1]、a[2] 看作一维数组名。这种处理方法在数组初始化和用指针表示时比较方便，以后会逐渐接触到。

也可以把二维数组看作一个表格，既有行也有列。以二维数组 a[3][4] 为例，对应的表格如图 5-3 所示。

图 5-3

C++ 中二维数组的元素是按照行优先的顺序来存储的，存储时先存放第 1 行的所有元素，然后存放第 2 行的所有元素，依此类推。二维数组中元素的表示需要用到两个下标，例如上面二维数组 a 的第 1 个元素用 a[0][0] 表示，第 1 行第 2 个元素为 a[0][1]，第 1 行最后一个元素为 a[0][3]，第 2 行第 1 个元素为 a[1][0]，第 3 行第 1 个元素为 a[2][0]，二维数组 a 的最后一个元素为 a[2][3]。

5.2.1 二维数组的定义

二维数组定义的一般形式为：

```
数据类型名 数组名[常量表达式1][常量表达式2];
```

⑴“常量表达式1”表示行数，即二维数组中有几行；“常量表达式2”表示列数，即二维数组中有几列。二维数组中元素的个数等于数组定义时的两个常量表达式的乘积。

```
int b[5][6]; //定义一个名为b的int型二维数组，含有5行6列共30个元素
double c[2][3]; //定义一个名为c的double型二维数组，含有2行3列共6个元素
```

定义二维数组时数组名的后面有两对“[ ]”，因此下面的定义是错误的：

```
int arr[5,6]; //错误，不能将行数和列数写在同一对“[ ]”中
```

⑵数组的行下标和列下标都是从0开始的。以double c[2][3]为例，二维数组c中的6个元素分别为c[0][0]、c[0][1]、c[0][2]、c[1][0]、c[1][1]、c[1][2]，在内存中的存储状态如图5-4所示。

数组c

c[0][0]	
c[0][1]	
c[0][2]	
c[1][0]	
c[1][1]	
c[1][2]	

图5-4

5.2.2 二维数组的初始化

二维数组初始化的方法有以下4种。

⑴给二维数组初始化时是按照行的顺序进行的，每一行元素的值用大括号括起来。例如：

```
int v[2][3]= {{1,3,5},{2,4,6}};
```

初值1、3、5分别赋给了二维数组v中第1行的3个元素，2、4、6分别赋给了二维数组v中第2行的3个元素。

⑵有时为了简便，也可以把所有的值用一对大括号括起来。例如：

```
int v[2][3]= {1,3,5,2,4,6};
```

如果初值个数较多，这种方法没有第1种赋值方法清晰。

⑶可以给部分元素赋初值，没有赋初值的元素的默认值是0。

```
int v[2][3]={{1},{2,3}};
```

上述语句将给二维数组v中第1行的元素分别赋值1、0、0，第2行的元素分别赋值2、3、0。

⑷如果给出二维数组的全部初值，则定义数组时可以省略第1维的长度。

```
int v[][3]= {1,3,5,2,4,6};// 等价于下面的语句
int v[2][3]= {1,3,5,2,4,6};
```

注意：对于上面的二维数组的初始化，系统如何确定第1维的长度呢？系统是根据初始值的总个数和定义时给出的第2维的长度计算第1维长度的。例如，上面的数组v共有6个初值，每行显然有3个元素，因此可得到第1维的长度是6/3=2。

关于二维数组需要说明以下两点。

⑴ 在对二维数组进行初始化时，大括号中列出的初值的个数不能多于数组元素的个数，但是可以少于数组元素的个数。如果初始化时提供的初值少于数组元素的个数，系统会自动给未赋初值的元素赋上初值 0，这一点与一维数组的初始化一样。

⑵ 不能跳过某一个元素而给后面的元素赋初值。下面的初始化方法都是错误的。

```
int a[3][3]={{1,,3},{0},{1,2}};        //错误，a[0][1] 还没有初值，不能给 a[0][2] 赋初值
int b[3][3]={{1,2,3},{},{1,2}};        //错误，不能跳过第 2 行元素给第 3 行元素赋初值
```

【范例 5-2】 定义两个 2 行 3 列的二维数组，初始化后输出每个元素的值。

⑴ 在 Visual C++ 6.0 中，新建名为“Init_Array”的【C++ Source File】源程序。

⑵ 在代码编辑区域输入以下代码（代码 5-2.txt）。

```
01  #include <iostream>
02  using namespace std;
03  int main()
04  {
05     int Array_A[2][3]={{1,2,3},{4,5,6}};                  // 定义数组 Array_A 并初始化
06     double Array_B[2][3]={{1.5,2.5,3.5},{4.6,5.6,6.6}};   // 定义数组 Array_B 并初始化
07     int i,j;
08     for(i=0;i<2;i++)                                       // 输出数组 Array_A 中元素的值
09       for(j=0;j<3;j++)
10          cout<<Array_A[i][j]<<" ";
11     cout<<endl;
12    for(i=0;i<2;i++)                                        // 输出数组 Array_B 中元素的值
13       for(j=0;j<3;j++)
14          cout<<Array_B[i][j]<<" ";
15    cout<<endl;
16     return 0;
17  }
```

【运行结果】

编译、连接、运行程序，即可在命令行中输出图 5-5 所示的结果。

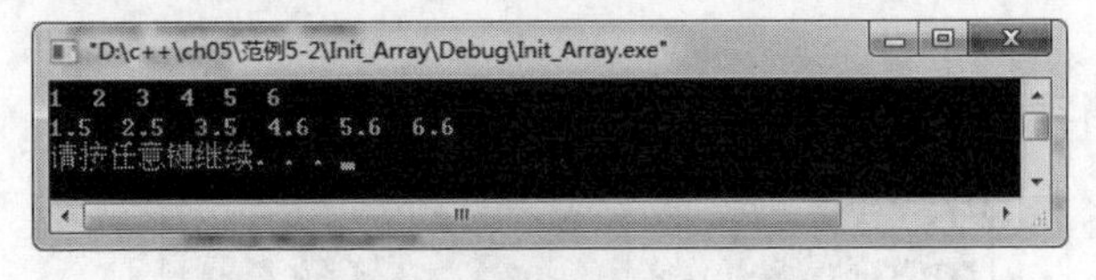

图 5-5

【范例分析】

本范例中分别定义了一个 int 型二维数组和一个 double 型二维数组，这两个数组都是 2 行 3 列。

分别对两个数组进行了初始化，然后利用 for 循环输出各个数组中的每一个元素的值。

5.2.3 存取二维数组元素

二维数组元素的引用方式为：

```
数组名 [ 下标 1] [ 下标 2]
```

“下标 1”代表行下标，从 0 开始；“下标 2”代表列下标，也是从 0 开始。在使用二维数组时，应注意下标值必须在数组定义的大小范围之内。

以下列二维数组 m 为例：

```
int m[4][5];    // 定义一个 4 行 5 列的整型二维数组 m
```

数组 m 的行下标为 0 ~ 3，列下标为 0 ~ 4。第 1 行的元素分别为 m[0][0]、m[0][1]、m[0][2]、m[0][3]、m[0][4]，第 2 行的元素分别为 m[1][0]、m[1][1]、m[1][2]、m[1][3]、m[1][4]，依此类推，数组 m 的最后一个元素是 m[3][4]。

【范例 5-3】 定义一个 3 行 4 列的二维数组，赋值后输出每个元素的值。

⑴ 在 Visual C++ 6.0 中，新建名为“Use2_Array”的【C++ Source File】源程序。

⑵ 在代码编辑区域输入以下代码（代码 5-3.txt）。

```
01  #include <iostream>
02  using namespace std;
03  int main()
04  {
05      int m[3][4]={1,3,5,7,9,11,13,15,17,19,21,23};     // 定义一个二维数组 m 并赋值
06      cout<<" 数组 m 中的元素为 : "<<endl;
07      for(int i=0;i<3;i++)                               // 用双重循环遍历数组中的元素
08      {
09      for(int j=0;j<4;j++)
10              cout<<m[i][j]<< "  ";
11      cout<<endl;                                        // 输出一行后换行
12      }
13      return 0;
14  }
```

【运行结果】

编译、连接、运行程序，即可在命令行中输出图 5-6 所示的结果。

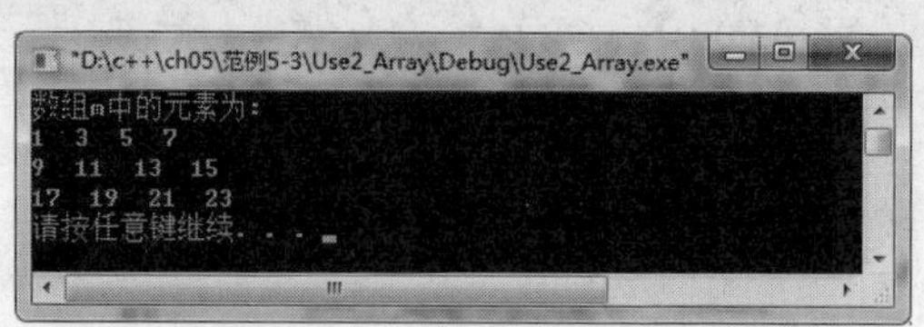

图 5-6

【范例分析】

由于二维数组有行有列，因此在输入或输出二维数组元素时可以使用循环嵌套，用一个循环控制行的变化，用另一个循环控制列的变化。注意，循环变量的初值都为 0，如本范例代码中的第 7 行和第 9 行所示。

5.2.4 二维数组元素的引用

二维数组和一维数组一样，元素都共用同一个名称，可使用下标对每一个元素进行访问，亦称引用。但是，对于二维数组来说，要使用两个下标来访问。

【范例 5-4】 一个学习小组有 3 个人，每个人有 3 门学科的考试成绩。求全组每门学科的平均成绩，

其中成绩由用户从键盘输入。

(1) 在 Visual C++ 6.0 中，新建名为“Score”的【C++ Source File】源程序。

(2) 在代码编辑区域输入以下代码（代码 5-4.txt）。

```
01  #include <iostream>
02  using namespace std;
03  int main()
04  {
05      int stu[3][3];     // 定义二维数组 stu[3][3]，存放 3 个人 3 门课的成绩
06      int i,j,sum;
07      for(i=0;i<3;i++)
08      {
09        cout<<" 第 "<<i+1<<" 门学科 "<<endl;
10        for(j=0;j<3;j++)
11        {
12            cout<<" 请输入第 "<<j+1<<" 个学生成绩 ";
13            cin>>stu[i][j];
14        }
15        cout<<endl;
16      }
17      cout<<" 三门课程的平均成绩分别为："<<endl;
18      for(i=0;i<3;i++)
19      {
20        sum=0;
21        for(j=0;j<3;j++)
22        {
23            sum+=stu[i][j];
24        }
25        cout<<" 第 "<<i+1<<" 门学科平均成绩 "<<sum/3<<endl;
```

```
26      }
27      return 0;
28  }
```

【运行结果】

编译、连接、运行程序，即可在命令行中输出图 5-7 所示的结果。

图 5-7

5.3　多维数组

二维以上的数组就是多维数组，可以将一维数组看作线性的，二维数组看作平面的，三维及三维以上的数组处理起来就比较复杂了，既非线性也非平面。

```
int a[2][3][4];          //a 是一个三维数组
```

上面定义了一个名为 a 的三维数组，该数组中共有 2×3×4 个元素。我们也可以把该三维数组 a 看作一个特殊的数组，即 a 是一个含有两个元素的一维数组，只不过每一个元素又是一个含有 3×4 个元素的二维数组。再举个形象的例子，可以把三维数组 a 看作包含两张表，每张表中包含 3 行 4 列共 12 个元素，a 中一共包含 24 个元素，如图 5-8 所示。

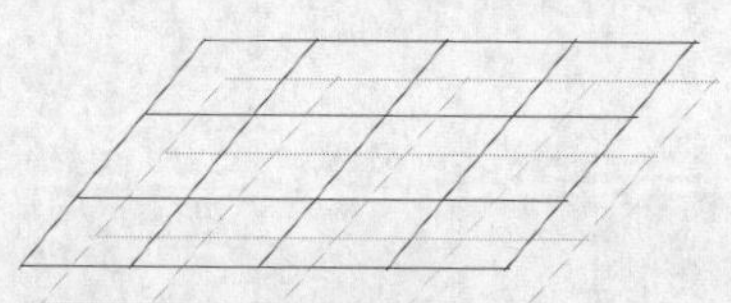

图 5-8

显然，随着数组维数的增加，数组中元素的个数呈几何级数增长，这会受到内存容量的限制，使用起来比较复杂，所以一般三维以上的数组就很少使用了。

5.4　一维数组元素排序

在实际应用中，数据排序问题十分常见，如对全班学生的成绩从高到低进行排序等。排序的算法有很多，如冒泡排序、选择排序等经典算法。本节以冒泡排序算法为例，结合一维数组介绍这种排序的方法。

冒泡排序的基本思想是（以 n 个数为例，由小到大排序）：将 n 个数中每相邻的两个数进行比较，将较小的数往前移，经过这次比较，找出最大的数，放在该组数据的最后面；同理，将剩下的 n–1 个数据中每相邻的两个数进行比较，将较小的数往前移，经过第 2 次比较，找出第 2 大的数；显然 n 个数据排序共需要 n–1 次比较，第 1 次比较共需 n–1 次两两比较，第 2 次需要 n–2 次两两比较，第 j 次需要 n–j 次两两比较。

以 20、16、12、10、8 共 5 个数据排序为例，第 1 次比较如图 5–9 所示。

原始数据	20	16	12	10	8
第 1 次两两比较	20	16	12	10	8
第 2 次两两比较	16	20	12	10	8
第 3 次两两比较	16	12	20	10	8
第 4 次两两比较	16	12	10	20	8
结果	16	12	10	8	20

图 5–9

经过第 1 次比较，找出最大的数 20，一共进行了 4 次两两比较。第 1 次比较后，只需要考虑剩下的 16、12、10 和 8 共 4 个数，经过第 2 次比较，可以找出第 2 大的数 16，一共进行了 3 次两两比较……直至进行第 4 次比较。

【范例 5–5】 冒泡排序应用。输入 8 个整数，由小到大排序后输出。

(1) 在 Visual C++ 6.0 中，新建名为“Sort”的【C++ Source File】源程序。

(2) 在代码编辑区域输入以下代码（代码 5–5.txt）。

```
01  #include <iostream>
02  using namespace std;
03  int main()
04  {
05     int sort[8],i,j,t;
06     cout<<" 请输入 8 个整数："<<endl;
07     for(i=0;i<8;i++)                              // 利用循环输入 8 个整数
08     {
09        cin>>sort[i];
10     }
11     for(i=1;i<=7;i++)                             //8 个数共需要 7 次比较
12     {
13        for(j=0;j<8-i;j++)                         // 第 i 次需要 8-i 次两两比较
14        if(sort[j]>sort[j+1])                      // 如果前面的数大就交换
15        {
16              t=sort[j];
```

```
17              sort[j]=sort[j+1];
18              sort[j+1]=t;
19         }
20     }
21     cout<<" 排序之后的顺序为："<<endl;
22     for(i=0;i<8;i++)          // 利用循环输出排序后的 8 个整数
23     cout<<sort[i]<<" ";
24     return 0 ;
25 }
```

【运行结果】

编译、连接、运行程序，在命令行中根据提示输入任意 8 个整数，按【Enter】键即可将 8 个整数按照从小到大的顺序输出，如图 5-10 所示。

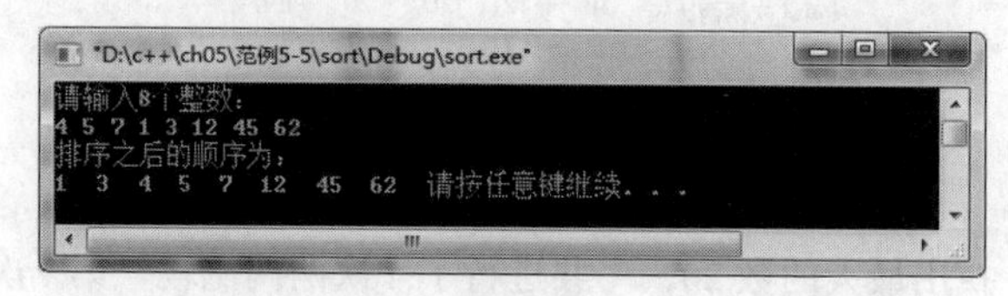

图 5-10

【范例分析】

n 个数需要 n-1 次比较，题目中一共有 8 个整数，所以第 11 行代码中 for 循环的作用是控制比较的次数，第 13 行代码中 for 循环的作用是控制第 i 次（i 的值为 1~7）比较的次数。第 12~18 行代码的作用是交换两个整数。

5.5 综合实例——输出斐波那契数列的前 20 项

大家都知道，在数学世界中有很多神奇的数列，斐波那契数列正是众多有规律的数列中的一种。该数列是意大利数学家列昂纳多 · 斐波那契（Leonardo Fibonacci）发现的。它的基本规律是第 1 项和第 2 项都是 1，从第 3 项开始，每一项都等于前两项之和：

1、1、2、3、5、8、13、21、34、55……

下面利用数组来输出该数列的前 20 项。

【范例 5-6】 输出斐波那契数列的前 20 项。

⑴ 在 Visual C++ 6.0 中，新建名为“Fac_Array”的【C++ Source File】源程序。

⑵ 在代码编辑区域输入以下代码（代码 5-6.txt）。

```
01  #include <iostream>
02  #include <iomanip>
03  using namespace std;
04  int main()
```

```
05 {
06     int Fabi[20]={1,1};      //定义数组 Fabi，长度为 20，并初始化前两项为 1
07     int i;
08     for(i=2;i<20;i++)        //从第 3 项起，每一项的数字都是前两项数字的和
09        Fabi[i]=Fabi[i-1]+Fabi[i-2];
10     for(i=0;i<20;i++)        //输出数组 Fabi 中元素的值
11     {
12        cout<<setw(8)<<Fabi[i]<<" ";
13        if((i+1)%4==0)        //控制每 4 个数占一行
14           cout<<endl;
15     }
16     cout<<endl;
17     return 0;
18 }
```

【运行结果】

编译、连接、运行程序，即可在命令行中输出图 5-11 所示的结果。

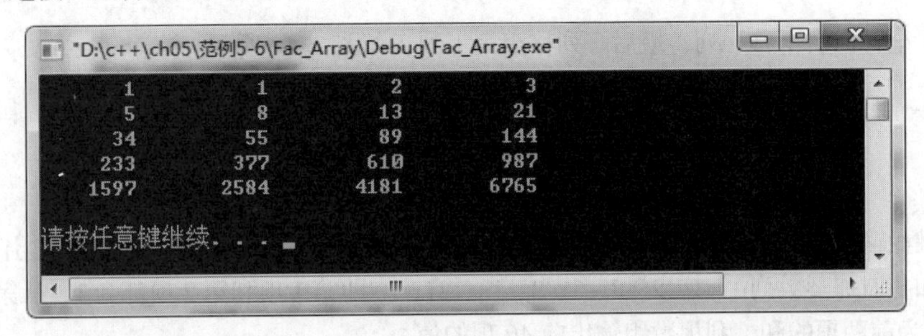

图 5-11

【范例分析】

本范例定义了一个长度为 20 的 int 型一维数组 Fabi，由于数列前两项都为 1，后面各项的值需要计算，故初始化前两项为 1，用 for 循环控制从第 3 项开始计算，即利用规律 Fabi[i]=Fabi[i-1]+Fabi[i-2] 进行计算。输出时为了使每 4 个数占一行，使用了一个 if 判断。另外，为了控制输出项的宽度都为 8 个字符宽度，用到了 setw 函数，但是需要加上头文件 "#include <iomanip>" 命令行。

5.6 本章小结

本章主要讲解了数组，主要包括数组的定义、二维数组、多维数组以及一维数组元素的排序等内容。数组是很重要的数据结构，读者应熟练掌握。牢记数组下标是从 0 开始，切忌在访问数组时下标越界，形成空指针。

5.7 疑难解答

1. 数组与指针的关系是什么？

数组和指针是两种不同的类型，数组具有确定数量的元素，而指针只是一个标量值。数组可以在某些情况下转换为指针，当数组名在表达式中使用时，编译器会把数组名转换为一个指针常量，也就是数组中第一个元素的地址，类型就是数组元素的地址类型。

2. 字符串与指针的关系是什么？

C++ 字符串字面值常量是用双引号引起的字符序列，以 '\0' 为结束符。它存放在内存的常量区，自己有固定的首地址。如果将字符串字面值常量的首地址看作指针，那么这个指针是常指针常量（既是常指针，又是指针常量），即字符串指针本身只读而且其指向的内容（字符串的内容）只读。

5.8 实战练习

⑴ 元素全部向右平移一列，最后一列移至第 1 列，如图 5-12 所示。

```
12  58  9          9   12  58
24  37  1   ⇨      1   24  37
```

图 5-12

⑵ 从键盘输入 20 个整型数据存放至数组 array 中，求其中的最大值和最小值并输出。

⑶ 已知斐波那契数列 1、1、2、3、5、8、13、21……即第 1 项和第 2 项都为 1，从第 3 项开始，每一项的值为前两项的和。利用数组输出前 40 项的值。

⑷ 从键盘输入 10 个整型数据，利用数组将 10 个数按照从小到大的顺序输出。

⑸ 求一个 4 × 4 的整型矩阵对角线元素之和。

第 6 章 函数

本章导读

C++ 中的函数就是一些语句的集合，用来实现某一特定的功能。我们可以将一段经常需要使用的代码封装起来形成函数，在需要时直接调用，这可以使我们的编程方便许多，特别是在学习过工程以后，会有更加深入的理解。通过函数之间的相互调用，可以实现程序的总体功能。本章将介绍函数的定义与声明、调用以及参数传递等基本操作，希望读者能理解并运用递归函数、内联函数，学会重载一个函数和默认参数函数。

本章学时：理论 4 学时 + 实践 2 学时

学习目标

- ▶ 函数的定义与声明
- ▶ 函数的调用
- ▶ 变量的作用域
- ▶ 内部函数和外部函数
- ▶ 内联函数

6.1　函数的作用和分类

函数就像一个箱子，往里面放入一些数据后，这个箱子就会抛出所要的结果。至于这个箱子是怎样处理数据的，不用管它，只要知道给它放入什么样的数据，而它又将产生些什么结果就可以了。所以有了函数以后，程序将更加易懂。

6.1.1　函数的作用

在前面我们已经知道使用工具的好处，即可以重复使用和在各种适用情况下使用。函数一样具有这些优点。但是除此以外，函数的存在还有着其他的意义。

⑴ 现在要设计一个“学生信息处理程序”，需要完成 4 项工作，分别是学生基本情况记录、学生成绩统计、优秀学生情况统计和信息输出。如果我们把 4 项工作全都写在主函数里面，那么我们就很难分清哪一段代码在做什么。多层次的缩进和不能重复的变量名会给我们阅读程序带来困难。

如果我们为每一个功能编写一个函数，那么根据函数名，每个函数的功能就很清晰了。如果我们要修改某一个函数的功能，其他的函数也丝毫不会受到影响。所以，函数的存在增强了程序的可读性。

⑵ 假设需要设计一个规模很大的程序，它有几千项功能。如果把这些功能都编写在一个主函数里，就只能由一个人来编写，因为每个人解决问题的思路是不同的，而且在主函数中变量名是不能重复的，只有编写者自己知道哪些变量名可以使用。这样一来，没有一年半载，这个程序是无法完成的。

如果我们把这几千项功能分拆为一些函数，分给几百个人来编写，那么用不了几天这些函数就都能够完成了。最后用主函数把这些完成的函数组织一下，一个程序很快就完工了。所以，函数能够提高团队开发的效率。它就像把各个常用而不相关联的功能做成一块块“积木”，完成了函数的编写，编程就像搭积木一样方便了。

⑶ 程序会占用一定的内存来存放数据。如果没有函数，那么在程序的任何一个地方都能够访问或修改这些数据。这种数据的非正常改变对程序的运行是有害的，也会给调试程序带来很多麻烦。

如果我们把若干项功能分拆为函数，则只要提供函数原型就可以了，不需要提供数据。一般情况下，别的函数无法修改本函数内的数据，而函数的实现方法对外也是保密的。我们把这种特性称为函数的黑盒特性。

下面是一个没有使用函数的数字累加程序的例子。

【范例 6-1】 在 C++ 输出 1~100 整数的总和。

⑴ 在 Visual C++ 6.0 中，新建名为“Ex8_1”的【C++ Sourse File】文件。

⑵ 在代码编辑区域输入以下代码（代码 6-1.txt）。

```
01  #include <iostream>
02  using namespace std;
03  int main()                                  //主函数
04  {
05    int  i,i_sum=0;                           //声明变量
06    for(i=1;i<=100;i++)
07      i_sum+=i;                               //循环计算整数 1~100 的和
```

```
08      cout<<" 整数 1~100 的和为：" <<i_sum<<endl; // 输出和并换行
09    return 0;                                          // 返回结束程序
10  }
```

【运行结果】

编译、连接、运行程序，即可在命令行中输出图 6-1 所示的结果。

图 6-1

【范例分析】

在这个程序中，为什么会输出“整数 1~100 的和为：5050”，而不是其他的呢？全靠步骤⑵中的代码。通过循环计算求出整数 1~100 的和，使用 cout 流对象输出“整数 1~100 的和为：5050”，该对象是 iostream 类中的一个对象。如果去掉第 1 行“iostream.h”这句代码，就会提示有错误。

【拓展训练】

在【范例 6-1】的基础上，再求出整数 5~500 的总和并输出。

既然能求出整数 1~100 的和，那么要求出整数 5~500 的总和该怎么办呢？

只需要在第 8 行后，用同样的算法求出整数 5~500 和，即把“i”的初值 1 改为 5，同时把条件中的 100 改为 500 就行了。在代码编辑区域输入以下代码（拓展代码 6-1.txt）。

```
01  #include <iostream>
02  using namespace std;
03  int main()                                   // 主函数
04  {
05      int  i,i_sum=0;                          // 声明变量
06      for(i=1;i<=100;i++)
07      i_sum+=i;                                // 循环计算整数 1~100 的和
08      cout<<" 整数 1 到 100 的和为：" <<i_sum<<endl;    // 输出和并换行
09      for(i=5;i<=500;i++)
10      i_sum+=i;                                // 循环计算整数 5~500 的和
11      cout<<" 整数 5 到 500 的和为：" <<i_sum<<endl;    // 输出和并换行
12      return 0;                                // 返回结束程序
13  }
```

【运行结果】

编译、连接、运行程序，即可在命令行中输出图 6-2 所示的结果。

图 6-2

如果使用已有的求和函数 sum( ) 改写这个程序，将变成下面的情形：

```
i_sum=sum(1,100);
cout<<"The sum is " <<i_sum<<endl;
i_sum=sum(5,500);
cout<<"The sum is " <<i_sum<<endl;
```

将该程序与【范例 6-1】比较，可以发现使用函数的程序更易懂，我们只要知道某个函数需要传入与传出的参数就行了，这就是模块化概念。当使用函数概念将程序的某些部分变成一个个的函数时，编写程序就好像是在玩积木游戏一样，可以利用函数将整个程序拼凑出来。当然，其中有很多函数是已经编写好的，如系统函数。

通过以上实例可以发现，函数的本质有以下两点。

⑴ 函数由能完成特定任务的独立程序代码块组成，如有必要，也可调用其他函数。

⑵ 函数的内部工作对程序的其余部分而言是不可见的。

以模块化的理念开发程序，有以下一些优点。

1. 信息隐藏

当使用函数时，只需要将精力放在处理调用程序与函数间的数据传递上，而不需要了解函数是如何完成计算、如何产生所需数据的，这就是最简单的信息隐藏概念，即利用函数将数据处理的过程隐藏起来，只留下函数需要的数据和传出的结果（在这里我们还不是很清楚信息隐藏的含义，在以后的合作编程中我们会逐渐了解信息隐藏是怎么回事）。

2. 程序代码的再利用

在【范例 6-1】的【拓展训练】中增加了计算整数 5~500 的和的内容，因此程序中增加了一个 for 循环来累加 5~500 的和。这两个 for 循环除了要求和的数据的上限与下限不同外，计算的算法、程序编写的逻辑、使用的语法等都是一样的，重复上次的动作没有任何意义。但如果使用函数，就没有这个问题了，只要重新调用一次 sum 函数，然后放入不一样的数据就可以了。这样编写的程序更精简，而且减少了复制和改写程序的时间，这就是程序代码的再利用。另外，不仅可以使用自己编写的函数，而且可以使用别人编写的函数。C++ 提供了许多已经编写好的函数。站在别人的肩膀上，可以看得更高、更远。

3. 程序代码的纠错

利用函数可以模块化程序，程序就好像是由一个一个的积木堆积而成的。只要一一确认每个使用的函数没有错误，那利用函数拼凑出来的程序就不会出错。即使出了错，使用函数也有助于寻找错误。

一个较大的程序一般可划分为多个程序模块（即程序文件），每一个模块实现一个功能。一个程序文件可以包含若干个函数，但只能有一个 main 函数。也就是说，一个程序的多个文件中只能有一个文件中有 main 函数，程序总是从 main 函数开始执行的。在程序运行过程中，由主函数调用其他函数，其他函数也可以互相调用。调用其他函数的函数称为主调函数，被其他函数调用的函数称为被调函数。

图 6-3 反映了 main 函数是如何用层次式管理来管理被调函数的。一个函数可以被函数调用，也可以调用函数。

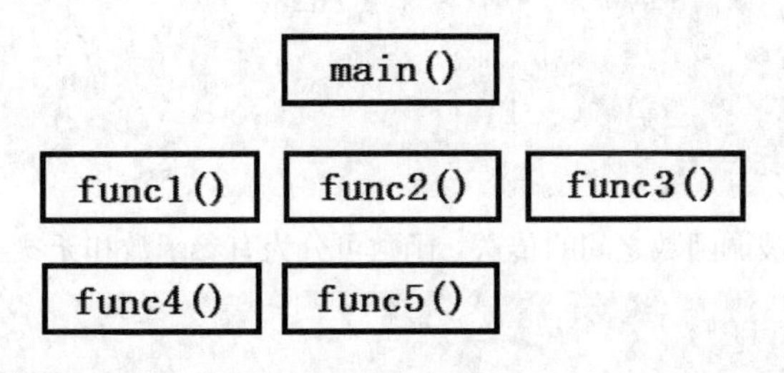

图 6-3

C 语言在程序模块中直接定义函数。C++ 在面向过程程序的设计中沿用了 C 语言使用函数的方法，面向对象时，主函数或其他函数可以通过类对象调用类中的函数。C++ 程序中的各项操作基本上是由函数来实现的，所以编程人员根据程序的需要编写一个个函数，每个函数用来实现某一个功能。因此，学习 C++ 必须掌握函数的概念，并学会设计和使用函数。从用户使用的角度来说，C++ 中的函数主要有以下两种。

(1) 系统函数：即库函数。这是编译系统提供的，用户不需要定义这些函数就可以直接使用。

提示：不同的编译系统提供的库函数的数量和功能可能有所不同。使用系统函数时，需要使用 #include 命令包含相应的头文件。

提示：函数是语句的集合，但不是任何语句的集合都是函数（语句块就不是函数）。

(2) 用户自定义函数：用户根据程序功能的需要自己编写的函数。

6.1.2 函数的分类

在 C++ 程序设计中使用函数，能够使程序的层次结构清晰，便于程序的编写、阅读和调试。一般来说，在 C++ 中，可从不同的角度对函数进行分类。

(1) 根据定义，函数可分为库函数和用户自定义函数。main 函数就是我们常用的库函数，用户自定义函数就是我们根据需求自己编写的函数。

(2) 根据是否有返回值，函数可分为有返回值函数和无返回值函数。

有返回值函数如下。

```
01  #include <iostream>
02  using namespace std;
03  int main()      //main 前的 int 表示返回值为整型
04  {
05    int x;
06    cin>>x;
07    return 0;
08  }
```

无返回值的函数如下。

```
01  #include <iostream>
02  using namespace std;
03  void main()           //main 前的 void 表示无返回值
04  {
05     cout<<" 你好，欢迎学习 C++!";
06  }
```

⑶ 根据主调函数和被调函数之间的传送，函数可分为有参函数和无参函数。

```
01  #include <iostream>
02  using namespace std;
03  void main()
04  {
05     int a,b;
06     void Swap(int,int);// 函数原型声明，也可以表示为：void Swap(int i,int j)，下面将
讲到其使用
07     cout<<" 请输入两个整数：";
08     cin>>a>>b;
09      Swap(a,b);
10      cout<<" 在 main() 函数中：a="<<a<<",b="<<b<<endl;
11  }
// 用户自定义函数
12  void Swap(int i,int j)// 这里的 Swap 没有返回值
13  {
14     int t;
15     t=i;
16     i=j;
17     j=t;
18     cout<<" 在 Swap() 函数中：i="<<i<<",j="<<j<<endl;
19  }
```

本例中有主函数 main()（也是 Swap() 函数的主调函数）和被调函数 Swap() 两个函数。当执行到函数调用 Swap(a,b) 时，执行流程转向被调函数 Swap()。形参 i 和 j 分配了不同于实参 a 和 b 的内存空间，并接收了实参 a 和 b 传递过来的值，实参 a 传递给形参 i，实参 b 传递给形参 j。在被调函数 Swap() 中利用一个同类型的辅助变量来实现 i 和 j 的交换，但实参 a 和 b 的值并没有改变，原因就是实参和形参占用不同的内存空间。

6.2　函数的定义与声明

C++ 提供了大量的系统函数，能够实现很多功能，但有时不能解决用户的特殊需要，因此在程

序中经常要编写用户自定义函数。

6.2.1 函数的定义

函数的定义实现了函数的功能。C++ 不允许函数嵌套定义，在函数定义中再定义一个函数是非法的。函数的定义由返回类型、函数名、参数列表和函数体组成。根据函数是否需要进行参数传递，函数的定义可分为有参函数和无参函数的定义。

定义的格式如图 6-4 所示。

```
<函数类型>  <函数名> (<形式参数表>)
{
    若干语句;                        } 函数体
}
```

图 6-4

格式说明如下。

函数类型：函数返回值的类型。

函数名：符合标识符的命名规则。

形式参数表：函数中可以有多个形式参数，也可以没有形式参数。形式参数简称形参。根据形参的有无，函数可分为有参函数和无参函数。

1. 有参且有返回值

```
int  max(int i,int j)      // 函数首部，函数值为整型，有两个整型参数，求出两个数中的大者
{
    int z;                 // 函数体中的声明部分
    z=i>j?i:j;// 将 x 和 y 中的大者赋值给变量 z
    return(z);             // 将 z 的值作为返回值返回调用点
}
```

又如，求某一范围整数和的 sum 函数。

```
int sum(int m,int n)            // 函数首部，函数值为整型，有两个整型参数，求总和
{
    int z=0;                    // 函数体中的声明部分，并赋初值 0
    for(int i=m;i<=n;i++)       // 循环范围 [m，n]
    z=z+i;                      // 求和
    return z;                   // 将 z 的值作为返回值返回调用点
}
```

2. 有参但无返回值

```
void swap(int x,int y)          // 函数首部，函数值为空，有两个整型参数，实现 x 和 y 的交换
{
    int t;                      // 函数体中的声明部分
    t=x;                        // 将 x 赋值给 t
```

```
    x=y;                    // 将 y 赋值给 x
    y=t;                    // 将 t 赋值给 y，没有 return 语句
}
```

3. 无参但有返回值

```
char getc( )                // 函数首部，函数值为字符型，无参数，从键盘输入一个字符
{
    char x;                 // 函数体中的声明部分
    cin>>x;                 // 从键盘输入一个字符
    return x;               // 将 x 的值作为返回值返回调用点
}
```

4. 无参且无返回值

```
void mess( )                // 函数首部，函数值为空，没有参数，输出一个字符串
{
    cout<<" 你好，欢迎学习 C++!";
}
```

6.2.2 函数的声明

定义一个函数就是为了以后调用。如果函数定义在后，而调用该函数在前，就会产生错误。为了解决这个问题，必须将函数定义在主调函数的前面或在调用前进行函数的声明。函数的声明可消除函数定义的位置的影响。也就是说，不管函数是在何处定义的，只要在调用前进行声明，就可以保证函数调用的合法性。为了增加程序的可读性，函数的声明放在 main 函数体内的前面。

声明的格式如下：

```
< 函数类型 > < 函数名 > (< 形式参数表 >);
```

函数的声明要与函数定义时的函数类型、函数名和参数类型一致，但形参名可以省略，而且还可以不相同。例如，对 max 函数和 print 函数的声明如下：

```
int max (int i,int j); 或者 int max(int ,int );        // 它们的作用完全一样
int print();// 这里 print 函数不需要传入参数
```

库函数通常在头文件中声明。在编程时，若要使用某个头文件中的库函数，必须先将这个头文件包含到程序中。

```
#include <cmath>
    …
double x=sqrt(5.0);         // 用 sqrt 函数求 5.0 的平方根，并将结果赋值给变量 x
    …
```

提示：“<cmath>”中使用“<>”的意思是到系统目录中寻找要包含的头文件，这里也可以

使用双引号“" "”，意思是在用户所在的目录中寻找要包含的头文件。

6.3 函数的参数和返回值

使用函数的目的之一就是在调用函数时传递数据，最终得到一个处理后的结果，即函数的返回值。数据传递可通过实参和形参来实现。

6.3.1 函数的参数

一般来说，C++ 中函数的参数分为形式参数（形参）和实际参数（实参）两种。

1. 形式参数

形式参数指这些参数实际并不存在，只是在形式上代表运行时实际出现的参数。形式参数主要有以下特点。

⑴ 当被调用的函数有参数时，主调函数和被调函数之间通过形参实现数据传递。

⑵ 函数的形参仅在函数被调用时才由系统分配内存，用于接收主调函数传递来的实际参数。

2. 实际参数

在主调函数中调用一个函数时，函数名后面的参数或表达式被称为实际参数。实际参数主要有以下特点。

⑴ 调用函数时，实参的类型应与形参的类型一一对应或者兼容。

⑵ 实参应有确定值，可为常量、变量或表达式。

⑶ 调用函数时，系统才为形参分配内存，与实参占用不同的内存，因此，即使形参和实参同名也不会混淆。函数调用结束时，形参所占内存即被释放。

3. 举例分析

```
01  #include <iostream>
02  using namespace std;
03  int max （int a,int b)  //a、b 为形参
04  {
05    return  a>b?a:b;
06  }
07  int main()
08  {
09     int res,x,y;
10     cout<<" 请输入两个整数 ";
11     cin>>x>>y;
12     res=max(x,y);   //x、y 为实参；
13     cout<<" 两个整数中的大者为："<<res<<endl;
14     return 0;
15   }
```

提示：参数传递需要遵守的规则是，形参和实参的个数必须相同，形参和实参的数据类型必须相同，形参和实参的顺序必须一一对应。

6.3.2 函数的返回值

通常，通过函数调用，主调函数可以得到一个确定的函数值，这就是函数的返回值。返回值也具有不同的数据类型，它是由函数类型决定的。返回值的数据类型可以是函数或数组之外任何有效的 C++ 数据类型，包括构造的数据类型、指针等。

对函数返回值的说明如下。

⑴ 函数的返回值是由被调函数计算处理后向主调函数返回的一个计算结果，最多只能有一个，用 return 语句实现。

⑵ 无返回值函数的返回值类型应说明为 void 类型，否则将返回一个不确定的值。

⑶ 执行被调函数时，可能有多个 return 语句，但遇到第 1 个 return 语句就结束函数的执行，返回主调函数。若函数中无 return 语句，则会执行到函数体最后的“}”为止，再返回主调函数。

⑷ return 后面的表达式可以有括号，也可以没有括号。例如 max 函数中的“return(z);”也可以用“return z ;”。

return 语句有以下两种形式。

⑴ 用于带有返回值的函数，形式如下。

```
return < 表达式 >;
```

作用：先计算 < 表达式 > 的值。若 < 表达式 > 的值的类型与调用函数的类型不同，则将 < 表达式 > 的类型强制转换为调用函数的类型，再将 < 表达式 > 的值返回给调用函数，并将程序的流程由被调函数转给主调函数。例如 max 函数中的“return (z);”。

⑵ 用于无返回值的函数，形式如下。

```
return;
```

作用：将程序的流程由被调函数转给主调函数。对于无返回值的函数，return 语句可以省略。若被调函数没有 return 语句，则执行完最后一条语句后将返回主调函数。例如，mess 函数就没有 return 语句。

函数是独立完成某个功能的模块，函数与函数之间主要通过参数和返回值联系。函数的参数和返回值是该函数对内、对外联系的窗口，称为接口。

6.4 函数的调用

用户函数定义后，就可以像使用系统函数一样，只要知道函数名、需要的数据个数、数据类型、数据顺序和返回的数据类型等，就可以自由地使用用户定义的函数。

函数调用的格式如下。

```
< 函数名 >(< 实参表 >)
```

当调用一个函数时，实参的个数、类型及排列次序必须与函数定义时的形参一致。对于无形参的函数，调用时实参表为空。

6.4.1 函数调用方式

根据函数在程序中的用途，调用函数的方式主要有以下 3 种。

(1) 函数语句：把函数调用写成一个单独的语句，并不要求函数返回一个值，只是要求函数完成一定的操作。

```
max(33,36);
```

(2) 函数表达式：函数出现在一个表达式中，这时要求函数返回一个确定的值参加表达式的运算。

```
int i = max(33,36);
```

(3) 函数参数：函数调用作为一个函数的参数。

```
int i = max(33,max（36,56）);
```

【范例 6-2】 求出 2 或 3 个数中的大者。

(1) 在 Visual C++ 6.0 中，新建名为“Ex6_2”的【C++ Source Files】文件。

(2) 在代码编辑区域输入以下代码（代码 6-2.txt）。

```
01	#include <iostream>	// 包含输入、输出头文件
02	using namespace std;
03	int max(int m,int n)	// 定义 max 函数
04	{
05	  return m>n?m:n;	// 返回两个数中的大者
06	}
07	 int main()	// 主函数
08	{
09	   int a,b,c,z;	// 声明变量
10	   cout<<" 输入两个整数："<<endl;
11	   cin>>a>>b;	// 输入两个变量的值
12	   max(a,b);	// 调用函数语句
13	   z=max(a,b);	// 函数表达式
14	   cout<<" 两个数中的大者："<<z<<'\n'; // 输出结果
15	   cout<<" 请输入第三个数 :"<<endl;
16	   cin>>c;	// 输入变量的值
17	   z=max(max(a,b),c);	// 函数参数
18	   cout<<" 三个数中的大者："<<z<<'\n'; // 输出大者
19	   return 0;
20	}
```

【运行结果】

编译、连接、运行程序，在命令行中根据提示输入任意两个整数，按【Enter】键即可输出两个

数中的大者，再根据提示输入第3个整数，按【Enter】键即可输出3个数中的大者，如图6–5所示。

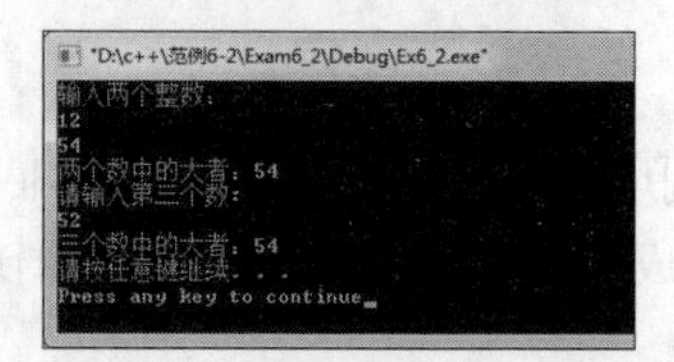

图 6–5

 提示：使用cin流对象输入多个数据，数据之间用空格或回车隔开。

【范例分析】

“max(a,b);” “z=max(a,b);” 和 “z=max(max(a,b),c);” 是函数调用的3种方式。“max(a,b);” 返回a和b中的大者，但没有使用该数。“z=max(a,b);” 中的 “max(a,b)” 返回的大者赋值给变量z。“z=max(max(a,b),c);” 中的 “max(a,b)” 返回的大者作为外层max函数的第1个实参。

【拓展训练】

求出两个字符中ASCII码小的字符。

既然能求出两个整型数据中的大者，那要输出两个字符中ASCII码较小的字符，该怎么办呢？

在【范例6–2】中，通过调用max函数，可以求出两个数中的大者。字符型数据是按照它们的ASCII码排列的，字符在字母表中越靠前，其ASCII码的值越小，如 “a” 的ASCII码是97， “b” 是98。由此可知，只需要使用return返回一个较小的字符，就可以编写main函数。在代码编辑区域输入以下代码（拓展代码6–2.txt）。

```
01 #include <iostream>
02 using namespace std;
03 char min(char i,char j)                       // 定义 min 函数
04 {
05   char z;                                     // 声明变量
06   z=i<j?i:j;                                  // 判断 ASCII 码小的字符
07   return z;                                   // 返回 z
08 }
09 int main()
10 {
11   char a,b,z;                                 // 声明变量
12   cout<<" 输入两个字符: "<<endl;
13   cin>>a>>b;                                  // 输入两个字符
14   z=min(a,b);                                 // 返回的结果赋值给 z
15   cout<<" 两字符中的小者: "<<z<<'\n';    // 输出 z 的值
16   return 0;                                   // 主函数结束
17 }
```

【运行结果】

编译、连接、运行程序，在命令行中根据提示输入任意两个字符，按【Enter】键即可输出两个字符中的小者，如图 6-6 所示。

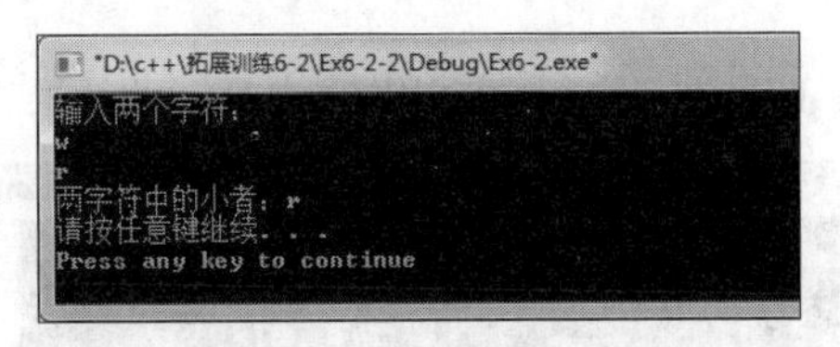

图 6-6

6.4.2 参数传递方式

调用函数时，实参和形参进行了数据的传递。实参向形参传递数据的方式可分为按值传递、按地址传递和按引用传递 3 种。下面介绍按值传递和按引用传递。

1. 按值传递

按值传递也称传值，传递形式是形参为普通变量，实参为表达式或变量，实参向形参赋值。

按值传递的特点是参数传递后，实参和形参不再有任何联系。

需要注意的是，此时实参是表达式，故形参不可能给实参赋值。调用函数时，系统为形参分配相应的存储单元，用于接收实参传递的数据。函数调用期间，形参和实参各自拥有独立的存储单元。函数调用结束，系统回收分配给形参的存储单元。

传值调用的优点是函数调用对其以外的变量无影响，被调函数最多只能用 return 返回一个值，函数独立性强。

【范例 6-3】 函数调用中参数按值传递。

(1) 在 Visual C++ 6.0 中，新建名为“Ex6_3”的【C++ Source Files】文件。

(2) 在代码编辑区域输入以下代码（代码 6-3.txt）。

```
01   #include <iostream>                                          // 包含输入、输出头文件
02   using namespace std;
03   void swap(float x,float y)                                   // 定义函数交换形参 x 和 y
04   {
05     cout<<" swap() 交换前：x="<<x<<"\ty="<<y<<'\n';            // 输出 x 和 y 的值
06     float t=x;x=y;y=t;                                         // 实现 x 与 y 的交换
07     cout<<" swap() 交换后：x="<<x<<"\ty="<<y<<'\n';            // 输出 x 和 y 的值
08   }
09    int main( )
10   {
11     float a=40,b=70;                                           // 声明变量
12     cout<<"main() 调用前 :a="<<a<<"\tb="<<b<<'\n';             // 输出 a 和 b 的值
13     swap(a,b);                                                 // 调用 swap 函数
14     cout<<"main() 调用后 :a="<<a<<"\tb="<<b<<'\n';             // 输出 a 和 b 的值
```

```
15      return 0;
16   }
```

【运行结果】

编译、连接、运行程序，即可在命令行中输出图 6–7 所示的结果。

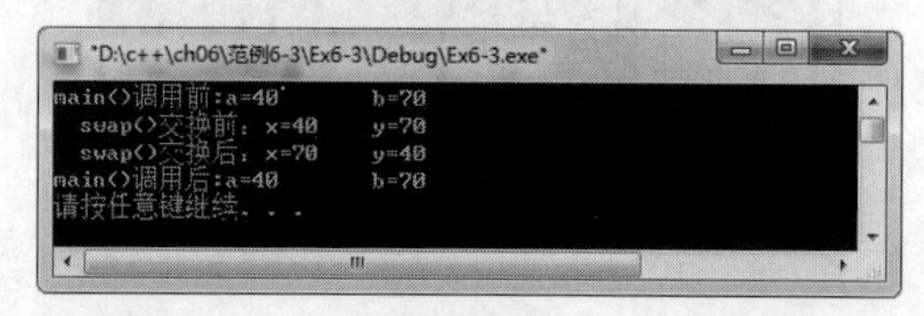

图 6–7

【范例分析】

程序调用 swap 时，将实参 a 的值传给 x，将实参 b 的值传给 y，在 swap 函数中实现 x 和 y 的交换。但是形参 x 和 y 是实型变量，只在 swap 函数中存在。执行完 swap 函数后，程序又转移到 main 函数，开始执行。实参 a 和实参 b 与形参 x 和形参 y 占用不同的空间，所以即使形参 x 与形参 y 交换了值，但返回 main 函数时，a 还是以前的 a，b 还是以前的 b，它们的值是不变的。

【拓展训练】

输入一个正整数，判断该数是否为质数。

> 提示：我们看到在函数调用过程中，虽然被调函数中数值的大小、顺序改变，但是主函数中数值的大小、顺序并没有改变，这是因为形参和实参占用不同的内存空间。

按值传递的特点是修改形参，但实参值不变，因此可以把主调函数的变量当作被调函数的实参，调用函数后，该变量仍然不变。在代码编辑区域输入以下代码（拓展代码 6–3.txt）。

```
01  #include <iostream>
02  using namespace std;
03  #include <cmath>                            // 包含 math 头文件
04  int prime(int m)
05  {
06          for(int i=2;i<=sqrt(m);i++)         //sqrt 系统函数在 math 中定义
07          if(m%i==0) return 0;                // 余数为 0 返回 0
08          return 1;                           // 返回值为 1
09  }
10  int main()
11  {
12          int m;                              // 声明变量
13          cout<<" 请输入一个正整数：";
14          cin>>m;                             // 输入要判断的数
15          if(prime(m))
16                  cout<<m<<" 是质数 \n";      // 函数返回值为 1 时，输出是质数
```

```
17    else
18                cout<<m<<" 不是质数 \n"; // 函数返回值不为 1 时，输出不是质数
19    return 0;
20  }
```

【运行结果】

编译、连接、运行程序，在命令行中根据提示输入任意一个正整数，按【Enter】键即可提示这个数是否质数，如图 6–8 所示。

图 6–8

2. 按引用传递

按引用传递又称传引用。引用即变量的别名，对别名的访问就是对别名所关联变量的访问，反之亦然。"&"被称为引用符。例如：

```
int i;
int &ai=i;     // 定义 int 型引用，ai 是变量 i 的别名
ai=15;         // 此时 i 的值也为 15
i=100;         // 此时 ai 的值也为 100
```

使用引用应注意以下几点。

⑴ 定义引用时，应同时对它进行初始化，使它与一个类型相同的已有变量关联。

⑵ 一个引用与某变量关联，就不能再与其他变量关联。

⑶ 引用主要用作函数的形参和返回值。

按引用方式调用的形参应定义为引用型变量，实参为引用型形参的初始化。其特点是，参数传递后，形参是实参的别名，修改了形参，实参也随之发生变化。调用函数时，系统不再为形参分配存储单元，形参就是主调函数中实参的别名，也就是说它们占用同一个存储单元。

【范例 6–4】 调用函数交换两个变量的值。

⑴ 在 Visual C++ 6.0 中，新建名为"Ex6_4"的【C++ Source Files】文件。

⑵ 在代码编辑区域输入以下代码（代码 6–4.txt）。

```
01  #include <iostream>
02  using namespace std;
03  void swap(float &x,float &y)                              // 仅交换形参 x 和 y
04  {
05     cout<<" swap() 交换前：x="<<x<<"\ty="<<y<<'\n';        // 输出 x 和 y 的值
06     float t=x;x=y;y=t;                                      // 实现 x 与 y 的交换
07     cout<<" swap() 交换后：x="<<x<<"\ty="<<y<<'\n';        // 输出 x 和 y 的值
08  }
```

```
09  int main( )
10  {
11      float a=40,b=70;                                      //声明变量
12      cout<<"main() 调用前 :a="<<a<<"\tb="<<b<<'\n';          //输出 a 和 b 的值
13      swap(a,b);                                            //调用 swap 函数
14      cout<<"main() 调用后 :a="<<a<<"\tb="<<b<<'\n';          //输出 a 和 b 的值
15      return 0;
16  }
```

【运行结果】

编译、连接、运行程序，即可在命令行中输出图 6-9 所示的结果。

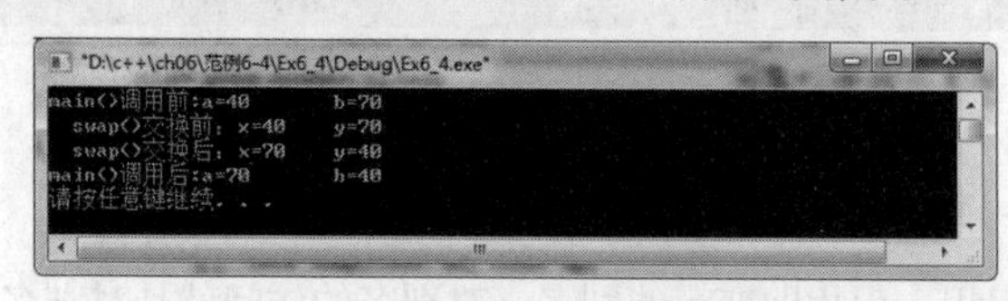

图 6-9

【范例分析】

x 是实参 a 的引用，y 是实参 b 的引用，它们占用同一个内存单元，只是名称不同。因此，在 swap 函数中实现 x 和 y 的交换，则 a 和 b 也就交换了。引用的主要特点如下。

(1) 高效地传递参数，避免了传值方式中的拷贝构造。引用传递实际上是传地址，后续的章节还会说明。

(2) return 语句最多返回一个值，而使用引用传递可以修改多个实参变量的值。

【拓展训练】

编写 sum 函数，求出圆形的面积和周长。

使用 return 语句只能返回一个值，而要用一个函数求出圆的面积和周长，该怎么办呢？

传引用方式的特点，就是形参是实参的引用，修改形参的值，实参也随之发生变化，因此可以使用多个实参调用函数，在调用函数中求出圆的面积和周长，然后通过对应给形参赋值来实现这一功能。在代码编辑区域输入以下代码（拓展代码 6-4.txt）。

```
01  #include <iostream>                                   //预处理命令
02  using namespace std;
03  void calc(double x, double &y, double &z)             //定义函数，后两个为引用
04  {
05          double  pi=3.14;                              //圆周率
06          y=2*pi*x;                                     //周长
07          z=pi*x*x;                                     //面积
08  }
09  int main( )
10  {
```

```
11        double rad=0,cir=0,area=0;          // 声明变量
12        cout<<" 输入半径 :";
13        cin>>rad;                          // 输入半径
14        calc(rad,cir,area);                // 调用函数
15        cout<<" 半径：  "<<rad<<"\t 周长为：  "<<cir<<"\t 面积为：  "<<area<<endl;
16         return 0;
17   }
```

【运行结果】

编译、连接、运行程序，在命令行中根据提示输入任意一个半径值，按【Enter】键即可输出圆的半径、周长及面积值，如图 6–10 所示。

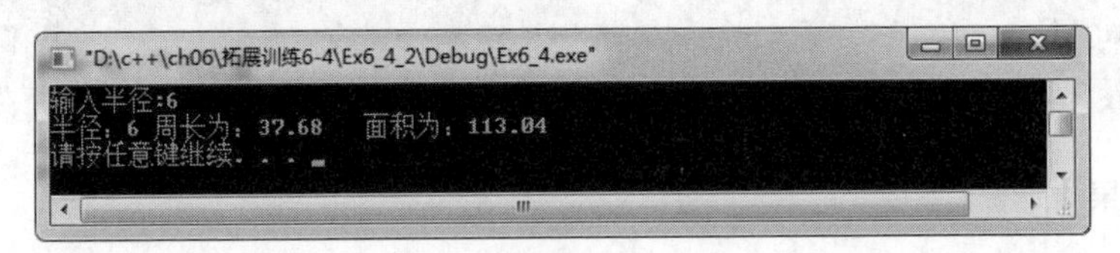

图 6–10

提示：传值调用就像复印，形变实不变。传引用调用就像一个人的大名和小名，形变实即变。因为引用传递，所以“它们占用相同的存储空间，只是有两个或多个名字而已”。

6.4.3 函数的嵌套调用

C++ 不允许在一个函数的定义中再定义另一个函数，即不允许函数的嵌套定义，但允许在一个函数的定义中调用另一个函数，即允许函数的嵌套调用。

各个函数都是相互独立、平行的，不存在隶属关系。即使 main 函数也不能包含其他函数，它的特殊之处只是程序都是从它这里开始执行的。

【范例 6–5】 计算 $1^k+2^k+3^k+\cdots+n^k$。

(1) 在 Visual C++ 6.0 中，新建名为“Ex6_5”的【Win32 Console Application】➤【A simple application】项目文件。

(2) 在工作区【FileView】视图中双击【Source Files】➤【Ex8_5.cpp】，在代码编辑区域输入以下代码（代码 6–5.txt）。

```
01   #include "iostream"                      // 预处理命令
02   using namespace std;
03   int powers(int n,int k)                  // 计算 n 的 k 次方
04   {
05     long m=1;                              // 声明变量
06     for(int i=1;i<=k;i++)  m*=n;           //m 为 n 的 k 次幂
07     return m;                              // 返回结果
08    }
09   int sump(int k,int n)                    // 计算 1^k+2^k+3^k+…+n^k
```

```
10  {
11      long sum=0;                              // 声明变量
12      for(int i=1;i<=n;i++)
13      sum+=powers(i,k);                        // 调用 powers 函数，sum 作为累加器
14      return sum;                              // 返回结果
15  }
16  int main( )
17  {
18      int k=4,n=10;                            // 声明变量
19      cout<<" 从 1 到 "<<n<<" 的 "<<k<<" 次幂 =" <<sump(k,n)<<endl;          // 调用
sump 函数并输出结果
20      return 0;
21  }
```

【运行结果】

编译、连接、运行程序，即可在命令行中输出图 6-11 所示的结果。

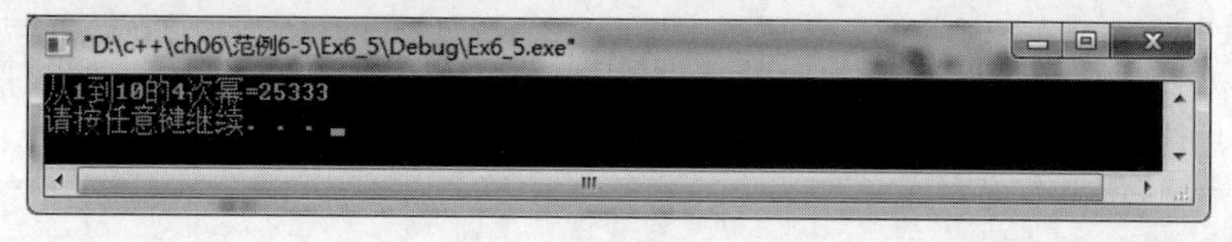

图 6-11

【范例分析】

在主程序中调用 sump 函数，在 sump 函数中又调用 powers 函数，如图 6-12 所示。powers 函数被反复调用了 10 次，sump 函数被调用了 1 次。

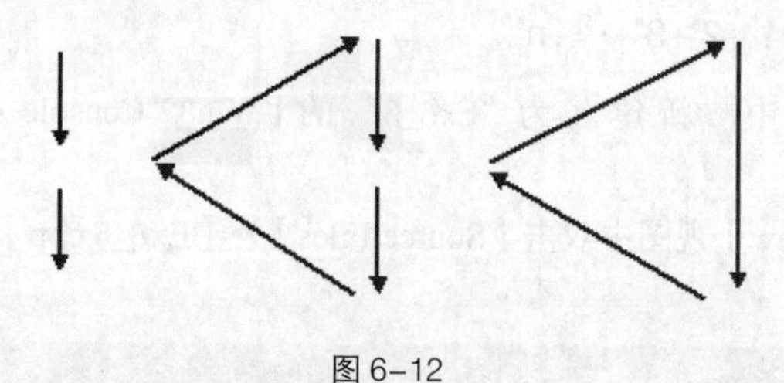

图 6-12

【拓展训练】

利用$\frac{\pi^2}{6}=1+\frac{1}{2^2}+\frac{1}{3^2}+\cdots+\frac{1}{1000^2}$求出 π 的近似值。

该公式可以转换为$\pi=\sqrt{6*\left(\frac{1}{1^2}+\frac{1}{2^2}+\frac{1}{3^2}+\cdots+\frac{1}{1000^2}\right)}$，所以该题最终要完成的是求整数 1 ~ 1000 的平方的倒数之和。在代码编辑区域输入以下代码（拓展代码 6-5.txt）。

```
01  #include <iostream>
02  #include <cmath>
```

```
03  using namespace std;
04  double powers(int n)          // 求平方
05  {
06    double s=n*n;
07    return s;
08  }
09  double sum(int n)             // 求平方的和，函数类型为 double
10  {
11    double z=0;
12    for(int i=1;i<=n;i++)
13    {
14      z+=6.0/powers(i);         // 反复调用 powers 函数
15    }
16    return z;
17  }
18  int main( )
19  {
20    int i=1000;                 // 声明变量，计算 1000 项的和
21    double k=0;
22    k=sqrt(sum(i));             //sum 函数作为 sqrt 的参数，调用了两个函数
23    cout<<"i="<<i<<": π ="<<k<<endl;
24    return 0;
25  }
```

【运行结果】

编译、连接、运行程序，即可在命令行中输出图 6-13 所示的结果。

图 6-13

警告：powers 函数是 double 类型，如果用整型数据就会得到错误的结果，原因是整数除以整数的结果仍为整数，而除数远大于被除数则结果为 0。

6.4.4 递归调用

C++ 允许在调用一个函数的过程中直接或间接调用函数本身，这种情况被称为函数的“递归”调用，相应的函数被称为递归函数。这与我们在数学中学习的递推式类似，当我们知道第一项的值后，就可以递推算出后面各项的值。而递归调用是先知道最后一项在哪里，然后依次向前找到前一项，直到找到有明确结果的那一项，停止调用，返回结果，再利用递推式，就找到最后一项的结果了。

递归调用有直接递归调用和间接递归调用两种形式。

直接调用本函数（如下例）指在调用函数 f 的过程中，又要调用 f 函数。

```
int f(int x)
{
    int y,z;
    z=f(y);
    return (2*z);
}
```

间接调用本函数（如下例）指在调用 f1 函数的过程中调用 f2 函数，在调用 f2 函数的过程中又要调用 f1 函数。

```
int f1(int a)
{
    int b;
    b=f2(a+1);
}
int f2(int s)
{
    int c;
    c=f1(s-1);
}
```

在递归调用中，主调函数又是被调函数。执行递归函数将反复调用其自身。每调用一次就进入新的一层。

递归算法的实质是将原有的问题分解为新的问题，而解决新问题时又用到了原有问题的解决方法，按照这种原则，最终分解出来的是一个已知的问题，这便是有限的递归调用。只有有限的递归调用才有意义，无限递归调用没有实际意义。

递归的过程有以下两个阶段。

⑴ 递推。将原有问题不断地分解为新的问题，逐渐从未知向已知推进，最终达到已知的条件，即递归结束的条件，这时递推阶段结束。例如求 10!，可以分解如下。

10！ =9！ *10

9！ =8！ *9

…

2！ =1！ *2

1！ =1

⑵ 回归。从已知的条件出发，按照递推的逆过程逐一求值回归，最后达到递推的开始处，结束回归阶段，完成递归调用。

1！ =1

2！ =1！ *2

…

9！ =8！ *9

10！ =9！ *10

【范例 6-6】 求 10！。

(1) 在 Visual C++ 6.0 中，新建名为“Ex6_6”的【C++ Source Files】文件。

(2) 在代码编辑区域输入以下代码（代码 6-6.txt）。

```
01  #include <iostream>                    // 预处理命令
02  using namespace std;
03  int fun(int n)                         // 定义函数 fun
04  {
05    int z;
06    if(n>1)
07       z=fun(n-1)*n;                     // 直接调用本身，由 fun(n) 转换为 fun(n-1)
08    else
09       z=1;                              //n<=1 时退出返回到 main 函数
10    return z;
11  }
12  int main( )
13  {
14    int i=10, k=1;                       // 声明变量
15    k=fun(10);                           // 调用 fun 函数，并把结果赋值给 k
16    cout<<"10!="<<k<<endl;               // 输出 k 的值
17    return 0;
18  }
```

【运行结果】

编译、连接、运行程序，即可在命令行中输出图 6-14 所示的结果。

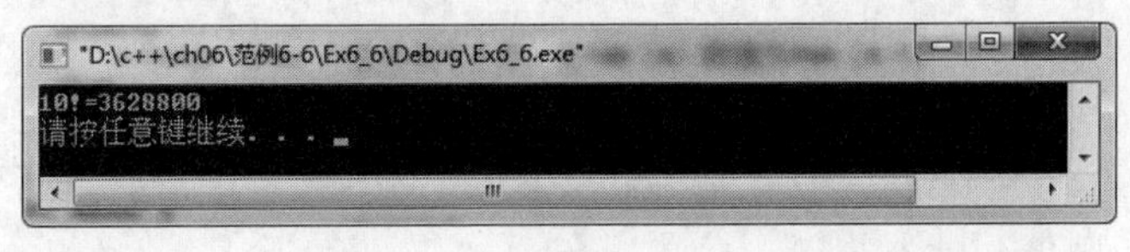

图 6-14

【范例分析】

在 main 函数中调用 fun 函数，是函数的嵌套调用。在 fun 函数中，当 n>1 时又调用本身，是函数的递归调用；当 n=1 时退出函数的调用。执行过程如图 6-15 所示。

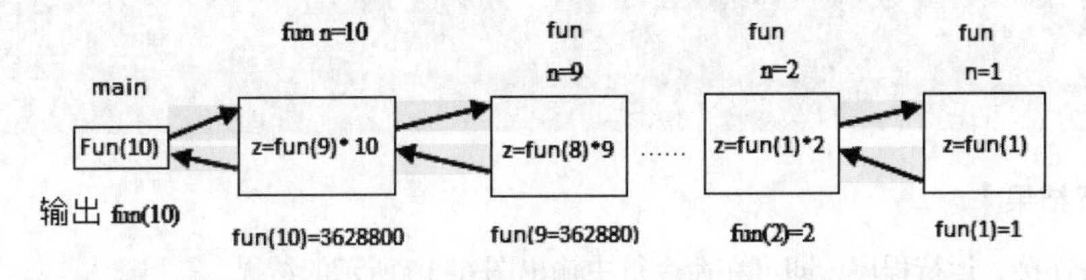

图 6-15

【拓展训练】

求斐波那契序列第 20 项。

$$f(n)=\begin{cases}0 & n=0\\ 1 & n=1或2时\\ f(n-1)+f(n-2) & n>2\end{cases}$$

要求第 20 项，就要先求第 19 项和第 18 项；要求第 19 项，就要先求第 18 项和第 17 项……所以该问题可以使用递归方法解决。

可以分解如下。

f（20）=f（19）+f（18）

f（19）=f（18）+f（17）

…

f（3）=f（2）+f（1）

f（2）=1，f（1）=1

在代码编辑区域输入以下代码（拓展代码 6–6.txt）。

```
01  #include <iostream>
02  using namespace std;
03  int fun(int n)                                //定义 fun 函数
04  {
05     int z;                                     //声明变量
06     if(n>2)
07        z=fun(n-1)+fun(n-2);                    //直接调用本身，由 fun(n) 转换为 fun(n-
1)+fun(n-2)
08     else
09        z=1;                                    //n=2 时退出，返回 main 函数
10     return z;
11  }
12  int main( )
13  {
14     int i=20,k=1;                              //声明变量
15     k=fun(i);                                  //调用 fun 函数，并把结果赋值给 k
16     cout<<" 第 20 项："<<k<<endl;               //输出 k 的值
17     return 0;
18  }
```

【运行结果】

编译、连接、运行程序，即可在命令行中输出图 6–16 所示的结果。

图 6-16

6.4.5 函数的重载

在C语言中，每个函数都必须有唯一的名字，这样就必须记住每一个函数的名字。例如求最大值的函数，由于处理的数据类型不同，因此要定义不同的函数名。

```
int max1(int,int);
int max2(int ,int ,int);
double max3(double,double);
```

以上函数都是求最大值的，但必须用不同的函数名，确实很麻烦。

C++ 允许多个同名函数存在，但同名函数的各个参数必须不同，即形参个数不同，或者形参个数相同，但参数类型有所不同。这就是函数的重载。

【范例 6-7】 调用重载函数。

(1) 在 Visual C++ 6.0 中，新建名为“Ex6_7”的【C++ Source Files】文件。

(2) 在代码编辑区域输入以下代码（代码 6-7.txt）。

```
01  #include <iostream>
02   using namespace std;
03  int max(int,int);                        // 声明 max 函数，有两个 int 参数
04  double max(double,double);               // 声明 max 函数，有两个 double 参数
05  int max(int,int,int);                    // 声明 max 函数，有 3 个 int 参数
06  int main( )
07  {
08    int i=5,j=9,k=10,p=0;                  // 声明变量
09    double m=33.4,n=8.9,q=0;
10    p=max(i,j);                            // 调用 max 函数，实参为两个 int 型
11    cout<<i<<","<<j<<" 两个数中的大者 "<<p<<endl;
12    p=max(i,j,k);                          // 调用 max 函数，实参为 3 个 int 型
13    cout<<i<<","<<j<<","<<k<<" 三个数中的大者 "<<p<<endl;
14    q=max(m,n);                            // 调用 max 函数，实参为两个 double 型
15    cout<<m<<","<<n<<" 两个数中的大者 "<<q<<endl;
16  return 0;
17  }
18  int max(int x,int y)                     // 函数的定义，有两个 int 参数
19  {  return x>y?x:y;  }                    // 返回大者
20  double max(double x,double y)            // 函数的定义，有两个 double 参数
21  {  return x>y?x:y;  }                    // 返回大者
```

```
22  int max(int x,int y,int z)          // 函数的定义，有 3 个 int 参数
23  { int temp;
24    temp=x>y?x:y;
25    temp=temp>z?temp:z;               //temp 为 x、y 和 z 中最大者
26    return temp;                      // 返回大者
27  }
```

【运行结果】

编译、连接、运行程序，即可在命令行中输出图 6-17 所示的结果。

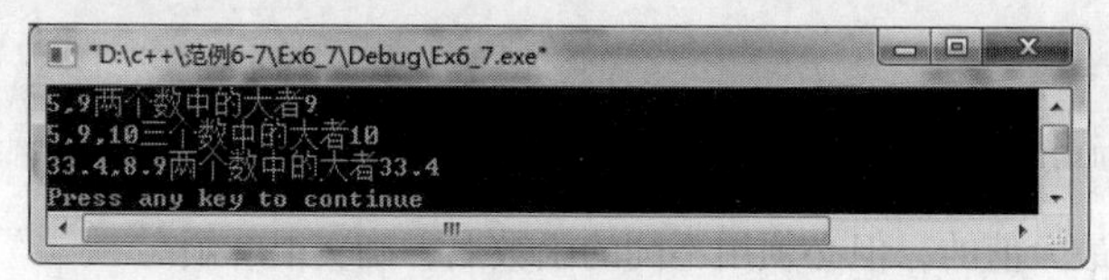

图 6-17

【范例分析】

程序中 3 次调用 max 函数，系统会根据参数的类型或个数而调用不同的函数。函数重载时，两个或两个以上的函数同名，但形参的类型或形参的个数有所不同。仅返回值不同，不能被定义为重载函数。

函数重载的原则是，只有功能相近的函数才有必要重载。互不相干的函数使用函数重载只会造成混乱，降低程序的可读性。

函数重载的好处在于，合理地使用函数重载可以减轻用户记忆函数名的负担，方便用户调用函数，提高程序的可读性。

【拓展训练】

求矩形、梯形和圆形的面积。

不管是矩形、梯形还是圆形，都是求面积。通过函数的重载，就可以定义名称是 area 的多个函数，分别计算不同图形的面积。在代码编辑区域输入以下代码（拓展代码 6-7.txt）。

```
01  #include <iostream>
02  using namespace std;
03  double area(double rad)                      //area 函数，1 个参数
04  {
05      double s=0;
06      s=3.14*rad*rad;                          // 圆形面积
07      return s;
08  }
09  double area(double width,double height) //area 函数，两个参数
10  {
11      double s=0;
12      s=width*height;                          // 矩形面积
13      return s;
```

```
14    }
15    double area(double i,double j,double h) //area 函数，3 个参数
16    {
17        double s=0;
18        s=(i+j)*h/2;                           // 梯形面积
19        return s;
20    }
21    int main( )
22    {
23        double i=3,j=4,k=5,a1;
24        a1=area(i);                            // 调用 area 求圆形面积
25        cout<<" 圆形面积："<<a1<<endl;
26        a1=area(i,j);                          // 调用 area 求矩形面积
27        cout<<" 矩形面积："<<a1<<endl;
28        a1=area(i,j,k);                        // 调用 area 求梯形面积
29        cout<<" 梯形面积："<<a1<<endl;
30        return 0;
31    }
```

【运行结果】

编译、连接、运行程序，即可在命令行中输出图 6-18 所示的结果。

图 6-18

6.4.6 带默认值的函数

调用函数时，形参值是由实参值决定的，因此形参和实参的个数和类型都要相同。C++ 还提供了一种方法，为形参设定一个默认值，即形参不一定要从实参取值，从而简化了函数的调用。

1. 函数的声明

默认值在函数声明中提供，但当既有声明又有定义时，定义中不允许有默认值。如果函数只有定义，则默认值可以出现在函数定义中。在定义一个函数时，定义的函数在主函数以前，就不需要函数声明；如果定义在主函数之后，就需要有函数声明。

【范例 6-8】 使用带默认值的函数输出三维坐标。

(1) 在 Visual C++ 6.0 中，新建名为“Ex6_8”的【C++ Source Files】文件。

(2) 在代码编辑区域输入以下代码（代码 6-8.txt）。

```
01    #include <iostream>
02    using namespace std;
```

```
03  void point(int x,int y=0,int z=0)            // 定义函数，y 和 z 带默认参数
04  {
05      cout<<"("<<x<<","<<y<<","<<z<<")"<<endl;
06   }
07  int main( )
08  {
09      int x,y,z;                                  // 声明变量
10      cout<<" 输入 X 坐标、Y 坐标和 Z 坐标值："<<endl;
11      cin>>x>>y>>z;
12      point(x);                                   // 调用 point 函数，有 1 个参数
13      point(x,y);                                 // 调用 point 函数，有 2 个参数
14      point(x,y,z);                               // 调用 point 函数，有 3 个参数
15      return 0;
16  }
```

【运行结果】

编译、连接、运行程序，在命令行中根据提示输入任意 3 个数据，按【Enter】键即可输出 3 个不同的三维坐标值，如图 6–19 所示。

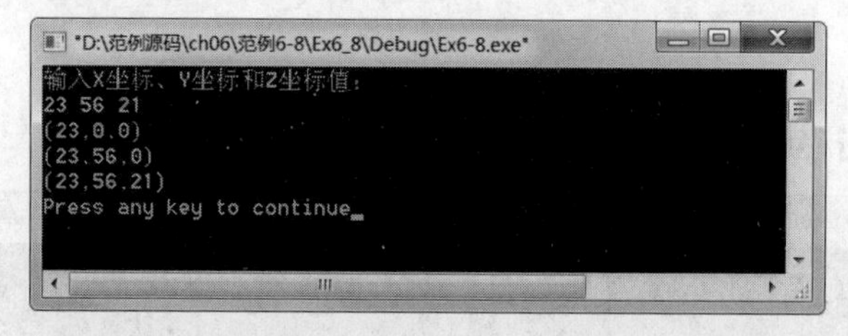

图 6–19

【范例分析】

程序3次调用point函数，但是使用的实参个数是不同的。在“point(x);”中，y和z的默认值都是0；在“point(x,y);”中，z 的默认值是 0；在“point(x,y,z);”中，没有使用默认值。

【拓展训练】

使用带默认值的函数求 2 或 3 个整数中的大者。

既然可以使用带默认值的参数，那么调用时也就可以使用 2 或 3 个实参来调用函数，这样就可以求出 2 或 3 个数中的大者。

在代码编辑区域输入以下代码（拓展代码 6–8.txt）。

```
01  #include <iostream>
02  using namespace std;
03  int max(int x,int y,int z=-32768);   // 声明函数，有 3 个参数
04  int main( )
05  {
06   int i,j,k;                          // 声明变量
```

```
07    cout<<"输入 3 个数：";
08    cin>>i>>j>>k;              // 输入变量的值
09    cout<<i<<"和"<<j<<"中的大者为："<<max(i,j)<<endl;        // 调用 max 函数，两个参数
10    cout<<i<<" "<<j<<"和"<<k<<"中的大者为："<<max(i,j,k)<<endl; // 调用 max 函数，
3 个参数
11    return 0;
12  }
13  int max(int x,int y,int z)   // 前已有声明，所以 z 不带默认值
14  {
15    int temp;                  // 声明变量
16    if(x>=y)
17      temp=x;
18    else
19      temp=y;                  // 求出 x 和 y 中的大者，并存储在 temp 中
20    if(temp<z)
21      temp=z;                  // 求出 temp 和 z 中的大者，并存储在 temp 中
22    return temp;               // 返回最大值
23  }
```

【运行结果】

编译、连接、运行程序，在命令行中根据提示输入任意 3 个数，按【Enter】键即可输出前两个数中的大者和 3 个数中的大者，如图 6-20 所示。

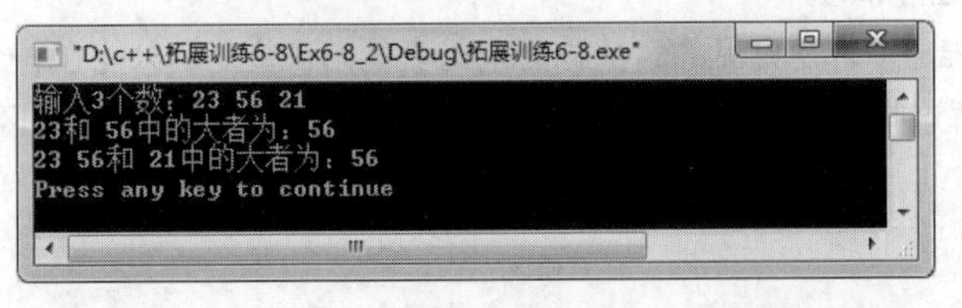

图 6-20

提示：程序中 z 的初值为“– 32768”，为什么呢？这是因为考虑到了输入的都是负整数的情况。

2. 带默认值的形参顺序规定

若函数中有多个默认参数，则形参应从最右边依次向左设定。当调用函数时，只能向左匹配参数。如在【范例 6-8】声明中，第 3 行不能写为如下形式。

“void point(int =0,int,int =0);”或者“void point(int =0,int =0,int);”。

调用时：

```
point( x );            // 正确
point(x , y);          // 正确
point(x , y , z);      // 正确
point( );              // 错误，x 没有参数值
```

```
point(x , , z)          ;          //错误，只能从右向左进行匹配
```

3. 默认参数与函数重载

使用带默认值的函数可以将一些简单的函数合并为一个函数，但是一个函数不能既作为重载函数，又作为带默认值的函数。因为当调用函数时，如果少写一个参数，系统就无法判定是利用重载函数还是利用带默认值的函数，从而出现二义性，导致系统无法执行。例如：

```
void point(int x , int y);
void point(int x , int y=0,int z=0);
point(x,y);
```

4. 默认值的限定

默认值可以使用全局变量、全局常量，也可以使用一个函数表达式。默认值不能是局部变量，因为带默认值的函数调用是在编译时确定的，而局部变量的位置与值在编译时是不能确定的。

6.5 局部变量和全局变量

作用域又称作用范围，是程序中的标识符，变量或函数等都有一定的作用范围。一个标识符是否可以被引用，被称为标识符的可见性。一个标识符只能在声明或定义它的范围内可见，在此之外是不可见的。

变量有文件作用域、函数作用域、块作用域和函数原型作用域 4 种不同的作用域。文件作用域是全局的，其他三者是局部的。

一些变量在整个程序中都是可见的，被称为全局变量；一些变量只能在一个函数或块中可见，被称为局部变量。要了解这些变量的特征，可先看看程序中的变量在内存分布的区域，如图 6-21 所示。

程序内存空间	
代码区	
全局数据区	
堆区	
栈区	

图 6-21

可以看到，一个程序将操作系统分配给其运行的内存分为了 4 个区域。

⑴ 代码区：存放程序的代码，即程序中的各个函数代码块。

⑵ 全局数据区：存放程序的全局数据和静态数据。

⑶ 堆区：存放程序的动态数据。

⑷ 栈区：存放程序的局部数据，即各个函数中的数据。

6.5.1 局部变量

在函数或者块内定义的变量，只在该函数或块的范围内有效，即只有在本函数内或块内才能使用它们，在此之外是不能使用这些变量的，这种变量被称为局部变量。程序执行到该块时，系统自动为局部变量分配内存；在退出该块时，系统自动回收该块的局部变量占用的内存。

局部变量的类型修饰符是 auto，表示该变量在栈中分配空间，但习惯上都省略 auto。

```
char f1(int x, int y)               // x、y 在函数 f1 范围内有效
{
    Int i,j;                        //i、j 在函数 f1 范围内有效
    …
}
    int main( )                     // m、n 在主函数范围内有效
    {
    int m,n;
    …
{
int i,j;                            //i、j 在块中有效
    …
    }
    }
```

下面是几点说明。

⑴ 主函数 main 中定义的变量（m 和 n）也只在主函数中有效。由于函数间的关系是相互独立和并行的，因此主函数也不能使用其他函数中定义的变量。

⑵ 不同函数可以使用同名的变量，它们代表不同的对象，互不干扰。例如在 f1 函数中定义了变量 m 和 n，那么即使在 main 函数中也定义了变量 m 和 n，但它们在内存中占据的是不同的单元，没有任何关系。

⑶ 如果是在函数的程序块中定义的变量，则这些变量仅仅在程序块中有效，离开程序块则无效。

⑷ 形式参数也是局部变量。例如，f1 函数中的形参 x 和 y 也只在 f1 函数中有效。

⑸ 在函数声明中出现的形参名，其作用范围只在本行的括号内。编译系统对函数声明中的变量名是忽略的。

⑹ 同一作用域的变量不允许重名，不同作用域的变量可以重名。不同作用域的局部变量同名的处理规则是，内层变量在其作用域内将屏蔽其外层作用块的同名变量。

6.5.2 全局变量

在函数外部定义的变量，被称为全局变量。全局变量存放在内存的全局数据区。全局变量由编译器建立，如果代码中没有进行赋初值，则系统会自动进行初始化，数值型变量值为 0，char 型为空，bool 型为 0。例如：

```
int i=10;       // 全局变量
void main()
{
    int j=i;
    …
}
```

```
void func()
{
    int s;
    i=s;
    ...
}
```

变量 i 是在所有函数外定义的，所以是全局变量，在程序的任何地方都是可见的。全局变量在主函数运行之前就已经存在，所以在 main 函数中可以访问，在 func 函数中也可以访问。

关于全局变量的几点说明如下。

⑴ 使用全局变量的作用是增加函数间数据联系的渠道。

⑵ 建议尽量不要使用全局变量，理由有以下几点。

① 全局变量在程序的执行中一直占用存储单元，程序结束后才释放该空间，而不是仅在需要时才开辟存储单元。

② 它使函数的通用性降低，因为在任何函数中都可以修改该变量。

③ 使用全局变量过多，会降低程序的清晰性。各个函数执行时都可能改变全局变量的值，程序容易出错，因此要限制使用全局变量。

⑶ 局部变量与全局变量是在不同位置定义的，它们可以同名，使用规则是局部变量在其作用域内屏蔽与其同名的全局变量。可以使用作用域运算符“::”访问同名的全局变量。例如：

```
int i=5;                                    // 全局变量 i
void main(void)
{  int i=10,j=15;
    ::i=::i+2;                              // 全局变量 i
    j=::i + i ;                             // 全局变量 i、局部变量 i 和 j
    cout<<"::i="<<::i;                      // 全局变量 i
    cout<<",i="<<i<<",j="<<j<<'\n';         // 局部变量 i 和 j
}
```

6.6　变量的存储类别

变量的作用域从空间的角度将变量划分为全局变量和局部变量。变量的存储期，又称生命期，则是从变量值在内存中存在的时间来分析的，即何时为变量分配内存、何时收回分配给变量的内存，反映了变量占用内存的期限。存储类别指数据在内存中存储的方法，在定义时指定。引入存储类别是为了提高内存的使用效率。

存储类别分为静态存储和动态存储两大类。所谓静态存储，指在程序运行期间，系统给变量分配固定的存储空间。动态存储则是在程序运行期间，系统动态地给变量分配存储空间。存储类别具体包含自动的（auto）、静态的（static）、寄存器的（register）和外部的（extern）4 种。

1. 自动类型变量

自动类型变量，在说明局部变量时，用 auto 修饰。由于局部变量默认为自动类型变量，因此在说明局部变量时，通常不用 auto 修饰。

举例如下：

```
void f(void)
{  int x;        // 默认为：auto int x;
    auto int y;
}
```

自动类型变量为动态变量，若未赋初值，则其值不定。如上面的变量 x 和 y 都没有确定的初值。

2. 静态类型变量

静态类型变量，是用 static 修饰的局部变量，要求系统用静态存储方式为该变量分配内存。静态类型变量的特点，是在程序开始执行时获得所分配的内存，其生存期是全程的，作用域是局部的。在调用函数并执行函数体后，系统并不收回这些变量占用的内存，下次执行函数时，变量仍使用相同的内存，因此这些变量仍保留原来的值。

【范例 6-9】 静态变量的使用。

(1) 在 Visual C++ 6.0 中，新建名为“Exam6–9”的【C++ Source Files】文件。

(2) 在代码编辑区域输入以下代码（代码 6–9.txt）。

```
01  #include <iostream>
02  using namespace std;
03  void fun(int a)                  // 定义 fun 函数，无返回值
04  {
05      cout<<" 第 "<<a+1<<" 次调用 "<<endl;
06      auto int  x=0;               // 定义 x 为自动变量
07      static int y=0;              // 定义 y 为静态局部变量
08      x=x+1;                       //x 加 1
09      y=y+1;                       //y 加 1
10      cout<<"  自动变量 "<<"x="<<x<<endl;
11      cout<<"  静态变量 "<<"y="<<y<<endl;
12  }
13  int main( )
14  {
15      int i;                       // 声明变量
16      for(i=0;i<3;i++)             // 循环 3 次
17      fun(i);                      // 调用 fun 函数
18      return 0;
19  }
```

【运行结果】

编译、连接、运行程序，即可在命令行中输出图 6–22 所示的结果。

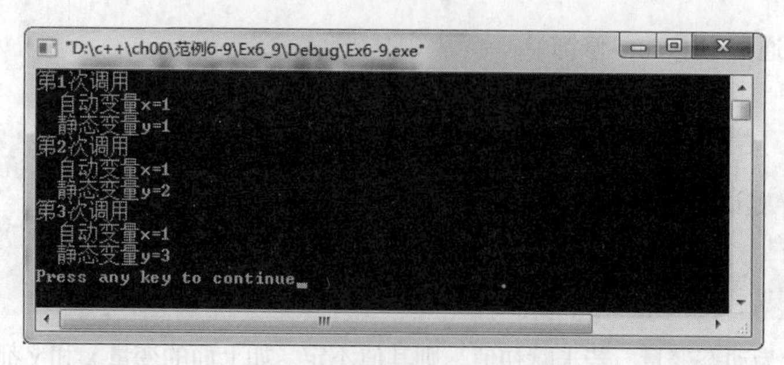

图 6-22

【范例分析】

程序 3 次调用 fun 函数，自动变量 x 每次都从 0 开始，所以结果都是 1；静态变量 y 的值是在原来的基础上加 1，所以结果分别是 1、2 和 3。

【拓展训练】

求 1!+2!+ … +10! 的和并输出。

静态局部变量的特征是能够保存函数运行后的结果，下次调用函数时，可以使用上次计算的结果。只要使用静态变量保存（n-1）! 的值，再乘以 n，就可以求出 n 的阶乘。在代码编辑区域输入以下代码（拓展代码 6-9.txt）。

```
01  #include <iostream>
02  using namespace std;
03  int f(int n)
04  {
05      static int s=1;        // 声明静态变量
06      s=s*n;                 //s 是原来 s 的 n 倍
07      return s;              // 返回 s 的值
08  }
09  int main( )
10  {
11      int i=1,n=10;          // 声明变量
12      int s=0;               // 保存结果
13      for(;i<=n;i++)
14    {                        // 循环 n 次
15        s+=f(i);
16        }                    // 调用 f 函数，并用 s 保存和
17      cout<<"1!+2!+...+10!="<<s<<endl;
18      return 0;
19  }
```

【运行结果】

编译、连接、运行程序，即可在命令行中输出图 6-23 所示的结果。

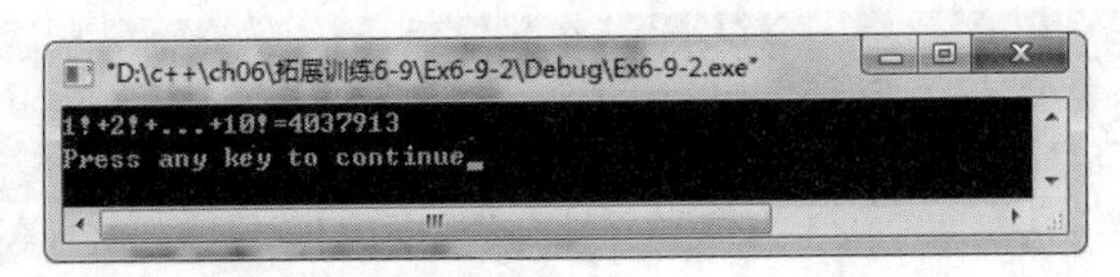

图 6-23

在什么情况下需要使用局部静态变量呢？

(1) 需要保留函数上一次调用结束时的值的时候。

(2) 如果初始化后，变量只被引用而不改变其值，则这时使用静态局部变量比较方便，以免每次调用时重新赋值。

(3) 全局变量是静态存储类别。静态全局变量是用 static 修饰的全局变量，表示所说明的变量仅限于本程序文件内使用，特别是对于由多文件构成的程序来说，能有效避免全局变量的重名问题。若一个程序仅由一个文件组成，在说明全局变量时，有无 static 修饰并无区别。

3. 寄存器类型变量

寄存器类型变量，是用 register 修饰的局部变量。使用寄存器类型变量的目的是将声明的变量存入 CPU 的寄存器，而不是内存。程序使用该变量时，直接从 CPU 寄存器取出进行运算，不必再到内存中存取，从而可以提高执行的效率。另外，如果系统寄存器已经被其他数据占据，寄存器变量就会自动转为 auto 变量。例如“register int i,j;”。

对寄存器类型变量的说明如下。

(1) 寄存器类型变量主要用作循环变量，存放临时值。

(2) 静态变量和全局变量不能定义为寄存器类型变量。

(3) 有的编译系统把寄存器类型变量作为自动类型变量处理，有的编译系统则会限制定义寄存器类型变量的个数。

在程序中定义寄存器类型变量对编译系统只是建议性（而不是强制性）的。当今的优化编译系统能够识别使用频繁的变量，自动地将这些变量放在寄存器中。

4. 外部类型变量

外部类型变量，是用 extern 修饰的全局变量，主要用于下列两种情况。

(1) 同一文件中，全局变量使用在前、定义在后时。

(2) 多文件组成一个程序，一个源程序文件中定义的全局变量要被其他若干个源程序文件引用时。例如：

```
file1.cpp
int main()
int b=5;
{…
    extern int a,b;
    a=3;
    b=10;
    cout<<"file1.cpp---a="<<a<<endl;
    cout<<"file2.cpp---b="<<b<<endl;
    return 0;
```

```
}
int a=5;
…
```

6.7 内部函数和外部函数

变量根据不同的类型有不同的作用域，决定其可以在哪些函数甚至哪些文件中使用。函数同样有“作用范围”，作用范围，决定函数除了能被本文件中的函数调用之外，是否还能被其他文件中的函数调用。从作用范围的角度，函数分为内部函数和外部函数两类。

1. 内部函数

如果一个函数只能被本文件中的其他函数调用，则称为内部函数。定义内部函数时，在函数名和函数类型的前面加 static，所以内部函数又称静态函数。因为内部函数只局限于所在文件，所以在不同的文件中可以使用同名的内部函数，它们之间互不干扰。

定义静态函数的格式为“static 类型标识符 函数名(形参表);”，例如“static int fun(int a,int b);”。

2. 外部函数

外部函数是函数的默认类型，没有用 static 修饰的函数均为外部函数，外部函数也可以用关键字 extern 进行说明。外部函数除了可以被本文件中的函数调用之外，还可以被其他源文件中的函数调用，但在需要调用外部函数的其他文件中，要先用 extern 对该函数进行说明。

定义外部函数的格式为“ extern < 函数名 >(< 形参表 >);”。

【范例 6-10】 外部函数的使用。

⑴ 在 Visual C++ 6.0 中，新建名为“Exam6-10_1”的【C++ Source Files】➤【An Empty Project】项目文件。

⑵ 在工作区【FileView】视图中双击【Source Files】➤【Exam6-10_1.cpp】，在代码编辑区域输入以下代码（代码 6-10-1.txt）。

```
01    #include <iostream>
02    using namespace std;
03    int main()
04    {
05      extern int fun(int i);      // 声明为外部函数
06      extern int a;               // 声明为外部变量
07      cout<<" 输入整数 n：";
08      cin>>a;                     // 输入变量的值
09      long s=0;
10      s=fun(a);                   // 调用外部函数
11      cout<<a<<"!="<<s<<endl;
12      return 0;
13    }
```

(3) 该项目有多个源程序文件，创建方法是在项目工作区上选择【FileView】标签项，用鼠标右键单击工作区，添加第 2 个文件“Exam6-10_2.cpp”。

(4) 在代码编辑区域输入以下代码（代码 6-10-2.txt）。

```
01  #include <iostream>
02  using namespace std;
03  int a=0;            // 全局变量
04  int fun(int n)      // 定义函数
05  {
06    int s=1;          // 声明变量
07    for(int i=1;i<=n;i++)
08      s*=i;           // 求 n 的阶乘
09    return s;         // 返回 n 的阶乘值
10  }
```

【运行结果】

编译、连接、运行程序，在命令行中根据提示输入任意一个整数，按【Enter】键即可输出这个整数的阶乘，如图 6-24 所示。

图 6-24

【范例分析】

由于要在 file1 中使用 file2 中的函数，所以要将 fun 函数声明为外部函数。全局变量 a 是在 file2 中定义的，所以要在 file1 中使用就需要先将 a 声明为外部变量。

6.8　内联函数

调用函数时会产生一些额外的时间开销，主要用于系统栈的保护、参数的传递、系统栈的恢复等。对于那些函数体很小、执行时间很短但又频繁使用的函数来说，这种额外时间开销很可观。

内联函数机制，不是在调用时进行转移，而是在编译时将函数体嵌入每个内联函数调用处，这样就可以省去参数传递、系统栈的保护与恢复等的时间开销。

内联函数的定义如下。

```
inline <类型标识符><函数名>(形参表)
{
    函数体
}
```

只有简单、频繁调用的函数才有必要说明为内联的。内联函数的本质，是以增加程序代码的存

储开销为代价来减少程序执行的时间开销。

使用内联函数的几点说明如下。

⑴ 内联函数不能含有循环语句和 switch 语句。

⑵ 内联函数必须在调用之前声明或者定义。

⑶ 内联函数不能指定抛掷异常的类型。

⑷ 函数用 inline 修饰只是向编译器提出了内联请求，编译器是否将其作为内联函数来处理由编译器决定。

【范例 6-11】 使用内联函数求 10 个数中的最大数。

⑴ 在 Visual C++ 6.0 中，新建名为“Exam6_11”的【Win32 Console Application】➤【An Empty Project】项目文件。

⑵ 在工作区【FileView】视图中双击【Source Files】➤【Exam6-11.cpp】，在代码编辑区域输入以下代码（代码 6-11.txt）。

```
01 #include <iostream>
02 using namespace std;
03 inline int max(int ,int);       // 声明内联函数
04 int main()
05 {
06     int a[10],i;                // 声明数组和变量
07     cout<<" 输入 10 个数据：" <<endl;
08     for(i=0;i<10;i++)           // 循环 10 次
09     {
10         cin>>a[i];
11     }                           // 为元素输入数字
12     int temp=a[0];              //temp 保存第 1 个元素的值
13     for( i=0;i<10;i++)          // 循环 10 次
14     {
15         temp=max(temp,a[i]);
16     }                           // 调用 max 函数
17     cout<<"10 个数据中的最大者为："<<temp<<endl;
18     return 0;
19 }
20 inline int max(int x,int y)  // 即使没有 inline，仍然视为内联函数
21 {
22     return x>=y?x:y;            // 返回最大者
23 }
```

【运行结果】

编译、连接、运行程序，在命令行中根据提示输入任意 10 个数，按【Enter】键即可输出 10 个数中的最大数，如图 6-25 所示。

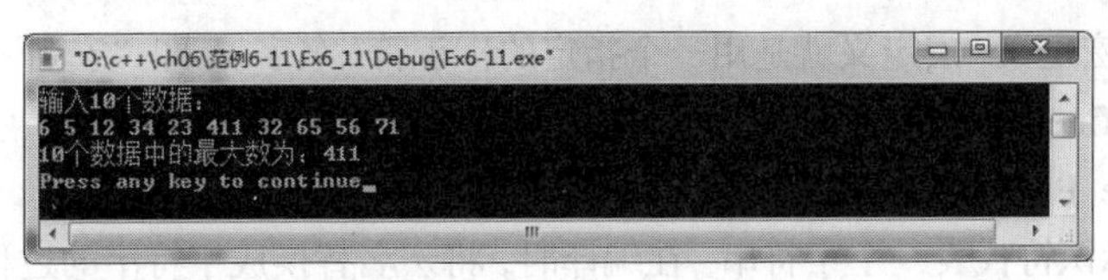

图 6–25

【范例分析】

在函数前面使用关键字 inline 修饰，该函数就变成了内联函数。该内联函数调用了 10 次，每次取得两个数中的大者。

6.9 编译预处理

预处理程序又称预处理器，它包含在编译器中。预处理程序首先读源文件。预处理的输出是“翻译单元”，它是存放在内存中的临时文件。编译器接受预处理的输出，并将源代码转换成包含机器语言指令的目标文件。

预处理程序对源文件进行第 1 次处理，它处理的是预处理命令。C++ 提供的预处理命令主要有文件包含命令、宏定义命令和条件编译命令 3 种。

这些命令在程序中都是以“#”开头的，所以每一条预处理命令必须单独占一行。由于不是 C++ 的语句，因此一般结尾没有分号“;”。

1. 文件包含命令

所谓文件包含，是指将另一个源程序的内容合并到源程序中。C++ 程序提供了 #include 命令用于实现文件包含的操作，它有下列两种格式：

#include <文件名>

#include “文件名”

文件名一般是以“.h”为扩展名，因而被称为头文件。

第1种形式使用“<>”将文件名括起来。这些头文件一般存在C++系统目录中的include子目录中。C++ 预处理程序遇到这条命令后，就到 include 子目录中搜索给出的文件，并把它嵌入当前文件中。这种形式也是标准方式。

第 2 种形式使用双引号将文件名引起来。预处理程序遇到这种格式的包含命令后，首先在当前文件所在目录中进行搜索，如果找不到，再按标准方式进行搜索。这种方式适合用户编写的头文件。

#include 文件可以嵌套，即可以在一个被包含的文件中包含另一个文件。一条 #include 命令只能包含一个文件，如果要包含多个文件，则必须使用多条文件包含命令。

```
#include <iostream>
using namespace std;
#include <cmath>
…
```

2. 宏定义命令

#define 用来进行宏定义。宏定义有不带参数的宏定义和带参数的宏定义两种形式。

⑴ 不带参数的宏定义：宏定义就是用一个指定的标识符(名字)，即“宏名”来代表一个字符串。

一般形式：#define 标识符 字符串

举例：　#define PI 3.1415926

作用：以一个标识符代表一个字符串。在编译时，将宏名替换成字符串的过程被称为“宏展开”。宏名一般用大写字母表示。使用宏定义的优点是它能够减少程序中重复书写某些字符串的工作量，降低出错率，提高程序的通用性。

使用说明如下。

① 宏定义不是 C 语句，不必在行末加分号。

② 宏名的有效范围即作用域从定义点开始，到本源文件结束。

③ 宏被定义后，一般不能再重新定义，而只能使用 #undef 命令终止该宏定义作用域，例如“#undef 宏名”。

④ 宏定义允许嵌套。定义时可以引用已定义的宏名，可以层层置换。

⑤ 程序中用双引号引起来的字符串内的字符，即使与宏名相同，也不进行置换。

⑥ 宏定义是专门用于预处理命令的一个专用名词，只进行字符替换，不分配内存空间。

⑵ 带参数的宏定义。

一般形式：#define 宏名(参数表) 字符串

举例：　#define S(a,b) a*b

　　　　area=S(3,2);

展开过程：在程序中，如果有带实参的宏(如 S(3,5))，则按照宏定义中指定的字符序列从左到右进行替换；宏体中出现的形参用实参(可以是常量、变量或表达式)替换，非形参字符(如 x*y 中的 * 号)要保留。

【范例 6-12】 带参数的宏定义。

⑴ 在 Visual C++ 6.0 中，新建名为“Ex6_12”的【Source Files】源文件。

⑵ 在代码编辑区域输入以下代码(代码 6-12.txt)。

```
01 #include <iostream>
02 using namespace std;
03 #define PI 3.14   // 行 A
04 #define Area(r) PI*r*r // 行 B
05 int main()
06 {
07         float x,area;
08         cout<<" 请输入半径 :";
09         cin>>x;
10         area=Area(x);    // 行 C
11         cout<<"x="<<x<<",area"<<area<<endl;
12 return 0;
13 }
```

【运行结果】

编译、连接、运行程序，即可在命令行中输出图 6-26 所示的结果。

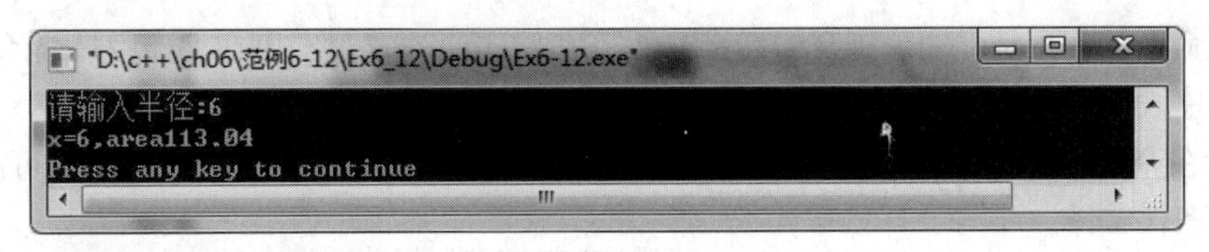

图 6-26

【范例分析】

本范例中的行 A 是不带参数的宏定义，行 B 是带有一个参数的宏定义。在编译预处理中，行 C 的语句为“area=Area(x);”，宏展开的结果为“area=3.14*x*x;”。

使用带参数的宏定义时，除了在不带参数的宏定义中要注意的问题之外，还需注意以下两点。

(1) 定义带参数的宏时，宏名与后面的左括号“(”之间不能有空格，否则会将空格以后的字符都作为宏体的内容进行替换。例如，若有“#define Area(r)PI*r*r”，则 Area 是一个不带参数的宏名，它代表字符序列“(r)PI*r*r”。

(2) 为了保证宏展开的正确性，通常将宏体中的参数以及宏体本身都用圆括号括起来。

带参数的宏与有参函数的比较如下。

(1) 带参数的宏定义时有点像函数，在调用时形参与实参一一对应，与函数调用的方式相似，但不是函数，它们有本质上的区别。

(2) 调用函数时，要先求出实参表达式的值，然后代入形参，而使用带参的宏只是进行简单的字符串替换。

(3) 函数调用要为形参分配内存单元，而宏调用则不涉及内存分配，不进行值的传递处理，也没有“返回值”的概念。

(4) 函数定义时，形参和实参的类型要一致；而宏不存在类型问题，只是简单地进行字符串替换。

(5) 函数的 return 只能返回一个值，而宏可以设法得到 n 个结果。

(6) 宏替换对所有的宏名展开，使源程序增长，而函数调用却不会使源程序增长。

(7) 宏替换不占用运行时间，只占用编译时间，而函数调用则占用运行时间（分配单元、保留现场、值传递、返回）。

注意：在 C 语言中，#define 用来建立常量或者定义带参数的宏。C++ 保留了这些特征，但是经常使用 const 语句代替不带参数的宏，而使用 inline 内联函数代替带参数的宏。

---

3. 条件编译命令

一般情况下，源程序中所有的语句都参加编译，但可以只在满足一定条件时对其中一部分内容进行编译，也就是对一部分内容指定编译的条件，这就是“条件编译”。条件编译可使同一源程序在不同的编译条件下得到不同的目标代码。

C++ 提供的条件编译命令有以下 4 种形式。

(1) 第 1 种格式如下。

```
# ifdef  标识符
程序段 1
[# else
程序段 2  ]
# endif
```

该形式命令的作用是，如果指定的标示符已经被 #define 定义过，则在编译段只编译程序段 1，否则编译程序段 2。也可以没有 #else 部分。

例如，在调试程序时，有时希望输出一些信息，而在调试完成之后不再需要，则可以在源程序中插入以下条件编译。

```
#ifdef DEBUG
cout<<"x="<<x<<",y="<<y<<",z="<<z<<endl;
#ifendif
```

如果在该条件编译之前有命令行“#define DEBUG”，则在程序运行时会输出 x、y、z 的值，以便调试时使用和分析。调试完成后只需将这个 #ifdef 命令行删除即可。

(2) 第 2 种格式如下。

```
# ifndef  标识符
程序段 1
[# else
程序段 2  ]
# endif
```

如果标识符没有被 #define 命令定义过，则编译程序段 1，否则就编译程序段 2。还有就是我们在后面建立工程时将用到的条件编译。

工程的地方条件指示符 #ifndef 的最主要目的是防止头文件的重复包含和编译，因为在建工程的时候文件往往不在同一个目录下，所以就需要在文件中添加头文件，从而有可能出现头文件被重复编译的情况，这时程序就会报错，因此需要用到条件编译。形式如下：

```
#ifndef _ 头文件名 _H
#define _ 头文件名 _H          // 一般是文件名的大写
    …
#endif
```

这样，当一个工程文件里同时包含两个同样的头文件时，就不会出现重定义的错误了。在这里有读者可能还是不明白什么意思，不要紧，学习完后面的第 15 章之后就会逐渐明白。

```
# ifndef  文件名 _H              // 文件名大写
#define  文件名 _H               // 文件名大写
#include " 文件名 .h";           // 引号里面的文件名和 #ifndef 中的文件名同名
{
…
};
#endif
```

【范例 6-13】 条件编译命令的使用。

(1) 在 Visual C++ 6.0 中，新建名为“Exam6_13”的【C++Source Files】文件。

(2) 在代码编辑区域输入以下代码（代码 6-13.txt）。

```
01 #include <iostream>
02 using namespace std;
03 int main( )
04 {
05         #ifdef  PI                              // 如果定义了 PI
06                 cout<<"PI="<<PI<<endl;          // 输出 PI 的值
07         #else                                   // 没有定义 PI 时
08                 #define  PI  4                  // 定义 PI=4
09         #endif
10         cout<<"PI="<<PI<<endl;
11         #undef  PI                              // 撤销 PI 的宏定义
12         return 0;
13 }
```

【运行结果】

编译、连接、运行程序，即可在命令行中输出图 6-27 所示的结果。

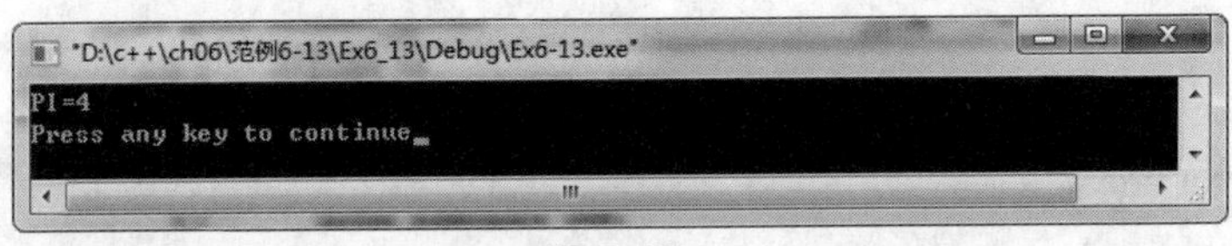

图 6-27

【范例分析】

程序先判断是否有 PI 宏定义，没有时进行宏定义，设置为 4。使用 undef 命令撤销宏定义。

(3)第 3 种格式如下。

```
# if    表达式 1
程序段 1
[#else    表达式 2
程序段 2]
#endif
```

该形式命令的作用是当指定表达式（必须是整型常量表达式）的值为真（非零）时，编译程序段 1，否则编译程序段 2。也可以没有 #else 部分。

(4) 第 4 种格式如下。

```
# if    表达式 1
    程序段 1
#elif    表达式 2
    程序段 2
#elif    表达式 3
    程序段 3
...
```

```
[# else
    程序段 n+1]
# endif
```

其中，“elif”的含义是“else if”。该形式命令的作用是，如果表达式 1 的值为真，则编译程序段 1；否则，如果表达式 2 的值为真，则编译程序段 2；如果所有表达式的值都为假，则编译程序段 n+1。也可以没有 #else 部分。

【范例 6-14】 输入一行字符，根据需要设置条件编译，使之能将其中的字母字符全改为大写或小写字母，而其他字符不变，然后输出。

(1) 在 Visual C++ 6.0 中，新建名为“Exam6_14”的【C++ Source Files】文件。

(2) 在代码编辑区域输入以下代码（代码 6-14.txt）。

```
01  #include <iostream>
02  using namespace std;
03  #include <stdio.h>
04  #define flag                                  //行 A
05  int  main()
06  {
07    char ch;
08    ch=getchar();
09    while(ch!='\n')
10      {
11        #ifdef flag
12          if(ch>='a'&&ch<='z')ch-=32;           //行 B
13        #else
14          if(ch>='A'&&ch<='Z')ch+=32;           //行 C
15        #endif
16        cout<<ch;
17        ch=getchar();
18      }
19  cout<<endl;
20  return 0;
21  }
```

【运行结果】

编译、连接、运行程序，即可在命令行中输出图 6-28 所示的结果。

```
"D:\c++\ch06\范例6-14\Ex6_14\Debug\Ex6-14.exe"
C++ Programing Language
C++ PROGRAMING LANGUAGE
Press any key to continue
```

图 6-28

【范例分析】

本范例中，行 A 定义了一个宏 flag，因此在对条件编译 #ifdef 命令进行预处理时，是对行 B 进行编译，运行时使小写字母字符全变为大写。如果去掉行 A 内容，则对行 C 进行编译，使大写字母字符全部变为小写。

6.10 综合实例——求最大公约数和最小公倍数

本节通过一个综合实例，学习函数、变量的类型以及预处理命令的综合应用。

【范例 6-15】 编程实现计算两个数的最大公约数和最小公倍数。该实例通过函数的调用和全局变量的使用，实现求最大公约数和最小公倍数。

(1) 在 Visual C++ 6.0 中，新建名为“Ex6_15”的【C++Source Files】源文件。

(2) 在代码编辑区域输入以下代码（代码 6-15.txt）。

```
01    #include <iostream>
02    using namespace std;
03    int leasemul;                          //定义全局变量
04    void  mul(int m,int n)
05    {
06      int temp;                            //定义局部变量
07      if(m<n)
08      {
09            mul(n,m);                      //函数的嵌套调用
10      }
11      else
12      {
13            while(n!=0)                    //不为 0 则循环
14            {
15            temp=m%n;                      //取余数
16            m=n;
17            n=temp;
18            }
19            leasemul=m;                    //设置全局变量的值
20            }
21     }
22     int  divisor(int m,int n)
23    {
24      int temp=m*n;                        //m 与 n 的积
25      temp=temp/leasemul;                  //引用全局变量
26      return temp;                         //返回全局变量的值
```

```
27    }
28    int main( )
29    {
30      int m,n;                          //定义局部变量
31      cout<<" 输入两个数：";
32      cin>>m>>n;                        //输入两个数
33      mul(m,n);                         //调用函数求最大公约数
34      cout<<m<<" 与 "<<n<<" 最大公约数是：";
35      cout<<leasemul<<endl;             //输出全局变量
36      int  j=divisor(m,n);              //调用函数求最小公倍数
37      cout<<m<<" 与 "<<n<<" 最小公倍数是："<<j<<endl;
38      return 0;
39    }
```

根据要求可写出程序框图如图 6-29 所示。

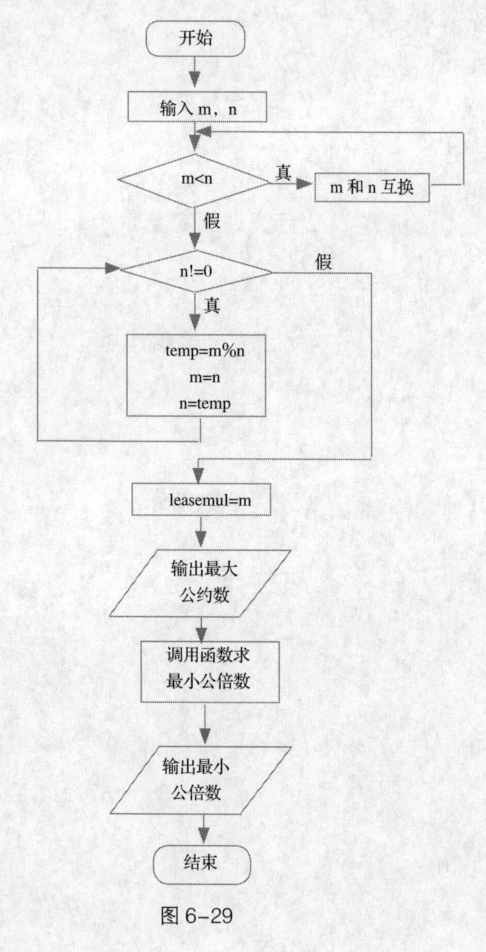

图 6-29

【代码详解】

语句 “mul(n,m);” 是函数递归调用的形式，作用相当于 n 与 m 的交换，可以确保 m 大于或等于 n，

这样就可以使用辗转法求出最大公约数。

【运行结果】

编译、连接、运行程序，即可在命令行中输出图 6–30 所示的结果。

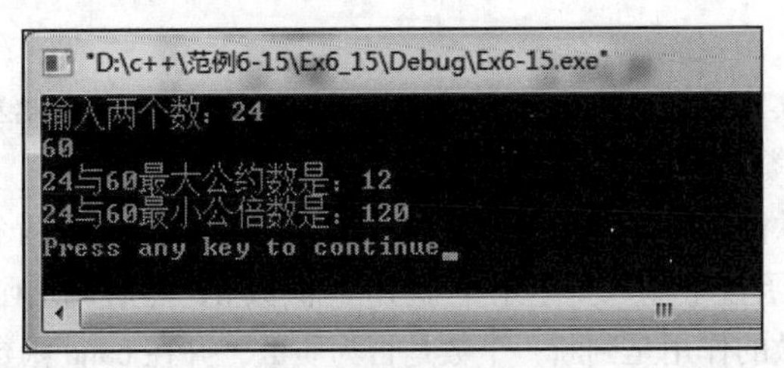

图 6–30

【范例分析】

程序调用 mul 函数求出最大公约数，并使用全局变量 leasemul 保存；使用 divisor 函数求出最小公倍数，并用 return 返回结果。

6.11 本章小结

本章主要讲述了函数的作用与分类、函数的定义与声明、函数的参数与返回值、函数的变量、函数的变量作用域、函数的编译预处理等内容。通过本章的学习，读者可以根据程序的需要，定义相关的函数进行使用。

6.12 疑难解答

1. C++ 可以调用外部文件中的函数吗？

可以。调用方式如下。

第一种方法：建一项目，把包含外部函数的文件“主函数 .cpp”添加到项目中，使用“#include " 外部文件 .h"”包含文件。

第二种方法：在“主函数 .cpp”中直接添加“#include " 外部文件 1.cpp"”和“#include " 外部文件 2.cpp"”，把这 3 个文件放在同一目录下。

2. C++ 中 static 关键字的使用场景是什么？

static 是静态的意思，一般应用于定义变量和函数。用 static 定义的变量，其内存只分配一次，具有记忆能力，即内存分配在静态区，在第一次调用的时候分配内存，函数调用结束，内存并不释放；模块内的 static 全局变量可以被模块内所有函数访问，但不能被模块外其他函数访问；模块内的 static 函数只可被这一模块内的其他函数调用，这个函数的使用范围被限制在声明它的模块内；类中的 static 成员变量为整个类所拥有，对类的所有对象只有一份拷贝；类中的 static 成员函数为整个类所拥有，这个函数不接收 this 指针，因而只能访问类的 static 成员变量。

6.13 实战练习

1. 操作题

(1) 编写一个函数，实现华氏温度向摄氏温度的转换，公式为 $C=(F-32)\times 5/9$，F 表示华氏温度。要求提示用户输入和输出数据。

(2) 写一个函数验证歌德巴赫猜想：一个不小于 6 的偶数可以表示为两个质数之和，如 6 = 3+3、8=3+5、10=3+7……在主函数中输入一个不小于 10 的偶数 n，然后调用函数 baha，在 baha 中再调用 prime 函数，prime 函数的作用是判断一个数是否为质数，并在 baha 函数中输出这两个质数。

(3) 用递归方法编写函数，求出 n 阶勒让德多项式的值，在主程序中输入整数 n 和整数 x 的值，输出运算结果。递归公式为：n=0 时，$P_n(x)=1$；n=1 时，$P_n(x)=x$；n>1 时，$P_n(x)=((2n-1)P_{n-1}(x)-(n-1)P_{n-2}(x))/n$ 。

2. 思考题

程序调用函数时，需要保存现场，执行完被调函数后返回现场并清除内存。递归调用需要两个过程，即递推和回归。每一次递推都要在堆栈中保存现场，直到回归开始才逐渐返回现场并释放堆栈空间。因此，递归算法的缺点，一是受到堆栈空间大小的限制，二是效率低。

编写两个程序，分别实现以下功能，并加深对函数调用与函数递归调用运行效率的认识。

⑴ 函数的普通调用。

⑵ 函数的递归调用。

第 7 章

指针

本章导读

指针就是内存地址，访问不同的指针就是访问内存中不同地址中的数据。正确地使用指针，可以提高程序的执行效率。认真学习本章，深刻领会指针的用法，将给程序开发带来巨大的帮助。

本章学时：理论 4 学时 + 实践 1 学时

学习目标

- 指针概述
- 指针和数组
- 指针和函数
- const 指针
- void 指针类型

7.1 指针概述

在现实生活中，指针的概念比较常见。例如，高速公路上的交通指示牌指示了某地的地理位置，这就是指针，而这个指示牌就是指针变量，用于存储指针。

在 C++ 中，指针并不是用来存储数据的，而是用来存储数据在内存中的地址的，它是内存数据的快捷方式，通过这个快捷方式，即使我们不知道这个数据的变量名也可以操作它。

要正确使用指针，先要了解指针到底是什么。要了解指针是什么，则需要知道计算机内存是怎么被划分的。

怎样建立起指针和变量的联系呢？本节将通过几个具体的例子，说明如何正确使用指针以及在使用过程中需要注意哪些问题。

7.1.1 计算机内存地址

计算机内存被划分成按顺序编号的内存单元，这就是地址。如果在程序中定义了一个变量，在对程序进行编译时，系统就会给这个变量分配内存单元，如图 7–1 所示。

不同的计算机使用不同的方式对内存进行编号。通常，程序员不需要了解给定变量的具体地址，编译器会处理细节问题，只需要使用操作运算符 &，它就会返回一个对象在内存中的地址。

内存单元	……	2000	2004	2008	……
		变量 i	变量 j		

图 7–1

在图 7–1 中，变量 i 的地址是 2000，变量 j 的地址是 2004（Visual C++ 6.0 中整型占 4 字节）。变量 i 的地址可以通过 &i 表达式获得，& 是取地址运算符。

指针是一种复合型的数据类型，基于该类型声明的变量被称为指针变量，该变量存放在内存的某个地址中。与其他数据类型一样，使用指针之前也必须先定义指针变量。

注意：要认真理解地址的含义，这对于更好地使用指针、发挥指针强大的作用有很大帮助。

7.1.2 定义指针和取出指针指向地址中的数据

前面已经知道，每一个数据都是有地址的，通过地址就可以找到所需的内存空间，所以这个记录地址的标识符被称为指针。它相当于旅馆中的房间号。在地址所对应的内存空间中存放的数据，就好比旅馆各个房间中居住的旅客。

定义指针的形式：类型名 * 标识符 ;

例如：

```
int  * p1; // 定义一个指向整型的指针，名字是 p1
char * p2;// 定义一个指向字符的指针，名字是 p2
```

在定义指针变量时需要注意以下 3 点。

(1) 如果有“int *p”，指针变量名是 p，而不是 * p。

⑵ 在定义指针变量时必须明确其指向的数据类型。

我们已经学会如何定义一个指针，并且知道指针指向某一个数据的地址。知道一个指针，就知道这个数据地址，那么怎么把这个地址中的数据取出来呢？在 C++ 中，应通过在指针变量前加 * 的方法来取地址中的数据。

7.1.3 初始化指针和指针赋值

定义一个指针后，在使用此指针前，必须给它赋一个合法的值。在 C++ 中，可以在定义指针的同时通过初始化来给它赋值，也可以以后给它赋值。

一般来说，C++ 在定义指针的同时初始化指针，形式如下所示。

数据类型 * 指针名 = 地址名；

同时，也可以将指针赋初值给另一个指针变量，即把一个已经赋值的指针赋给另一个指针。此时这两个指针指向同一个变量的内存地址，如下所示。

```
int a,*p=&a; //a 前面的取地址运算符一定不能少
int *q=p;    // 这里把 p 的指针指向的地址赋值给 q，p 就是地址名
```

指针赋值如下所示。

```
int a;
int *p;
int *q=&a;
p=&a;   // 等价于 q=p
```

当把一个变量的内存地址作为初始值赋给指针时，该变量必须在指针初始化之前已进行说明，因为变量只有在说明之后才能分配到一定的内存地址。此外，进行指针变量赋值时，该变量的数据类型必须与指针的数据类型一致，因此不可以用不同数据类型的数据地址给指针赋值。以下是一些错误的赋值方式。

```
char s;
float *p;
p=&s;        // 不可将一个字符类型的数据地址赋值给一个浮点型的指针 p
p=2;         // 不可将常量赋值给指针，只可以是地址
```

下面通过几个例子加深对指针的理解。

【范例 7-1】 指针变量的存储内容。

⑴ 在 Visual C++ 6.0 中，新建名为“通过指针变量访问整型变量”的【C++ Source File】源程序。

⑵ 创建完成后，输入以下代码（代码 7-1.txt）。

```
01  #include <iostream>
02  using namespace std;
03  int main()
04  {
05    int a;
06    int *p1=&a,*p2=&a;
07    p1=&a;
```

```
08      cout<<"p1="<<p1<<endl;
09      cout<<"p2="<<p2<<endl;
10      return 0;
11   }
```

【运行结果】

编译、连接、运行程序，即可在命令行中输出图 7-2 所示的结果。

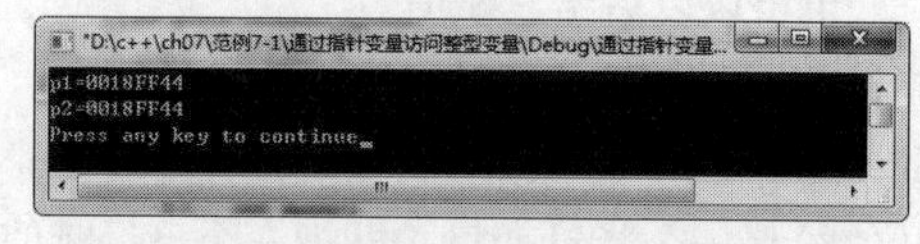

图 7-2

【范例分析】

通过这个范例可以清楚地看到指针变量中存储的内容就是数据的地址。

【范例 7-2】 通过指针变量访问整型变量。

⑴ 在 Visual C++ 6.0 中，新建名为“通过指针变量访问整型变量”的【C++ Source File】源程序。
⑵ 创建完成后，输入以下代码（代码 7-2.txt）。

```
01  #include <iostream>
02  using namespace std;
03  void main ()
04  {
05    int a=1,b=2;
06    int *p1, *p2;
07    p1=&a;                              //把变量 a 的地址赋给 p1
08    p2=&b;                              //把变量 b 的地址赋给 p2
09    cout<<"a="<<a<<" "<<"b="<<b<<endl;    //输出 a 和 b 的值
10    cout<<"a="<<*p1<<" "<<"b="<<*p2<<endl;  //输出指针 p1 和 p2 指向地址的值
11  }
```

【运行结果】

编译、连接、运行程序，即可在命令行中输出图 7-3 所示的结果。

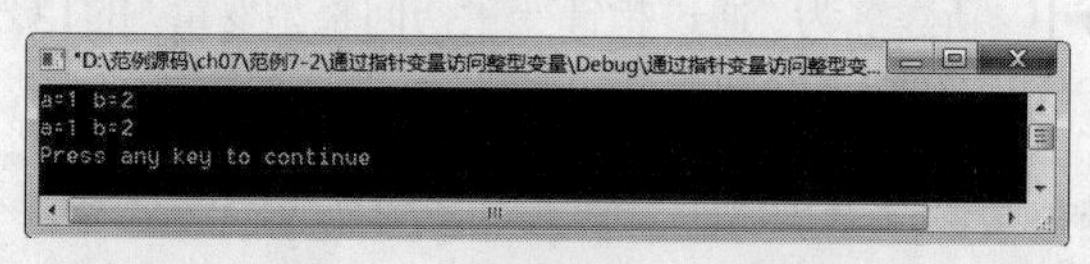

图 7-3

【范例分析】

变量 a、b 和 p1、p2 的关系可以用图 7-4 表示。

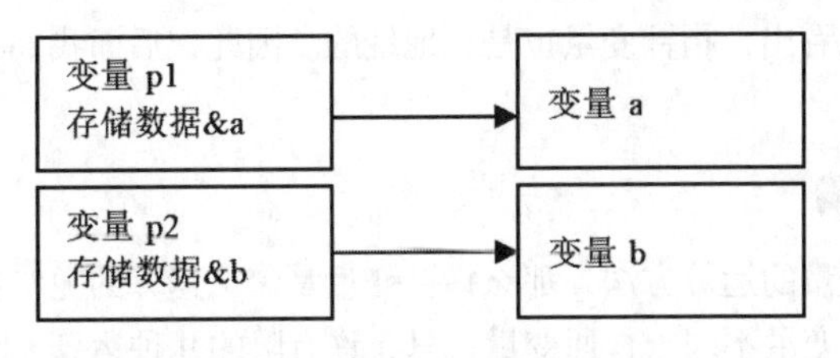

图 7-4

初始化p1=&a后，p1指向a，也就是p1中存储着变量a的地址，这样输出的*p1值就是变量a的值。p2 同理。

【拓展训练】

```
01  #include <iostream>
02  using namespace std;
03  int main()
04  {
05    int a,b;
06    int p=&a;
07    cout<<" 请输入两个整数 ";
08    cin>>a>>b;
09    cout<<"p=&a 时 :"<<endl;
10    cout<<"p="<<p<<endl;
11    cout<<"*p="<<*p<<endl;
12    cout<<"&p="<<&p<<endl;
13    p=&b;
14    cout<<endl;
15    cout<<"p=&b 时 :"<<endl;
16    cout<<"p="<<p<<endl;
17    cout<<"*p="<<*p<<endl;
18    cout<<"&p="<<&p<<endl;
19    return 0;
20  };
```

【运行结果】

编译、连接、运行程序，即可在命令行中输出图 7-5 所示的结果。

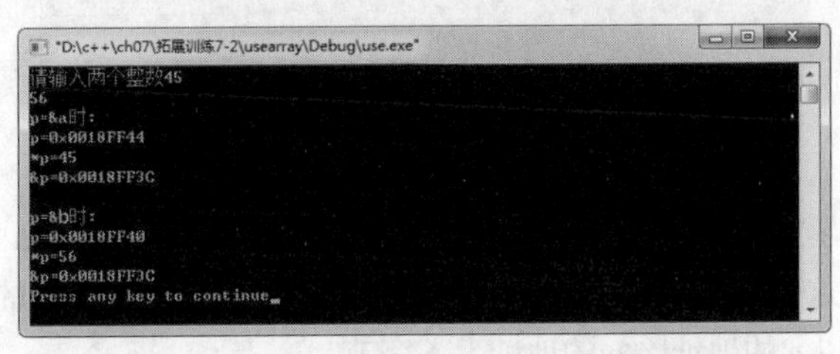

图 7-5

从程序运行结果可以看出，指针变量也是有地址的。因此，后面我们将学习到可以定义指向指针的指针。

7.1.4 指针的运算

大家已经知道关于变量的运算方法，那么指针变量是怎么运算的呢？指针的运算就是地址的运算。基于这个特点，指针变量不同于普通变量，只允许有限的几种运算。除了可以对指针赋值外，指针的运算还包括移动指针、两个指针相加减、指针与指针或指针与地址之间进行比较等，例如，p+n、p–n、p++、p––、++p、––p 等，其中 n 是整数。

将指针 p 加上或者减去一个整数 n，表示 p 向地址增大或减小的方向移动 n 个元素单元，从而得到一个新的地址，且能够访问新地址中的数据。每个数据单元的字节数取决于指针的数据类型。

【范例 7–3】 指针变量自身的运算。

⑴ 在 Visual C++ 6.0 中，新建名为“指针变量自身的运算”的【C++ Source File】源程序。

⑵ 创建完成后，输入以下代码（代码 7–3.txt）。

```
01  #include <iostream>
02  using namespace std;
03  int main()
04  {
05          int *p1,*p2,a=1,b=10;     // 定义变量
06          p1=&a;                    //p1 指向变量 a
07          p2=&b;                    //p2 指向变量 b
08          cout<<"p1 地址中的值是 "<<*p1<<endl;
09          cout<<"p2 地址中的值是 "<<*p2<<endl;
10          cout<<"p1-1 地址中的值是 "<<*(p1-1)<<endl;
11          cout<<"p1 地址中的值减 1 是 "<<*p1-1<<endl;
12          return 0;
13  }
```

【运行结果】

编译、连接、运行程序，即可在命令行中输出图 7–6 所示的结果。

图 7–6

【范例分析】

a 和 b 依次被赋值为 1 和 10，它们在内存中占用连续的存储单元，且 a 和 b 在栈是向低地址扩展的存储空间（注意，这里是栈，如果换成堆就不同了，是向高地址扩展的），又因为 int 类型在内存中占用 4 字节，所以 a 的地址比 b 的地址大 4 字节。

指针变量是指向 int 类型的，所以“p1–1”表示 a 的地址减少 4 字节后的地址，也就是 p2 所指向的变量 b，所以“*(p1–1)”的值是 10，而“*p–1”表示“a–1”，所以其值为 0。

7.2 指针和数组

上一节通过典型范例详细地讲解了指针和单个变量的使用，而在实际程序中，数组的使用是非常普遍的，本节将对如何建立起指针和数组的关系，又如何使用这样的指针进行介绍。

7.2.1 指针和一维数值数组

单个变量有地址，而数组就是一系列的连续地址。所以通过定义指针，再加上指针运算，就可以建立指针和数组之间的联系。定义一个指向数组元素的指针变量的方法，与定义指向变量的指针变量相同。

提示：对于一个数组来说，数组的名称就是这个数组的首地址。同时，数组名就是一个指针变量。

例如：

```
int array[10];              //定义 array 为包含 10 个整型数据的数组
int *p;          //定义 p 为指向整型变量的指针变量
```

对该指针变量赋值：

```
p=&array[0]; //或者 p=array;
```

p 指向数组 array 的第一个元素，如图 7–7 所示。

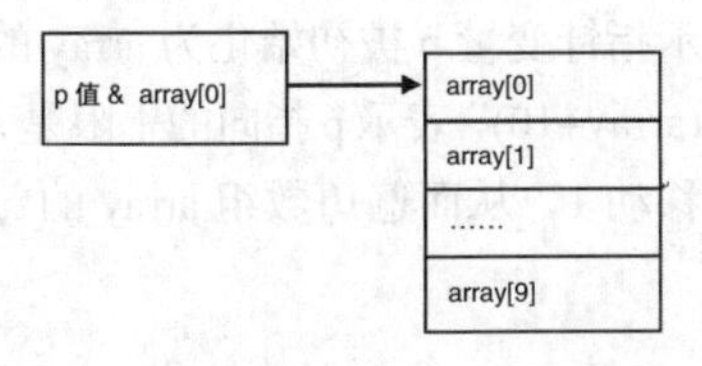

图 7–7

如果要让 p 指针指向下一个元素，该怎么做呢？只需要将指针向后移动一个地址，即 p+1，这样 p 就指向第二个元素。同理，可以将指针指向第三个元素、第四个元素，依此类推。

既然可以指向数组中的每一个元素，通过指针对数组中的元素进行操作，那么就可以通过“*(p+i)”和“*(arra+i)”来获得数组中第 i+1 个数据，还可以通过 array[i] 和 p[i] 来获得数组中的数据。

【范例 7–4】 使用数组指针访问数组元素。

(1) 在 Visual C++ 6.0 中，新建名为“使用数组指针访问数组元素”的【C++ Source File】源程序。

(2) 创建完成后，输入以下代码（代码 7–4.txt）。

```
01  #include <iostream>
02  using namespace std;
03  int main()
```

```
04 {
05     int array[10];
06     int *p,i;
07     cout<<" 请输入 10 个数字：";
08     for(i=0;i<10;i++)                    // 利用 for 循环输入 10 个整数
09         cin>>array[i];
10     cout<<endl;
11     for(p=array;p<(array+10);p++) // 指针 p 初始化指向 array 数组首地址，循环 10 次
12         cout<<*p<<" ";                    // 输出 p 所指向的地址中的值
13     cout<<endl;
14     return 0;
15 }
```

【运行结果】

编译、连接、运行程序，依次输入任意 10 个整数，按【Enter】键即可在命令行中输出图 7-8 所示的结果。

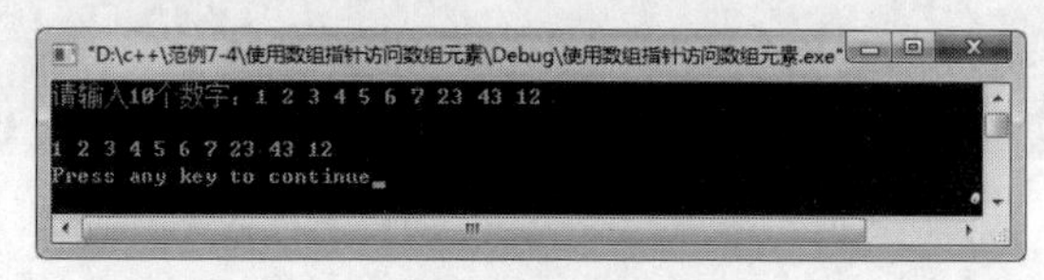

图 7-8

【范例分析】

在本范例中，“p=array”表示指针变量 p 被初始化为 array 的首地址，也就是指针 p 指向 array 数组的首个元素“array[0]”；“p<(array+10)”表示 p 指向的上限是 array[9]，p 的移动范围为（array[0], array[9]）；p++ 表示指针 p 每次移动 1，从而遍历数组 array 的每一个元素；*p 表示输出指针 p 当前指向地址的数据。

【拓展训练】

上面的代码也可以替换为以下代码（拓展代码 7-4.txt）。

```
01 #include <iostream>
02 using namespace std;
03 int main()
04 {
05 int array[10];                  // 定义整型数组 array，共 10 个元素
06  int i,p=array;                 //p 指向 array 的首地址
07  for(i=0;i<10;i++ )             // 利用 for 循环输入 10 个整数
08      cin>>*(p+i);
09  cout<<endl;
10  for(i=0;i<10;i++)              // 利用 for 循环输出这 10 个整数
11      cout<<*(array+i)<<" ";
```

```
12    cout<<endl;
13    return 0;
14  }
```

【运行结果】

编译、连接、运行程序，依次输入任意 10 个整数，按【Enter】键即可在命令行中输出图 7–9 所示的结果。

图 7–9

这两段代码实现的功能是一致的。

这段代码中的 *(p+i) 和 *(array+i) 等价于 array[i]，表示输入和输出数组中第 i+1 个数据。

7.2.2 指针和二维数组

在 C++ 中，二维数组元素值在内存中是按行的顺序存放的，即先存储二维数组的第一行数据，然后再存储第二行数据，依此类推，可以把它看成一个特殊的一维数组。因此，与一维数组类似，可用指针变量来访问二维数组元素。可以像使用一维数组一样，对二维数组进行操作。但是那样操作非常麻烦，所以 C++ 提供了适用于二维数组的特定操作方法。

要学习指针和二维数组的关系，必须明确二维数组行首地址、行地址、元素地址等概念。

1. 二维数组行首地址

二维数组各元素按行排列可写成矩阵形式，若将第 i 行中的元素 a[i][0]、a[i][1]、a[i][n] 组成一维数组 a[i] (i=0,…,n)，则有

```
a[0]=(a[0][0]，…，a[0][n])
a[m]=(a[m][0],a[m][1]，…，a[m][n])
```

因为数组名可用来表示数组的首地址，所以一维数组名 a[i] 可表示一维数组 (a[i][0],a[i][1]，…，a[i][n]) 的首地址 &a[i][0]，即可表示第 i 行元素的首地址，因此二维数组 a 的第 i 行首地址（即第 i 行第 0 列元素地址）可用 a[i] 表示。

一维数组的第 i 个元素地址可表示为“数组名 +i”，因此一维数组 a[i] 中第 j 个元素 a[i][j] 的地址可表示为 a[i]+j，即二维数组 a 中第 i 行第 j 列元素 a[i][j] 的地址可用 a[i]+j 来表示，而元素 a[i]][j] 的值为 *(a[i]+j)。

2. 二维数组行地址

为了区别指向二维数组的指针与指向一维数组的指针，C++ 引入了行地址的概念，并规定二维数组 a 中第 i 行地址用 a+i 或 &a[i] 表示。行地址的值与行首地址的值是相同的，即 a+i=&a[i]=a[i]=&a[i][0]，但两者类型不同，所以行地址 a+i 与 &a[i] 只能用于指向一维数组的指针变量，而不能用于普通指针变量，如下所示。

```
int a[3][3];
```

```
int *p=a+0;
```

对于上面两行语句，编译第二条指令时将出错，编译系统会提示用户 p 与 a+0 的类型不同。如果要将行地址赋给数组指针变量，必须用强制类型转换，如下所示。

```
int *p=(int *) (a+0);
```

二维数组名 a 可用于表示二维数组的首地址，但 C++ 规定该首地址并不是二维数组中第 0 行第 0 列的地址，即 a ≠ a[0][0]，而是第 0 行的行地址，即 a=a+0=&a[0]。

3. 二维数组的元素地址与元素值

知道二维数组的行地址与行首地址后，即可讨论二维数组的元素地址。

因为 a[i]=*&a[i]= *(a+i)，所以 *(a+i) 可以表示第 i 行的首地址。因此二维数组第 i 行的首地址有 a[i] 、*(a+i)、&a[i][0] 共 3 种表示方法。

由此可推知，第i行第j列元素a[i][j]的地址有a[i]+j 、*(a+i)+j、&a[i][0]+j、&a[i][j]共4种表示方法。

第 i 行第 j 列元素 a[i][j] 的值也有 *(a[i]+j) 、 *(*(a+i)+j)、*(&a[i][0]+j)、a[i][j] 共 4 种表示方法。

现将二维数组有关行地址、行首地址、元素地址、元素值的各种表示方式总结归纳如表 7-1 所示。

表 7-1　　二维数组 a 行地址、行首地址、元素地址、元素值表示方式

第 i 行行地址	a+i、&a[i]
第 i 行首地址	a[i]、*(a+i)、&a[i][0]
元素 a[i][j] 的地址	a[i]+j、*(a+i)+j 、&a[i][0]+j、&a[i][j]
第 i 行第 j 列元素值	*(a[i]+j) 、*(*(a+i)+j) 、(&a[i][0]+j)、a[i][j]

【范例 7-5】 使用数组指针访问二维数组元素。

⑴ 在Visual C++ 6.0中，新建名为“使用数组指针访问二维数组元素”的【C++ Source File】源程序。

⑵ 在代码编辑区域输入以下代码（代码 7-5.txt）。

```
01 #include <iostream>
02 using namespace std;
03  void main()
04 {
05         int a[2][3]={1,2,3,4,5,6};              //定义 2 行 3 列数组 a，并初始化
06         int *p,i,j;
07         p=a[0];                                  //p 指向数组 a 的首地址
08         for(i=0;i<2;i++)                         // 外层循环控制数组的行数
09         {
10                 for(j=0;j<3;j++)                 // 内层循环控制数组的列数
11                 {
12                         cout<<*(p+3*i+j)<<"";    // 指针 p 逐步后移，访问数组
的每一个元素
13                 }
```

```
14                  cout<<endl;
15                  }
16 }
```

【运行结果】

编译、连接、运行程序，即可在命令行中输出图 7-10 所示的结果。

图 7-10

【范例分析】

首先，指针 p 指向 a[0]，也就是指向数组 a 第 0 行的首地址，其实就是 a[0][0] 的地址，p=a[0] 等价于 p=&a[0][0]，但是这里不能写成 p=a，为什么呢？因为 a 是一个二维数组名，相当于指针的指针。我们来分析一下其中的原因。从值的角度来说，a 的值就是 a[0][0] 的地址值，但是从概念的角度来说，a 等价于 &a[0]，说明 a 是 a[0] 的指针，而 a[0] 等价于 &a[0][0]，说明 a[0] 是元素 a[0][0] 的指针，从而得出 a 是指针的指针的结论。而 p 是指向整型变量的指针，两者在概念上不同级，所以即使 p 的值等于 a 的值，表达式也不能写成 p=a。因为数组 a 是由 2 行 3 列组成的，所以 "3*i+j" 表示第 i 行第 j 列元素对应的下标，"*(p+3*i+j)" 相当于 p[i][j]，也就是数组 a[i][j]。

【拓展训练】

下面改写本范例的代码（拓展代码 7-5.txt）。

```
01  #include <iostream>
02  using namespace std;
03  int main()
04  {
05   int a[2][3]={1,2,3,4,5,6};   // 定义 2 行 3 列数组 a，并初始化
06   int (*p)[3],i,j;             //p 叫数组指针，指向一个每行有 3 个元素的数组的首地址
07   p=a;                         //p 指向数组 a[0] 这一行的首地址
08   for(i=0;i<2;i++)             // 外层循环控制数组的行数
09   {
10        for(j=0;j<3;j++)        // 内层循环控制数组的列数
11        {
12            cout<<p[i][j]<<" "; // 指针 p 的每一个元素
13        }
14        cout<<endl;
15   }
16   return 0;
17  }
```

这段代码的运行结果与本范例的运行结果相同，不再显示输出结果。

我们需要先理解 (*p)[3] 的含义，只有这样，这道程序题才能顺利地解决。按照优先级从高到低的顺序和结合性的关系，因为小括号“()”和中括号“[]”的优先级相同，在优先级相同的情况下，我们从左至右按结合性进行运算，应该先执行括号“()”，再执行“[]”，所以 p 先与“*”结合，说明 p 是一个指针，然后再与“[]”结合，说明 p 是一个指向含有 3 个元素数组的指针，我们把 p 叫作数组指针。

为什么这里可以写成 p=a 了呢？我们进一步分析。

刚才已经解释过，p 是一个指向一维数组的指针，而 a 等价于 &a[0]，说明 a 指向的就是数组 a 第 0 行，也就是说 a 也是一个指向一维数组的指针。既然两者都是指向一维数组的指针，就可以写成 p=a，表示 p 指向数组 a 的第 0 行，也就是 p 存储的是数组 a 第 0 行的首地址。

那么 p[i][j] 为什么会一一对应 a[i][j] 呢？ p 初始化后，指向的是数组 a 第 0 行的首地址，也就是指向 a[0][0]，这是一个基准，我们暂时先记住这一基准点。在定义 p 时已经说明了 p 所指向的是一个含有 3 个元素的数组，(*p)[j] 表示 p 指向一维数组第 j 个元素的值，那么 (*(p+i))[j] 表示的含义自然就是第 i 行第 j 元素的值。因为 p 指向的是一个一维数组，所以 p+i 等于指针 p 向后移动了 i*3 个单元，也就等价于向后移动了 i 行（每行有 3 列）。

从多维数组和指针的关系得知，(*(p+i))[j] 等价于 p[i][j]，所以就得到了在前面提到的结果。

注意，是(*(p+i))[j] 等价于 p[i][j]，而不是 *(p+i)[j] 等价于 p[i][j]，原因是后者根据优先级关系，(p+i) 首先结合的是“[]”，然后才是“*”，这含义就不同了，后者叫作指针数组，即数组中的每一个元素都是指针，这在后面的章节中将讲到。之所以在这里提出来，是为了让大家提高警惕，不要一不留神出了概念上的错误，导致程序错误。

7.2.3 指针和字符数组

前面已介绍了指针和数值型元素组成的数组，本小节介绍指针和字符串的关系。按照之前学过的方法，要输出一个字符数组，需要使用循环，依次遍历并输出数组中的每一个字符。现在，掌握了指针的原理和使用方法，就可以不再定义字符数组，而使用字符指针来实现。

定义字符指针：

```
char *p="how are you? ";       // 存储在字符数组中的字符串不能直接支持字符串间的
赋值和连接
```

注意：该语句定义了一个字符型指针 p，并将其指向一个字符数组。该数组的最后一个元素应该是字符串结束标识符‘\0’，而不是“how are you?”中的最后一个字符“?”。

可以利用一些系统函数查询字符串的长度，复制和比较字符串。

如果能够更深入地了解字符串复制函数，如“char *strcpy(char *str1,char *str2)”内部究竟是怎么实现的，对于编写程序是非常有益处的。下面就以它为例，说明其实现的过程。

【范例 7-6】 字符串复制函数功能实现方法。

(1) 在 Visual C++ 6.0 中，新建名为“字符串复制函数功能实现方法”的【C++ Source File】源程序。

(2) 创建完成后，输入以下代码（代码 7-6.txt）。

```
01 void copystr(char *str1,char *str2)          //形参为两个字符指针变量
02 {
03     for (; *str2!='\0';str1++,str2++)        //只要 str2 没有结束，str1 和 str2 就同步后移
04         *str1=*str2;                          //把 str2 指向的字符赋值给 str1 当前的指向
05         *str1='\0';                           //在 str1 最后添加字符串结束标识符
06 }
07 //主函数
08 #include <iostream>
09 using namespace std;                         //包含标准输入输出头文件
10 int main()
11 {
12     char a[10];                              //定义字符数组 a
13     char b[4]="abc";                         //定义数组 b 并初始化
14     copystr(a,b);
15     cout<<"a= "<<a<<endl;
16     return 0;
17 }
```

【运行结果】

编译、连接、运行程序，即可在命令行中输出图 7-11 所示的结果。

图 7-11

【范例分析】

a 初始化为 10 个元素的字符数组，b 初始化为字符串“abc”，因为系统会自动在字符串结尾处添加“\0”，所以 b 初始化后含有 4 个字符。

str1 指向一个字符串首地址，str2 指向另一个字符串首地址；每个字符串都是以“\0”为结束符的，所以使用“*str2!='\0'”作为结束判断条件；“*str1=*str2”表示把 str2 指向的单元格的内容复制到 str1 指向的单元格，“str1++,str2++”表示两个指针同步向后移动一位。

【拓展训练】

本范例中第 1~6 行中的 for 循环代码可以使用以下的 while 循环代码代替（拓展代码 7-6.txt）。

```
01 void copystr(char *str1,char *str2)
02 {
03  while(*str2!='\0')        //只要 str2 没有结束就循环
04        *str1++=*str2++;        //自加后置运算，先把 str2 赋值给 str1，然后两者都后
移一位
```

```
05    *str1='\0';                     // 在 str1 最后添加字符串结束标识符
06  }
```

7.2.4 字符指针变量和字符数组对比

通过上面的学习，了解了字符指针的使用方法，那么字符指针变量和字符数组到底有何区别呢？简单来说，它们有以下两个显著的不同点。

(1) 赋值方式不同。字符数组只能对各个元素赋值，而不能用以下办法对字符数组赋值。

```
char str[20];
str="how are you?";
```

对于字符指针变量，则可采用下面的方法赋值。

```
char * array;
array ="how are you?";
```

字符指针变量赋初值。

```
char * array ="how are you?";
```

等价于

```
char * array;
array ="how are you?";
```

对数组进行声明时，初始化只能采用下面的方式。

```
char str[20]={"how are you?"};
```

(2) 指针变量的值是可以改变的，但是字符数组名是不可以改变的。举例如下。

字符指针：

```
char * array="how are you?";               // 这是正确的赋值，指针变量
array = array +1;
```

字符数组：

```
char str[20]={"how are you?"}// 这是错误的赋值，字符数组名
str = str +1;
```

7.2.5 指向指针的指针

我们前面已经知道指针实际上也是有地址的，所以可以定义一个指向指针数据的指针变量。

```
char **p;
```

p 的前面有两个 * 号，* 运算符具有右结合性，**p 相当于 *(*p)，表示指针变量 p 是指向一个字符指针变量的。

【范例 7-7】 指向指针的指针。

(1) 在 Visual C++ 6.0 中，新建名为“指向指针的指针”的【C++ Source File】源程序。

⑵ 创建完成后，输入以下代码（代码 7-7.txt）。

```
01  #include <iostream>
02  using namespace std;                        // 包含标准输入输出头文件
03  void main()
04  {
05    char *arr[]={"abc","12345","language"};   // 初始化指针数组 arr，每个指针都是一个字符指针
06    char **p;
07    int i;
08    for(i=0;i<3;i++)
09    {
10      p=arr+i;                                // 指针 p 指向 arr+i 所指向的字符串的首地址
11      cout<<*p<<endl;                         // 输出数组中的每一个字符串
12    }
13  }
```

【运行结果】

编译、连接、运行程序，即可在命令行中输出图 7-12 所示的结果。

图 7-12

【范例分析】

arr 是指针数组，也就是说 arr 的每个元素都是指针。例如，arr[0] 是一个指向字符数组“abc”的指针，即“arr+i”等价于 &arr[i]，也就是每个字符数组首字符的地址。arr[i] 已经是指针类型，那么“arr+i”就是指针的指针，与 p 的类型一致，所以 p=arr+i，*p 等价于 *(arr+i)，也等价于 arr[i]，即第 i 个字符串的首地址，对应输出每一个字符串。

7.2.6 指针数组和数组指针

程序中提到了指针数组这个概念，在前面我们还用到了数组指针的概念，两者是一回事吗？不是的！

什么是指针数组呢？指针数组是由指针类型的元素组成的数组。例如“int *p[10]”，这里的数组 p 是由 10 个指向整型元素的指针组成的，p[0] 就是一个指针变量，它的使用与一般的指针一样，无非是这些指针有同一个名字，需要使用下标来区分。

例如下面的定义：

```
char *p[2];
char array[2][20];
p[0]=array[0];
p[1]=array[1];
```

p 和 array 之间的关系如图 7–13 所示。

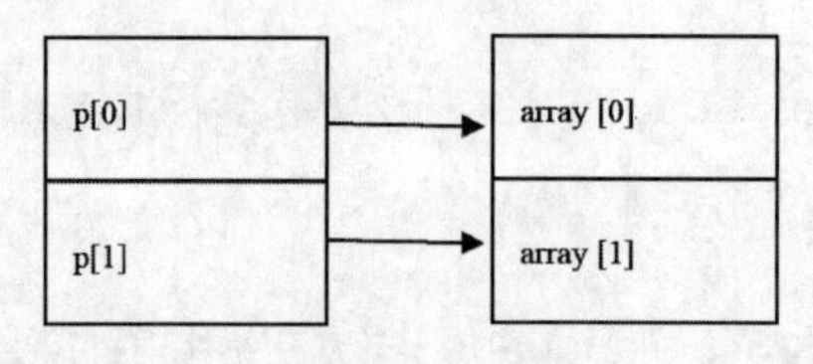

图 7–13

数组指针，例如 int (*p)[10]，指针 p 用来指向含有 10 个元素的整型数组，具体应如何理解，可以参考前面指针和数组章节中的相关范例。

7.3　指针和函数

函数有地址吗？如何用指针方便地访问函数呢？本节将介绍指针和函数的关系。

7.3.1　函数指针

用指针变量可以指向一个函数。函数在程序编译时被分配了一个入口地址，这个函数的入口地址就称为函数的指针。

函数指针变量常见的用途之一是把指针作为参数传递到其他函数。指向函数的指针也可以作为参数用以实现函数地址的传递，这样就能够在被调用的函数中使用实参函数。

【范例 7–8】 指向函数的指针。

⑴ 在 Visual C++ 6.0 中，新建名为“指向函数的指针”的【C++ Source File】源程序。

⑵ 创建完成后，输入以下代码（代码 7–8.txt）。

```
01  #include <iostream>
02  using namespace std;
03  int max(int x,int y)            // 求 x 和 y 中的较大值
04  {
05    int z;
06    if(x>y)
07      z=x;
08    else
09      z=y;
10    return z;                     //z 中存储的是比较后的较大值
11  }
12  void main()
13  {
14    int (*p)(int,int);            //p 是指向有两个整型参数函数的整型指针
15    int a,b,c;
16    p=max;                        //p 指向函数 max
```

```
17    cin>>a>>b;
18    c=(*p)(a,b);    //调用 p 等价调用函数 max
19    cout<<"a="<<a<<" b="<<b<<" c="<<c<<endl;
20  }
```

【运行结果】

编译、连接、运行程序，即可在命令行中输出图 7-14 所示的结果。

图 7-14

【范例分析】

“int (*p)(int,int)”说明 p 是一个指向函数的整型指针。

“c=(*p)(a,b)”说明 p 确切指向函数 max，相当于调用了“c=max(a,b)”。

7.3.2 返回指针的函数

函数可以返回数值型、字符型、布尔型等数据，除此之外还有可以返回指针型的函数，我们称之为返回指针的函数。

定义形式为：

```
类型名 * 函数名 ( 参数表 );
```

例如：

```
char *max(char *x, char *y);
```

【范例 7-9】 返回指针的函数。

(1) 在 Visual C++ 6.0 中，新建名为“返回指针的函数”的【C++ Source File】源程序。

(2) 创建完成后，输入以下代码（代码 7-9.txt）。

```
01  #include <iostream>
02  #include <cstring>          //包含字符串函数
03  using namespace std;
04  char *max(char *x,char *y)          //形参是字符串指针，返回值也是字符串指针
05  {
06    if(strcmp(x,y)>0)          //比较 x 和 y 的大小关系
07      return x;
08    else
09      return y;
10  }
11  void main()
12  {
```

```
13   char c1[10],c2[10];
14   char *s1=c1,*s2=c2;              //声明两个字符串指针，并对其初始化
15   cout<<" 请输入字符串 1：";
16   cin>>c1;
17   cout<<" 请输入字符串 2：";
18   cin>>c2;
19   cout<<" 两个字符串中较大的是：";
20   cout<<max(s1,s2)<<endl;          // 输出较大的字符串
21  }
```

【运行结果】

编译、连接、运行程序，即可在命令行中输出图 7–15 所示的结果。

图 7–15

【范例分析】

函数 max() 要求输入的参数是字符串指针，所以按照要求调用了 max(s1,s2)；函数 max 定义了返回的数据类型是字符指针型，在 max() 函数中返回了较大的字符指针，返回类型满足要求。

警告：“char *max()”不算是一个新的知识点，完全可以认为它就是定义了一个字符指针型的量，只不过这个量是一个函数。

【范例 7–10】 返回指针的函数和数组指针。

(1) 在 Visual C++ 6.0 中，新建名为“返回指针的函数和数组指针”的【C++ Source File】源程序。

(2) 创建完成后，输入以下代码（代码 7–10.txt）。

```
01  #include <iostream>
02  using namespace std;
03  int *find(int (*p)[2],int num)       // 第 1 个参数是数组指针，第 2 个参数是要查找的序号
04  {
05   int *point;
06   point=*(p+num);                     //point 指向 p 的第 num 行的行首
07   return point;
08  }
09  void main()
10  {
11   int value[3][2]={{70,80},{80,90},{90,100}};        //3 行 2 列
12   int *p;
13   int num,i;
```

```
14    cout<<" 请输入要查找的序号 :"<<endl;
15    cin>>num;
16    p=find(value,num); // 实参为 value 数组第 0 行的首地址和要查找的序号，返回第 num 行首地址
17    cout<<" 序号 "<<num<<" 的成绩分别是：  "<<endl;
18    for(i=0;i<2;i++)
19      cout<<*(p+i)<<endl;  // 依次输出第 num 行的每个元素
20  }
```

【运行结果】

编译、连接、运行程序，即可在命令行中输出图 7-16 所示的结果。

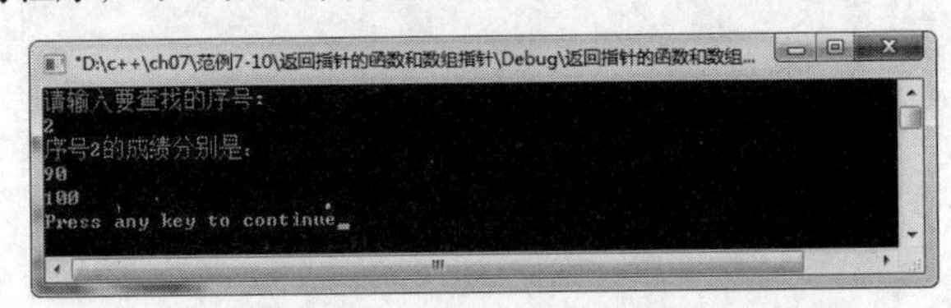

图 7-16

【范例分析】

本范例的代码虽然不长，但是比较难以理解，下面逐一分析。

第 3 行 “int *find(int (*p)[2],int num)” 表示 find 函数返回的数据类型是整型指针。它的第 1 个参数是数组指针，第 2 个参数是要查找的序号。这里的数组指针在本章前面的范例中已经讲解过，在这里 (*p)[2] 表示 p 指向一个含有两个元素的一维数组的首地址。

第 6 行 “point=*(p+num);” 表示 point 指向 p 第 num 行的行首，原因是指针 p 所指向的数据类型是一个整型数组，而不是某一个整型变量，所以 “p+1” 相当于指针 p 向后移动了一个整型数组的大小单元，这与数组的概念一致，所以可以认为 “p+num” 就表示 p 指向了第 num 行第 0 列元素的地址。point 是指针，而 “p+num” 是指针的指针。为了保证赋值号两边的类型一致，在这里写成 “point=*(p+num)”，表示 point 指向 p 第 num 行的行首。

第 16 行 “p=find(value,num);” 表示 find 函数的实参为 value 数组第 0 行的首地址和要查找的序号，返回第 num 行首地址，p 指向 value 数组第 num 行的首地址。

第 19 行 “cout<<*(p+i)<<endl;” 表示依次输出第 num 行的每个元素。因为 “p+i” 表示的是数组 value 第 num 行第 i 列的地址，再取 “*” 号后，表示的就是第 num 行第 i 列元素的值。

技巧：掌握好指针不是一件简单的事，但是一旦把握了指针的实质，并加以灵活使用，就会给编写程序带来很大便利。

7.3.3 指针与传递数组的函数

调用函数时，传递数组是很常见的，那如何将数组作为函数的参数呢？本小节通过具体的例子来分析。

【范例 7-11】 求一维数组 array 中的最大值。

(1) 在 Visual C++ 6.0 中，新建名为 “求一维数组 array 中的最大值” 的【C++ Source File】源程序。

(2) 创建完成后，输入以下代码（代码 7-11.txt）。

```
01  #include <iostream>
02  using namespace std;
03  int max(int x[ ],int n)       // 函数 max 的一个参数是整型数组，另一个参数是整数，表示数组元素的个数
04  {
05    int i,m;
06    m=x[0];                     //m 首先赋值 x[0]
07    for(i=1;i<n;i++)            // 使用选择法，把 x 中的最大值存储在 m 中
08      if (m<x[i])
09        m=x[i];
10      return m;
11  }
12  void main()
13  {
14    int i,array[10]={1,2,3,4,5,6,7,8,9,0};
15    cout<<:"The array is:"<<endl;
16    for(i=0;i<10;i++)
17      cout<<array[i]<<",";
18    cout<<endl;
19    cout<<"The max is:"<<endl;
20    cout<< max (array,10)<<endl;
21  }
```

【运行结果】

编译、连接、运行程序，即可在命令行中输出图 7-17 所示的结果。

图 7-17

【范例分析】

调用 max(array,10) 时，把数组名作为参数传递给函数 max(int x[ ],int n) 的形参数组 x，因为数组是引用数据类型，所以数组 x 的地址就是数组 array 的地址。

【拓展训练】

将本范例中的第 3~21 行的代码替换为如下代码，所实现的功能是一样的（拓展代码 7-11-1.txt）。

```
01  int max(int *x,int n)       //max 函数的一个参数是整型指针，另一个参数是整数
02  {
```

```
03   int *a,m,i;
04   i=0;
05   a=x;                      // 指针 a 保存 x 的值
06   m=*a;                     // 指针 a 指向的值赋给 m
07   for(;i<n;i++)             // 使用选择法找最大值
08      if (m<*(a+i))          // 如果 m 小于（a+i）所指向的值，就保存两者中较大的值
09      m=*(a+i);
10      return m;
11  }
12  void  main()
13  {
14   int i,array[10]={ 1,2,3,4,5,6,7,8,9,0};
15   cout<<"The array  is:"<< endl;
16   for(i=0;i<10;i++)
17      cout<<array[i]<<",";
18   cout<<endl;
19   max(array,10);            // 数组 array 的首地址作为参数传递
20   cout<<"The max is:"<<endl;
21   cout<<max(array,10)<<endl;
22  }
```

与【范例 7-11】类似，调用 max(array,10) 时还是把数组名作为参数进行传递，不同的是函数 max(int *x,int n) 的形参 x 是指向整型数据的指针，x 的指向为 array 数组的首地址，在函数 max 中指针变量 a 初始化为 x，所以“a+i”就可以遍历数组 array 的每一个元素。

也可以使用以下代码进行替换（拓展代码 7-11-2.txt）。

```
01  int max(int *x,int n)
02  {
03   int *a,m,i=0;
04   a=x;
05   m=*a;
06   for(;i<n;i++)
07     if (m<*(a+i))
08       m=*(a+i);
09   return m;
10  }
11  void main()
12  {
13   int i,array[10]={1,2,3,4,5,6,7,8,9,0}, *p=array;      //p 指向数组 array 的首地址
14   cout<<"The array is:"<< endl;
15   for(i=0;i<10;i++,p++)                                 // 用 for 循环输出 p 指向的值
```

```
16      cout<<*p<<",";
17    cout<<endl;                          // 此时 p 指向数组 array 的结尾
18    *p=array;                            //p 重新定位到 array 的首地址
19    max(p,10);                           //max 的一个参数是整型指针
20    cout<<"The max is:"<<endl;
21    cout<< max (p,10)<<endl;
22  }
```

p 指向数组 array 的首地址，调用函数 max(p,10) 时，传递的是指针；函数 max(int *x , int n) 也是使用指向整型数据的指针 x 接收的，x 的值为 p，也就是 array 数组的首地址；然后在函数中对指针变量 a 的操作，就是对数组 array 的操作。

7.4 const 指针

前面已经讲过，const 表示的量是一个常量，那么指针类型的数据能不能也使用 const 呢？

答案是肯定的，但是关键字 const 放在指针类型的前面和后面是不一样的。下面通过一个例子来说明它们的区别。

```
const int * p1;
int * const p2;
```

p1 是一个指向整型常量的指针，该指针指向的值是不能改变的。

p2 也是一个指向整型常量的指针，它指向的整数是可以改变的，但是 p2 这个指针不能指向其他的变量。

使用 const 修饰符时应该注意，const 除了用来声明函数参数、函数返回值或类成员（以后会讲到）之外，在声明符号常量时必须进行初始化，并且其值在程序运行期间不能被修改。

若用来初始化符号常量的表达式中包含变量，则此符号常量不能再作为数组的下标使用。例如：

```
int a=10;
const int N=2*a;
int array[N]; // 错误的表达方式，除非 a 是一个符号常量
```

const 和指针在一起使用时，可以限制对指针值（指针的指向）或指针指向对象的内容的修改，分为以下 3 种情况。

1. 指向常量的指针变量

指向常量的指针变量定义的一般形式为：

```
const 数据类型  * 指针变量名；
```

或

```
数据类型  const * 指针变量名；
```

例如以下语句。

```
const char *p1;
p1="abcd";
```

则以下赋值的正误分析如下。

```
p1[3]='e'; // 错误，指针指向的对象是一个常量，不能被修改
p1="ghjk"; // 正确，可以修改指针变量 p1 的值
```

注意，指针变量指向对象的值不能被修改，而指针变量的值则可以被修改。

2. 指向变量的指针常量

指向变量的指针常量定义的一般形式为：

```
数据类型 *const 指针常量名 = 表达式 ;
```

例如：

```
char str[]="abcd";
char * const p2=str;            //p2 是一常量，定义时必须初始化。初始化赋值
p2[3]='e';                      // 正确，指针 p2 指向的对象是一个变量
p2="ghjk"                       // 错误，p2 是一个常量
```

注意，指针常量的值不能被修改，而指针常量指向对象的值则可以被修改。

3. 指向常量的指针常量

指向常量的指针常量定义的一般形式为：

```
const 数据类型  *const 指针常量名 = 表达式 ;
```

或

```
数据类型  const *const 指针常量名 = 表达式 ;
```

例如：

```
char str[]="abcd";
const char * const p3=str;    // 初始化赋值
p3[3]='e';                    // 错误，指针常量指向的对象是一个常量
p3="ghjk";                    // 错误，p3 是一个常量
```

注意，指针常量的值和指针常量指向对象的值均不能被修改。

不能使一个非 const 型指针（指向变量的指针）指向一个 const 型数据，否则会无形中修改该 const 型数据的值。例如：

```
const int a=10;
int *p=&a;  // 错误
*p=20';    // 如果允许，则此语句将改变常量 a 的值
```

因此，为了保证常量的只读性，常量的地址只能赋给指向常量的指针。

在调用函数时，为了防止由于偶然因素修改了实参的值，可以在被调函数的参数表中将不允许

被修改的参数说明为const。这是const修饰符非常重要的应用。

例如，通过一个函数IntAdd()求出整型数组intarr[20]中指定个数的元素之和，则相应的函数原型为“long IntAdd(const int *parr,int n)”。

【范例 7-12】 const 指针应用。

(1) 在Visual C++ 6.0中，新建名为“const指针应用”的【C++ Source File】源程序。

(2) 创建完成后，输入以下代码。（代码 7-12.txt）

```
01  #include <iostream>
02  using namespace std;                    // 包含标准输入输出头文件
03  void  main() {
04          int a=1;
05          int b=2;
06          int c=3;
07          const int *p1 = 0;
08          p1=&a;
09          a=0;                            // 正确的
10          *p1=0;                          // 错误的，不能通过修改 p1 修改 a
11          int * const p2=&b;              // 初始化 p2 时需要指定 p2 的指向
12          *p2=0;                          // 正确的
13                                          //p2=&c; 错误的，p2 不能再指向其他的变量
14          return 0;
15  }
```

【运行结果】

编译、连接、运行程序，输出的结果如图7-18所示。

图 7-18

若取消第10行和第10行的注释再次运行该程序，程序将无法通过编译。

【范例分析】

p1是指向整型常量的指针，该指针指向的值是不能改变的。范例中，p1指向变量a，p1指向的值是不能改变的，也就是说通过p1是不能改变变量a的值的，但是可以直接改变变量a的值。

p2也是一个指向整型常量的指针，它指向的整数是可以改变的，但是p2不能指向其他的变量。范例中，p2初始化时就需要明确指向，它指向了变量b，可以通过p2改变变量b的值，但是不能改变p2的指向，如范例中再次赋值p2指向变量c。

7.5 void 指针类型

> 提示：void 指针类型是什么？
> void 指针类型，可以用来指向一个抽象类型的数据，在将它的值赋给另一个指针变量时，要进行强制类型转换，使之适合被赋值的变量的类型。

下面通过具体的例子来说明 void 指针类型的含义和用法。

```
char *p1;
void *p2;
…
p1=(char *)p2;//（char *）表示强制转换，强制将空指针转换成字符型指针
```

同样可以使用 (void *)p2 将 p1 转换成 void * 类型。

```
p1=(void *)p2;
```

也可以将一个函数定义为 void * 类型。

```
void * fun(char ch1,char ch2);
```

以上代码表示函数 fun 返回的是一个地址，它指向空类型。如要引用此地址，则要根据情况对之进行类型转换，如对该函数调用得到的地址要进行以下转换。

```
p1=(char *)fun(ch1,ch2);
```

7.6 综合实例——找出最长的字符串

本节通过一个范例来学习指针的综合应用。

【范例 7-13】写一个函数，从传入的 num 个字符串中找出最长的一个字符串，并通过形参、指针 max 传回该串地址（注意用 ** 作为结束输入的标志）。

(1) 在 Visual C++ 6.0 中，新建名为“找出最长的字符串”的【C++ Source File】源程序。

(2) 创建完成后，输入以下代码（代码 7-13.txt）。

```
01  #include <iostream>
02  using namespace std;                          //包含标准输入输出头文件
03  #include "cstring"
04  char *fun(char (*a)[10], int num)             //形参是字符和输入字符串数目
05  {
06    char *p=a[0];int i;                         //字符指针初始化为 a 第 0 行首地址
07    for(i=1;i<num;i++)                          //比较，找出字符串最长的
08      if(strlen(a[i])>strlen(p))
```

```
09      p=a[i];                                  // 字符指针 p 指向 a 第 i 行首地址
10    return p;
11    }
12  void main()
13  {
14    char s[5][10],*ps;
15    int i=0;
16    cout<<" 请输入字符串 "<<endl;
17    cin>>s[i];
18    while(!strcmp(s[i],"**")==0)               // 输入字符串不是“**”就循环输入
19    {
20      i++;
21      cin>>s[i];
22    }
23    ps=fun(s,i);                               //ps 指向最长字符串
24    cout<<" 最长的字符串是 "<<ps<<endl;
25  }
```

【运行结果】

编译、连接、运行程序，即可输出图 7–19 所示的结果。

图 7–19

【范例分析】

函数 fun() 的返回类型是字符指针，其中一个参数是数组指针，指向主函数中的二维字符数组 s；在 fun() 函数中，使用循环配合测试字符串长度的函数 strlen 完成字符串长度的比较，返回值 p 存储的就是最长的字符串。

【拓展训练】

如何使用返回指针的函数，我们已经比较熟悉，下面改写这个范例，代码如下（拓展训练 9–13.txt）。

```
01  #include <iostream>
02  using namespace std;                                  // 包含标准输入输出头文件
03  #include "cstring"
04  void fun(char (*a)[10], int num,char **max)           // 形参是字符、输入字符串数目，字
符指针的指针
```

```
05 {
06   char *p=a[0];int i;                        //字符指针初始化为 a 第 0 行首地址
07   for(i=1;i<num;i++)                          //比较，找出字符串最长的
08   if(strlen(a[i])>strlen(p))
09     p=a[i];                                   //字符指针 p 指向 a 第 i 行首地址
10   *max=p;                                     //max 指向的地址存储 p 的值
11 }
12 void main()
13 {
14   char s[5][10],*ps;
15   int i=0;
16   cout<<" 请输入字符串 "<<endl;
17   cin>>s[i];
18   while(!strcmp(s[i],"**")==0)                //输入字符串不是“**”就循环输入
19   {
20     i++;
21     cin>>s[i];
22   }
23   fun(s,i,&ps);                               //ps 用来指向最长字符串
24   cout<<" 最长的字符串是 "<<ps<<endl;
25 }
```

【代码详解】

第 23 行“fun(s,i,&ps);”代码调用 fun 函数的目的，是把计算结果存储在变量 ps 中，其实运算结果就是最长字符串所在的地址，相当于指针 ps 指向了最长字符串的地址。

第 10 行“*max=p;”在这里只能写成“*max=p;”，而不能换成“max=&p;”。如果用“max=&p;”，则只改变了 max 的指向，它不能传回给实参。因此要改变 max 指向地址中的内容，才能使得实参 ps 有正确的值。

7.7 本章小结

本章主要讲述了指针的定义、指针与函数的关系、指针的使用，const 指针和 void 指针。通过本章的学习，读者可以清晰地理解指针概念，根据实际要求对指针进行使用。

7.8 疑难解答

1. C++ 中函数指针和指针函数是什么？

函数指针是指向函数的指针变量，在 C++ 编译时，每一个函数都有一个入口地址，那么指向

这个函数的函数指针便指向这个地址。函数指针主要有调用函数和做函数的参数两个作用。

C++ 允许一个函数的返回值是一个指针 (即地址)，这种返回指针值的函数被称为指针型函数。函数名之前加“*”号表明这是一个指针型函数，即返回值是一个指针。类型说明符表示返回的指针值所指向的数据类型。

2. C++ 中 delete 和 delete[] 的区别是什么？

当调用 delete 的时候，系统会自动调用已分配对象的析构函数。当用 new [] 分配的对象是基本数据类型时，用 delete 和 delete [] 没有区别。但是，当分配的对象是自定义对象时，两者不能通用。一般来说，使用 new 分配的对象用 delete 来释放，用 new[] 分配的内存用 delete [] 来逐个释放。

7.9 实战练习

1. 操作题

在 Visual C++ 6.0 中，新建一个【 C++ Source File 】源程序，要求实现以下功能。

⑴ 统计“char *str="AABBCCDDAABBCCDD"”中 B 的个数。

⑵ 把 str 中所有的字符“B”都去掉，每去掉一个字符“B”，随后的字符串依次前移一位。

2. 思考题

⑴ 编一个函数 fun(char *s)，其功能是把字符串中的内容逆置。例如，字符串中原有的内容为“abcdefg”，调用该函数后，串中的内容变为“gfedcba”。

⑵ 编一个函数 fun(int *a,int n,int *odd,int *even)，其功能是分别求出数组中所有奇数之和以及所有偶数之和。形参 n 给出了数组中数据的个数：利用指针 odd 返回奇数之和，利用指针 even 返回偶数之和。例如，数组中的值依次为 1、8、2、3、11、6，利用指针 odd 返回奇数之和 15，利用指针 even 返回偶数之和 16。

第 8 章

输入 / 输出

本章导读

输入和输出是用户与计算机交互的方式。如何正确、高效地输入数据，又如何准确、清晰地输出数据？输入和输出有哪些方式，各自有什么特点？本章将讲述这些问题的解决方法。

本章学时：理论 4 学时 + 实践 2 学时

学习目标

- ▶ 标准输入 / 输出
- ▶ 标准格式输出流
- ▶ 其他输入 / 输出函数
- ▶ 字符串操作

8.1 标准输入 / 输出

C++ 的输入 / 输出功能除了支持 C 语言的输入 / 输出系统外，还可以由 iostream 库提供。iostream 是一个利用继承实现的面向对象的层次结构，是由 C++ 标准库的组件提供的。它支持数据类型的输入和输出，也支持文件的输入和输出。

最常用的输入 / 输出运算符是“>>”和“<<”。为了使用基本 IO 流类库提供的操作，需要包含相关的头文件。

```
#include <iostream>
```

提示：可以这样理解这两个操作符，即它们指出了数据流的方向。“>>x”表示把数据输入到 x，“<<x”表示把数据从 x 中输出。

输入和输出操作是由 istream 输入流和 ostream 输出流类提供的。iostream 是从这两个类中派生的，允许双向的输入和输出。这个库定义了下列 3 个标准流对象。

(1) cin：标准输入的 istream 类对象，使用户能够从终端读数据，默认是键盘。

(2) cout：标准输出的 ostream 类对象，使用户能够从终端写数据，默认是屏幕。

(3) cerr：标准错误的 ostream 类对象，cerr 输出程序错误，默认是屏幕。

8.1.1 输入操作符 >>

输入主要由右移操作符“>>”和 cin 构成。下面的程序通过循环的方法读入若干整数数据，直到读入的数据不合法，程序终止。

【范例 8-1】 标准输入 cin 示例。

(1) 在 Visual C++ 6.0 中，新建名为“标准输入 cin 示例”的【C++ Source File】源程序。

(2) 在代码编辑区域输入以下代码（代码 8-1.txt）。

```
01  #include <iostream>
02  using namespace std;             // 标准命名空间
03  void main()
04  {
05     int i;
06     while ( cin>>i )              // 循环输入整数 i
07     ;                             // 空语句
08  }
```

【运行结果】

编译、连接、运行程序，即可在命令行中输出图 8-1 所示的结果。

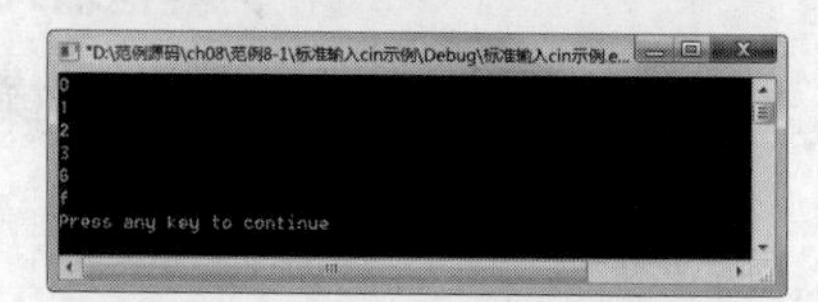

图 8-1

【范例分析】

按标准读入一个数据，如果成功，就把该值复制到变量 i 中；如果失败，就终止该应用程序。那什么时候是失败的呢？也就是说什么时候 cin 为 false 呢？一般有两种情况。一种是读到了文件的结束，此时已经正确地读完文件中所有的值；另一种情况是读入了一个无效的数据，例如范例中要求输入一个整数，却输入了一个小数（1.23），或者输入了一个字符串（ “abc” ），这样就会停止读入。

8.1.2 输出操作符 <<

最常用的输出方法是 cout 与左移操作符“<<”配合使用。

举例：

```
cout<<" Hello World！ \n";
```

输出结果：

```
Hello World！
```

输出操作符可以接收任何已经定义好的数据类型的参数，如 int、char 和 string 等数据类型。任何一个表达式和函数，只要它们的计算结果是 cout 能够输出的数据类型，输出操作符就可以接收。

【范例 8-2】 使用“cout”和“<<”在命令行中输出内容。

(1) 在 Visual C++ 6.0 中，新建名为“标准输出 cout 示例”的【C++ Source File】源程序。

(2) 在代码编辑区域输入以下代码（代码 8-2.txt）。

```
01  #include <iostream>
02  #include <cstring>                          // 字符串函数头文件
03  using namespace std;                        // 标准命名空间
04  void main()
05  {
06    cout<<" 字符串 \"abc\" 的长度是 : \n";      // 输出字符串
07    cout<<strlen("abc");                      // 函数
08    cout<<endl;
09  }
```

【运行结果】

编译、连接、运行程序，即可在命令行中输出图 8-2 所示的结果。

图 8-2

【范例分析】

第 1 次调用 cout 输出的是字符串，字符串中含转义符“\"”和“\n”；第 2 次调用 cout 输出的是函数；第 3 次调用 cout 回车换行，其中 endl 是 ostream 类的一个操作符，它表示插入一个回车换行符到输出流，同时刷新 ostream 缓冲区。

还可以把本范例中输出的内容连接成一条语句，这样更加简练。代码如下。

```
01  #include <iostream>
02  #include <string>                    // 字符串函数头文件
03  using namespace std;                 // 标准命名空间
04  void main() {
05    cout<<" 字符串 \"abc\" 的长度是 : \n" <<strlen("abc")<<endl;
06  }
```

【范例 8-3】 标准输入和输出示例。

(1) 在 Visual C++ 6.0 中，新建名为“标准输入和输出示例”的【C++ Source File】源程序。

(2) 在代码编辑区域输入以下代码（代码 8-3.txt）。

```
01  #include <iostream>
02  #include <string>                              // 字符串函数头文件
03  using namespace std;                           // 标准命名空间
04  void main()
05  {
06    string s;
07    char *p="abc";                               // 字符指针
08    int i;
09    cout<<"Hello World"<<endl;
10    cin>>i;                                      // 输入 i 值
11    cout<<"i=\t"<<i<<endl;                       // 表达式中的 "\t" 表示横向跳格
12    cout<<p<<endl;                               // 输入字符指针 p 所指向的字符串
13    cin>>s;
14    if (s.empty()==true)                         // 判断输入字符串是否为空
15      cerr<<"string s is empty"<<endl;
16  }
```

【运行结果】

编译、连接、运行程序，即可在命令行中输出图 8-3 所示的结果。

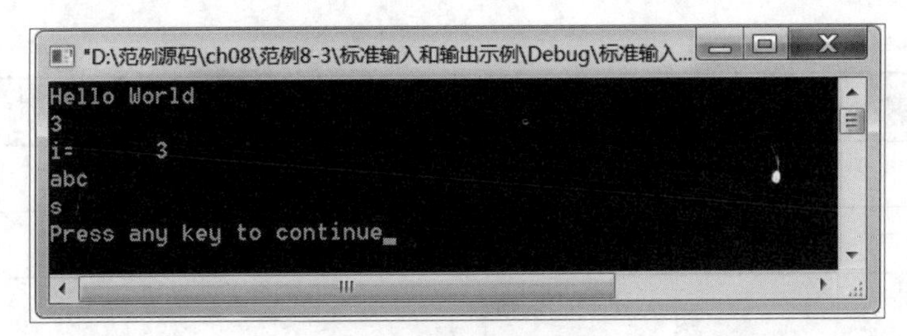

图 8-3

【范例分析】

endl 相当于回车换行，而且清除缓存空间。“cout<<"Hello World"<<endl; ”在输出字符串后回车换行。

输入 i 值后，在“cout<<"i=\t"<<i<<endl; ”中，“\t”叫转义符，表示横向跳过一个制表符的位置，所以输出的“=”和“123”之间存在 3 个空格。

字符数组指针 p 指向字符串“abc”的首地址，“cout<<p<<endl; ”就等于输出该字符串。

输入字符串用于判断 s 是否为空。如果为空，“s.empty()”的返回值为 true，就会在屏幕上输出错误信息字符串。

注意：“cout<<p”显示指针 p 指向的字符串。如果要显示指针 p 的值，可以采用格式“cout<<(void*)p”调用“operator<<(const void*)”成员函数，该函数以只读方式显示指针的值。

8.2　标准格式输出流

C++ 中把数据之间的传输操作称为流（iostream）。C++ 中的流既可以表示数据从内存传输到某个载体或设备中，即输出流；也可以表示数据从某个载体或设备传输到内存缓冲区变量中，即输入流。C++ 中的所有流都是相同的，但文件可以不同。使用流以后，程序用流统一对各种计算机设备和文件进行操作，使程序与设备、文件无关，从而提高程序设计的通用性和灵活性。

流主要负责数据在标准输入设备和标准输出设备间的流动。流可以进行格式操作，如对齐、宽度设定、精度设定、几进制数设定等，都可以以调整输出流状态的方式进行操作。

8.2.1　常用的格式流

表 8-1 列出了常用的流状态。

表 8-1

状态名称	含义
showpos	在整数和 0 前显示 + 号
showbase	十六进制整数前加 0x，八进制整数前加 0
showpoint	浮点输出，即使小数点后都是 0 也加小数点
left	左对齐，右边填充字符

续表

状态名称	含义
right	右对齐，左边填充字符
dec	十进制显示整数
oct	八进制显示整数
hex	十六进制显示整数
fixed	定点数格式输出
scientfic	科学计数法输出

取消流状态的操作有如下一些。

```
noshowpos
noshowbase
noshowpoint
```

dec、oct 和 hex，left 和 right 是彼此对立的，设置一个，另一个就自动取消了。

【范例 8-4】 常用流状态。

(1) 在 Visual C++ 6.0 中，新建名为“常用流状态”的【C++ Source File】源程序。

(2) 在代码编辑区域输入以下代码（代码 8-4.txt）。

```
01  #include <iostream>
02  #include <string>
03  using namespace std;
04  void main()
05  {
06    cout<<showpos<<123<<noshowpos<<endl;     // 输出 123 前面的 "+" 号，再取消该
状态
07    cout<<hex<<18<<" "<<showbase<<12<<noshowbase<<endl;   // 输出十六进制标志
"0x"
08    cout<<123.00<<" "<<showpoint<<123.00<<noshowpoint<<endl;          // 输出小数
点后的 0
09    cout<<fixed<<123.456<<endl; // 定点数格式输出
10    cout<<scientific<<123.456<<endl;       // 科学计数法输出
11  }
```

【运行结果】

编译、连接、运行程序，即可在命令行中输出图 8-4 所示的结果。

```
"D:\c++\ch08\范例8-4\常用流状态\Debug\常用流状态.exe"
+123
12 0xc
123 123.000
123.456000
1.234560e+002
Press any key to continue
```

图 8-4

【范例分析】

如果需要按照一定的格式输出，就需要设置该流状态，但是该流状态会一直保持，除非取消。或者按照第 6 行的形式手动取消，或者按照第 10 行的形式由程序自动取消。

8.2.2 有参数的常用流

本节介绍两个有参数的常用流状态，即控制输出值的宽度和控制输出精度的流操作。

要使用这些流状态需要包含头文件。

#include <iomanip>

1. 不能与流输出符 << 连用的

下面 3 个有参数的流状态需要与 cout 绑定在一起调用，不能与输出符 << 连用。

```
fill( char )            // 设置填充字符，默认为右对齐，即左填充
precision( int )        // 设置有效位数
width( int )            // 设置显示宽度。这里需要注意的是，它是一次性操作的，第 2 次再使用将无效，默认值为 width（0），即仅显示数值
```

例如：

```
cout.width(5);
cout.fill('a');
cout<<123;
```

输出结果为：

```
aa123
```

2. 与流输出符 << 连用的

要使用这些状态，需要包含头文件 <iomanip>。这 3 个状态如下。

```
setfill(char)           // 设置填充字符
setprecision(int)       // 设置有效位数
setw(int)               // 设置显示宽度
```

例如：

```
cout<<setw(5)<<setfill('a')<<123<<endl;
```

输出结果为：

```
aa123
```

例如：

```
d=1.23456;
cout<<setprecision (n)<<d<<endl;   //设置精度输出，然后输出回车
```

如果 n=0 或者 1，输出 1；如果 n=2，输出 1.2；如果 n=3，输出 1.23。不同精度下的输出结果不同，可根据需要使用 setprecision() 函数。

8.3 其他输入 / 输出函数

C++ 中的其他一些输入 / 输出函数如表 8-2 所示。

表 8-2

状态名称	含义
cin.get() 函数	用法 1 :“cin.get(字符变量名)”，可以用来接收字符 用法 2 :“cin.get(字符数组名，接收字符数目)”，用来接收一行字符串，可以接收空格
cin.getline() 函数	“cin.getline(m,n);”，接收 n 个字符到 m 中，其中最后一个为 '\0'，可以接收空格并输出
getline( ) 函数	“getline(cin,str);”，接收一个字符串。可以接收空格并输出，需包含“#include <cstring>”
gets() 函数	“gets(m);”，接收一个字符。这个函数在标准 C 里面就有，在 C++ 里也有，是 getc() 的宏定义
getchar() 函数	“ch = getchar();”，不能写成“getchar(ch);”，用来接收一个字符
puts() 函数	puts() 函数用来向标准输出设备（屏幕）写字符串并换行，其调用格式为“puts(s);”，其中 s 为字符串变量（字符串数组名或字符串指针）。puts() 函数的作用与“printf("%s\n", s)”相同
putchar() 函数	putchar 函数（字符输出函数）的作用是向终端输出一个字符，其一般形式为“putchar(c)”
putch() 函数	功 能：在当前光标处向文本屏幕输出字符 ch，然后光标自动右移一个字符位置 用 法：“int putch(char ch)”，其中参数 ch 为要输出的字符 返回值：如果输出成功，函数返回该字符；否则返回 EOF

8.4 字符串操作

可以按照C语言字符串数组的形式读取字符串，也可以使用 string 类型读取字符串。使用 string 类型的好处是字符串的相关内存可以被自动管理，而C语言字符串需要先声明足够大的存储空间才能读入字符串。

提示：string 类型最大的特点就是易于管理。

【范例 8–5】 使用字符串。

(1) 在 Visual C++ 6.0 中，新建名为“使用字符串”的【C++ Source File】源程序。

(2) 在代码编辑区域输入以下代码（代码 8–5.txt）。

```
01  #include <iostream>
02  #include <string>
03  using namespace std;
04  void main()
05  {
06    string str;                //定义字符串类型变量
07    cin>>str;                  //输入字符串，回车为结束标志
08    cout<<str<<endl;           //输出
09  }
```

【运行结果】

编译、连接、运行程序，即可在命令行中输出图 8–5 所示的结果。

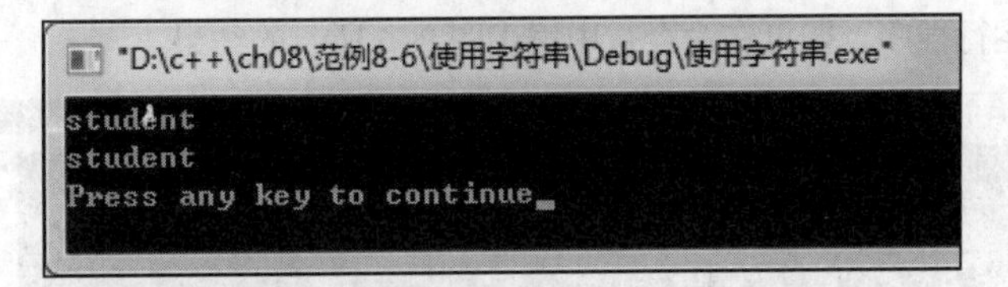

图 8–5

【范例分析】

字符串函数使用起来比字符指针简单、方便，不需要设置存储空间，系统会自动开辟。

【范例 8–6】 输出菱形。

(1) 在 Visual C++ 6.0 中，新建名为“输出菱形”的【C++ Source File】源程序。

(2) 在代码编辑区域输入以下代码（代码 8–6.txt）。

```
01  #include <iostream>
02  #include <iomanip>
03  #include <string>
```

```
04 using namespace std;
05 void main()
06 {
07   char c;
08   cin.get(c);                              //获取输入字符
09   int i;
10   for(i=0;i<10;i++)
11   {
12     cout<<string(9-i,' ')<<string(i,c);    //输出空格字符串和 i 个字符 c
13     if(i>=1)                               //string 的第 1 个参数不能为负数
14       cout<<string(i-1,c)<<endl;
15     else
16       cout<<endl;
17   }
18   for(i=9;i>=0;i--)
19   {
20     cout<<string(9-i,' ')<<string(i,c);
21     if(i>=1)
22       cout<<string(i-1,c)<<endl;
23     else
24       cout<<endl;
25   }
26 }
```

【运行结果】

编译、连接、运行程序，即可在命令行中输出图 8-6 所示的结果。

```
"D:\范例源码\ch08\范例8-6\输出菱形\Debug\输出菱形.exe"
c

        c
       ccc
      ccccc
     ccccccc
    ccccccccc
   ccccccccccc
  ccccccccccccc
 ccccccccccccccc
ccccccccccccccccc
ccccccccccccccccc
 ccccccccccccccc
  ccccccccccccc
   ccccccccccc
    ccccccccc
     ccccccc
      ccccc
       ccc
        c

Press any key to continue
```

图 8-6

【范例分析】

string 的另一种用法，是用 n 个字符 c 初始化字符串 s=string(int n,char c)，然后使用流状态函数配合循环完成菱形的输出。

8.5 综合实例——猜数字游戏

本节通过一个猜数字的游戏来学习 C++ 中输入和输出的综合应用。

【范例 8-7】 猜数字游戏。随机生成一个 0~9 之间的任意整数作为被猜数字，循环输入要猜的数字，程序提示猜大了还是猜小了，直到猜中，同时统计所猜的次数。

(1) 在 Visual C++ 6.0 中，新建名为“猜数字游戏”的【C++ Source File】源程序。

(2) 在代码编辑区域输入以下代码（代码 8-7.txt）。

```
01 #include <iostream>
02 #include <cstdlib>
03 #include <ctime>
04 #define MAX 10
05 void main()
06 {
07   bool b=false;
08   int n;                                    // 所猜的数字
09   int sum=0;                                // 猜的次数
10   srand( (unsigned)time( NULL ) );          // 随机数函数
11   int num=rand()%MAX;                       // 设定随机数
12   cout<<" 随机数已经准备好，范围 0~9."<<endl;
13   while(b==false)                           // 猜不对就一直循环
14   {
15     sum+=1;
16     cout<<" 请输入你猜的数字 "<<endl;
17     cin>>n;
18     if(n==num)
19     {
20       b=true;
21       cout<<" 你太聪明了！ "<<endl;
22       cout<<" 你共猜了 "<<sum<<" 次 "<<endl;
23     }
24     else if(n<num && n>=0)
25     {
26       cout<<" 你猜小了！ 继续努力！ "<<endl;
```

```
27      }
28      else if(n>num && n<=9)
29      {
30        cout<<" 你猜大了！继续努力！ "<<endl;
31      }
32      else
33      {
34        cout<<" 数字范围是 0~9，你输入的出界了 "<<endl;
35      }
36    }
37  }
```

此范例的程序框图如图 8-7 所示。

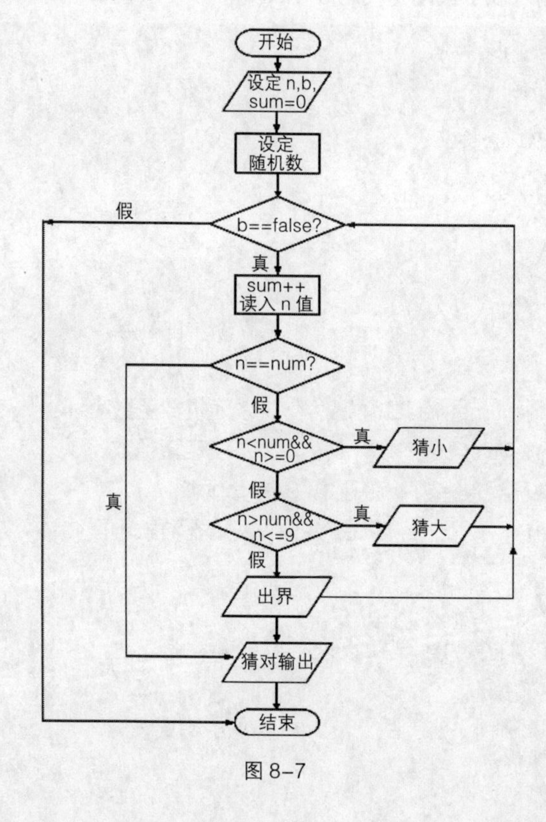

图 8-7

【运行结果】

编译、连接、运行程序，即可在命令行中输出图 8-8 所示的结果。

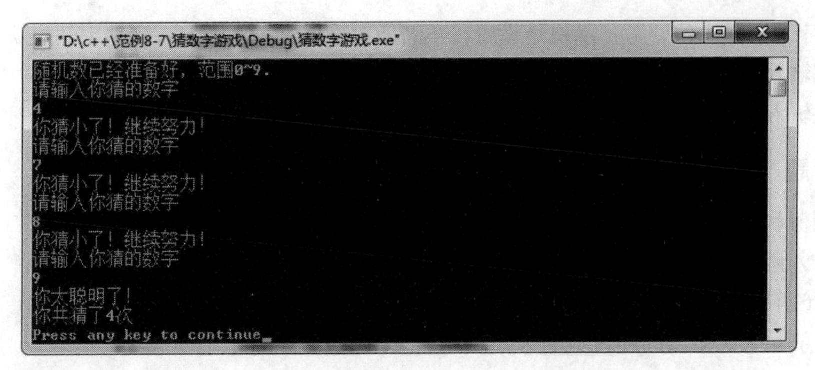

图 8-8

【范例分析】

标准输入 / 输出函数、随机函数和循环选择结合，可以完成很多有趣的题目。

8.6　本章小结

本章主要讲述了 C++ 中标准的输入 / 输出函数、标准的输入 / 输出语句。通过本章的学习，读者可以掌握简单的输入和各种格式的输出操作，可以掌握字符串的输入输出处理。

8.7　疑难解答

1. C++ 中的常用输入函数有哪些？

scanf() 函数：scanf() 函数是从标准输入流 stdio 中读取数据，并将其按照指定格式输入指定地址的函数。使用时需要的头文件是 stdio.h，在程序中添加语句：#include <stdio.h>。cin() 类：此类命名空间都在 std 中，无须添加头文件。getline() 函数：无须添加头文件。gets() 函数：需要的头文件为 <string>；接收输入的字符串，没有上限，但是要保证 buffer 足够大，以换行结束，并将换行符转化为 '\0'。getchar() 函数：读取成功，返回用户输入的 ASCII 码，读取失败，返回 EOF，需要的头文件为 <string> 或者 <stdio.h>。

2. C++ 中 cout 的常用输出方式有哪些？

控制 cout 格式化输出有使用 ios 类中的枚举变量、使用 I/O 控制符、使用 ios 类成员函数 3 种方式。

8.8　实战练习

1. 操作题

在 Visual C++ 6.0 中，新建【C++ Source File】源程序，要求实现以下功能。

假设数字范围是一位整数，随机地设置，不断地对输入进行判断，直到猜中结果。

⑴ 如果输入错误，就输出错误提示，然后提示重新输入。

⑵ 如果输入正确，就输出正确信息，结束程序。

2. 思考题

⑴ 常用流状态有哪些？

⑵ 行输入函数 get() 的 3 种形式有什么异同？

⑶ printf 函数的语法格式是什么？常用参数形式有哪些？

⑷ 生成满足一定范围的随机数的公式是什么？

第 9 章

类与对象

本章导读

在前面的章节中，我们编写的程序是由一个个函数组成的，可以说是结构化的程序。从本章开始，我们编写的程序是由对象组成的，也就是说，将要学习用 C++ 进行面向对象的程序设计。对象和类都是面向对象的基本元素，而类则是构成 C++ 面向对象的程序设计的核心和基础。

本章学时：理论 2 学时 + 实践 1 学时

学习目标

- ▶ 类与对象概述
- ▶ 构造函数
- ▶ 析构函数
- ▶ 友元

9.1 类与对象概述

我们身处一个真实的世界，不论在何处，我们所见到的东西都可以被看作对象。人、动物、工厂、汽车、植物、建筑物、割草机、计算机等都是对象，现实世界是由对象组成的。

对象多种多样，各种对象的属性也不相同。有的对象有固定的形状，有的对象没有固定的形状；有的对象有生命，有的对象没有生命；有的对象可见，有的对象不可见；有的对象会飞，有的对象会跑；有的对象很高级，有的对象很原始。各个对象也有自己的行为，例如球的滚动、弹跳和缩小，婴儿的啼哭、睡眠、爬行和眨眼，汽车的加速、制动和转弯等。但是，各个对象可能也有一些共同之处，至少它们都是现实世界的组成部分。

人们是通过研究对象的属性和观察它们的行为而认识对象的。我们可以把对象分成很多类，每一大类中又可分成若干小类。也就是说，类是可以分层的。同一类的对象具有许多相同的属性和行为，不同类的对象也可能具有相同的属性和类似的行为，例如婴儿和成人、人和猩猩、小汽车和卡车等，都有共同之处。

在 C++ 中，用类来描述对象的方式是通过对现实世界的抽象形成的。在真实世界中，同是人类的张三和李四，有许多共同点，也有许多不同点。但当用 C++ 描述时，相同类的对象具有相同的属性和行为。C++ 把对象分为两个部分，即数据（相当于属性）和对数据的操作（相当于行为）。

我们可以把现实世界分解为一个个的对象，解决现实世界问题的计算机程序也有与此对应的功能。由一个个对象组成的程序就称为面向对象的程序，编写面向对象程序的过程就称为面向对象的程序设计。使用这一技术能够将许多现实的问题归纳成为一个简单解。支持面向对象的程序设计的语言很多，C++ 是其中应用最广泛的语言之一。面向对象的程序设计有 4 个主要的特点，即抽象、封装、继承和多态。C++ 中的类对象体现了抽象和封装的特点。那么在 C++ 中什么叫对象，什么叫类呢？从本章起，我们开始学习类和对象。

首先介绍变量的定义。假定我们在 main 函数中定义了一个整型变量 nInteger。

```
void main()
{
    int nInteger;
}
```

程序会在 main 函数中为 nInteger 分配栈内存，保存变量 nInteger 的值，并在 main 返回时释放该内存。在面向对象的程序设计中，nInteger 也称为对象。所谓对象，就是一个内存区，它存储某种类型的数值。变量就是有名字的对象。对象除了可以用上述定义的方法创建外，也可以用 new 表达式创建，还可能是应用程序运行时临时创建的。例如，函数调用和返回时均会创建临时对象。

对象是有类型的，例如上面定义的 nInteger 对象就是整型的。一个类型可以定义许多对象，一个对象有一个确定的类型。例如可以说，int 型变量是 int 类型的实例，或对象是类的实例。

实际上，我们所说的类，并非仅指 C++ 中那些基本的数据类型。C++ 中引入了 class 关键字来定义类，它也是一种数据类型。类是 C++ 支持面向对象的程序设计的基础，它支持数据的封装、隐藏等。类与我们前面学习过的结构类似，实际上 C++ 中也可以用 struct 关键字来定义类（但不建议使用）。

前面介绍的 C 语言的结构体中只有数据成员。C++ 的类除了可以定义数据成员外，还可以定义对这些数据成员（或对象）操作的函数，也正是这些函数实现了对对象的操作。

9.1.1 类的声明与定义

C++ 中类的定义一般分为类的声明部分和类的实现部分。类的声明部分用来说明该类中的成员（数据成员、成员函数），告诉使用者“干什么”；类的实现部分用来定义成员函数，该函数用来对数据成员进行操作，告诉使用者“怎么干”。

类定义的一般形式如下。

```
class< 类名 >
{
    public:
    < 成员函数或数据成员的说明 >
    protected:
    < 成员函数或数据成员的说明 >
    private:
    < 成员函数或数据成员的说明 >
};                                          // 类的声明部分
< 各成员函数的实现 >                        // 类的实现部分
```

例如，可以定义一个学生类。

```
class student
{
    public:
    int num;
    char sex;
    protected:
    char name[10];
    private:
    int age;
};            // 类的声明部分
```

类的声明由类头和类体组成。类头由关键字 class 开头，然后是类名，其命名规则与一般标识符的命名规则一致，有时可能有附加的命名规则，例如美国微软公司的 MFC 类库中的所有类均是以大写字母 C 开头的。被大括号括起来的部分被称为类体，类体主要由一些变量和函数说明组成，分别称为类的数据成员和成员函数，统称为类成员。

注意：类的声明部分最后以分号结尾，因为它也是一条语句。如果没有分号，则会产生难以理解的编译错误。

类体定义类的成员，它支持以下两种类型的成员。

⑴ 数据成员：它们指定了该类对象的内部表示。

⑵ 成员函数：它们指定该类的操作。

类成员有以下 3 种不同的访问权限符。

⑴ 公有成员访问权限符（public）：既可以被本类中的成员函数访问，也可以被类的作用域内的其他函数访问。

⑵ 私有成员访问权限符（private）：成员只能被该类中的成员函数访问，类外的其他函数则不能（友元类除外，关于友元类，后文将有介绍）。

⑶ 保护成员访问权限符（protected）：成员只能被该类的成员函数或派生类（有关基类和派生类的概念将在后面介绍）的成员函数访问。

如果在类的定义中既不指定 private，也不指定 public，则系统就默认是私有的。在一个类体中，public 和 private 可以分别出现多次，即一个类体可以包含多个 public 和 private 部分，每个部分的作用范围到另外一个成员访问权限符或类体出现为止。但是我们应该尽可能地使每种权限符只出现一次。

数据成员通常是私有的，成员函数通常有一部分是公有的，一部分是私有的。公有的成员函数可在类外被访问，也被称为类的接口。可以为各个数据成员和成员函数指定合适的访问权限。类定义常表现为下面的形式。

```
class Name {
    public:
    类的公有接口
    private:
    私有的成员函数
    私有的数据成员定义
};
```

私有的成员与公有的成员的先后次序无关紧要。不过公有的接口函数放在前面更好，因为有时我们可能只希望知道怎样使用一个类的对象，那只要知道类的公有接口即可，而不必阅读 private 关键字以下的部分。

类的成员函数通常在类外定义，一般形式如下。

```
返回类型 类名 :: 函数名 ( 形参表 )
{
    函数体
}
```

下面是一个具体的例子。

```
void  Cdate :: SetDate( int y, int m, int d )
{
    year=y;
    month=m;
    day=d;
}
```

双冒号“::”是域运算符，主要用于类的成员函数的定义，标识某个成员函数是属于哪个类的。该运算符在这里的使用格式如下。

```
< 类名 > :: < 函数名 > <( 参数表 )>
```

下面是关于类的声明和定义的一个例子。

【范例 9-1】 关于日期类声明和定义的例子。

⑴ 在 Visual C++ 6.0 中，新建名称为“Cdate Class”的【C++ Source File】源文件。

(2) 在代码编辑区域输入以下代码（代码 9-1.txt）。

```
#include <iostream>
using namespace std;
class Cdate
{
public:                                 // 下面定义 3 个公有成员，均为成员函数
    void SetDate (int y, int m, int d); // 设置日期，用它使对象（变量）获取数值
    int  IsLeapYear ( );                // 用来判断是否闰年的函数
    void Print ( );                     // 用来将年、月、日的具体值输出
private:
    int year, month, day;               // 定义 year 、 month 、day 这 3 个 int 型变量
 };
// 下面为日期类的实现部分
void Cdate :: SetDate( int y, int m, int d )// 设置日期使对象获取数据
 {
    year=y;                             // 私有成员变量 year 获取数值
    month=m;                            // 私有成员变量 month 获取数值
    day=d;                              // 私有成员变量 day 获取数值
}
int Cdate::IsLeapYear( )                // 判断是否闰年的成员函数的实现
{
    return (year %4 ==0 && year %100 != 0) || ( year %400==0);
    // 如为闰年则返回 1
}
void  Cdate :: Print( )                 // 用来将年、月、日的具体值输出
{
            cout<<year<<","<<month<<","<<day<<endl;
}
void main()
{
            int rn;          // 定义一个整型变量 rn，用来接收判断是否闰年的函数的返回值
            Cdate date1;                        // 声明对象
            date1.SetDate(2004, 12, 30);        // 给对象 date1 的成员函数赋值
            rn = date1.IsLeapYear();            // 判断是否闰年的成员函数返回值赋给 rn
            if (rn==1)
                    cout<<" 闰年 "<<endl;       // 输出信息
    date1.Print();                      // 调用对象的成员函数，返回具体的年、月、日
}
```

【运行结果】

编译、连接、运行程序，通过在主函数中调用对象成员函数进行赋值、输出，即可得到是否闰

年的结果和具体的年、月、日，如图 9-1 所示。

图 9-1

【范例分析】

代码中声明了一个类 Cdate，该类包含私有数据成员和公有成员。在 main() 函数中，上述程序使用该类定义了一个对象 date1。关于对象的定义，后面将具体讲解。

Cdate 类中定义了私有和公有两类成员，其数据成员都为私有，这是出于封装的目的，不希望直接访问数据成员，而是通过所提供的公有函数访问。例如通过函数 SetDate() 设置日期，通过函数 IsLeapYear() 判断是否闰年，通过函数 Print() 输出具体的年、月、日。

9.1.2 对象的定义和使用

对象是类的实例，对象属于某个已知的类。因此在定义对象之前，一定要先定义好类。对象定义格式为：<类名><对象名表>。

例如：

```
Cdate date1, date2, *Pdate, data[31];
```

其中 Cdate 为类名，date1 和 date2 为一般对象名，*Pdate 为指向对象的指针，data 为对象数组的数组名。

一个对象的成员就是该对象的类的成员，其中包含数据成员和成员函数。下面介绍如何表示一般对象的成员，格式如下。

```
<对象名>.<成员名>(<参数表>)
```

例如 date1 的成员可表示为如下形式。

date1.year、date1.month、date1.day 分别表示 Cdate 类的对象 date1 的 year 成员、month 成员和 day 成员。

date1.SetDate(int y, int m, int d) 表示 Cdate 类的对象 date1 的 SetDate() 成员函数。

这里的“.”为成员选择符。

成员函数也可以通过指向对象的指针调用，调用形式为“指向对象的指针→成员函数名(实参表)”。例如 Pdate → print()，表示 Cdate 类的指针对象 Pdate 的 Print() 成员函数。

【范例 9-2】 使用对象计算矩形面积。

(1) 在 Visual C++ 6.0 中，新建名称为“Rectangle Area”的【C++ Source File】源文件。

(2) 在代码编辑区域输入以下代码（代码 9-2.txt）。

```
#include <iostream>
using namespace std;
// 下面为类的声明部分
class Carea
{
        private:
```

```
        int x, y;                    // 声明 x 和 y 两个私有变量
      public:
void set_values (int a,int b);       // 声明设置矩形长、宽值的函数，用来为私有变量赋值
int area();                          // 声明计算面积的成员函数
};
// 下面为类的实现部分
void Carea::set_values (int a, int b)
{                                    // 设置长、宽值，使对象获取数据
      x = a;                         // 私有变量 x 获取数据
      y = b;                         // 私有变量 y 获取数据
}
int Carea::area ()
{
      return (x*y);                  // 通过函数值返回面积
}
int main ()
{
      Carea rect1, rect2;            // 声明 rect1 和 rect2 两个对象
      rect1.set_values (3,4);        // 为对象 rect1 的成员函数的参数赋值
      rect2.set_values (5,6);        // 为对象 rect2 的成员函数的参数赋值
      cout << "rect1 area: " << rect1.area() << endl;
      cout << "rect2 area: " << rect2.area() << endl;
      return 0;
}
```

【运行结果】

编译、连接、运行程序，在主函数中声明两个对象并对成员函数的参数赋值，获取长、宽值，并调用求矩形面积的成员函数，即可将 rect1 和 rect2 两个对象的面积值输出，如图 9-2 所示。

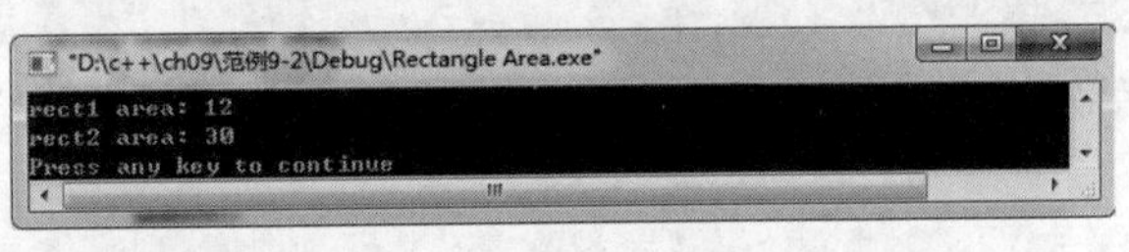

图 9-2

【范例分析】

这个范例是基于对象和面向对象编程概念的。这里讨论的类 Carea 有两个实例或称对象 rect1 和 rect2，每一个都有它自己的成员变量和成员函数。在程序中，首先声明了类 Carea，其包含两个公有成员函数和两个私有成员变量。然后，在主函数 main() 中声明了两个对象，分别调用各自的成员函数完成面积的计算。调用函数 rect1.area() 与调用函数 rect2.area() 所得到的结果是不一样的，这是因为每个 "class Carea" 的对象都拥有自己的变量 x 和 y，以及自己的函数 set_values() 和 area()。

9.2 构造函数

变量应该被初始化，对象也需要初始化，那么应该怎样初始化一个对象呢？

C++ 中定义了一种特殊的初始化函数，称为构造函数。当对象被创建时，构造函数自动被调用。构造函数有一些独特的地方，其函数的名字与类名相同，也没有返回类型和返回值。

对象在生成过程中通常需要初始化变量或分配动态内存，以便被操作，或防止在执行过程中返回意外结果。例如在前面的例子中，如果在调用函数 set_values( ) 之前就调用函数 area()，将会产生什么样的结果呢？可能会返回一个不确定的值，因为成员 x 和 y 还没有被赋任何值。

为了避免这种情况发生，无论用什么方法使用类对象，用户都必须正确地初始化类对象，因此可以通过构造函数来保证每个对象被正确地初始化。可以通过声明一个与 class 同名的函数来定义构造函数。对象被创建时，构造函数被自动调用。所以在使用一个对象之前，它的初始化就已经完成了。构造函数的特点是没有类型、没有返回值，名字与类名相同。此外，构造函数有有参数和无参数两种形式。

下面是一个简单的类，它显式地定义了一个无参数构造函数。

```
class X
{
    int i;
    public:
    X();        // 构造函数
};
当用该类定义一个对象时：
void f()
{
    X a;
    //……
}
```

定义对象 a 与定义一个整型变量的方法并没有什么区别，都是为这个对象分配内存。但是两者也有不同的地方，即当对象 a 创建时，会自动调用构造函数。

再如有参数的构造函数，例如下面 Tree 类的构造函数有一个整型参数，用以指定树的高度。创建 Tree 类对象的方法如下。

```
Tree t(12);  // 12 英尺高的树
```

Tree (int) 的构造函数带一个整型参数，创建 Tree 对象时必须指定该参数，用下面的语句创建 Tree 对象是错误的。

```
Tree t;
```

综上所述，构造函数是有着特殊名字、在对象创建时被自动调用的一种函数，它的功能就是完成类的初始化。下面介绍如何实现包含一个有参构造函数的 Carea。

【范例 9-3】 使用构造函数的例子。

(1) 在 Visual C++ 6.0 中，新建名称为“Constructor Application”的【C++ Source File】源文件。

(2) 在代码编辑区域输入以下代码（代码 9-3.txt）。

```
#include <iostream>
using namespace std;
class Carea
```

```
{
  private:
    int width, height;
  public:
    Carea(int,int);                                   // 构造函数声明
    int area ();                                      // 计算面积的成员函数的声明
     };
// 以下为构造函数的定义
 Carea::Carea (int a, int b)
 {
     width = a;
     height = b;
 }
 int Carea::area ()                                  // 计算面积的成员函数的实现
 {
     return (width*height);                          // 通过函数值返回面积
 }
 int main ()
 {
     Carea rect1 (3,4);                              // 创建 rect1 对象并调用构造
函数进行初始化
     Carea rect2 (5,6);                              // 创建 rect2 对象并调用构造
函数进行初始化
     cout << "rect1 area: " << rect1.area() << endl;  // 输出面积值
     cout << "rect2 area: " << rect2.area() << endl;  // 输出面积值
     return 0;
 }
```

【运行结果】

编译、连接、运行程序，在主函数中创建两个对象，并调用构造函数进行初始化，获取长、宽值，之后调用求矩形面积，即可将 rect1 和 rect2 两个对象的面积值输出，如图 9–3 所示。

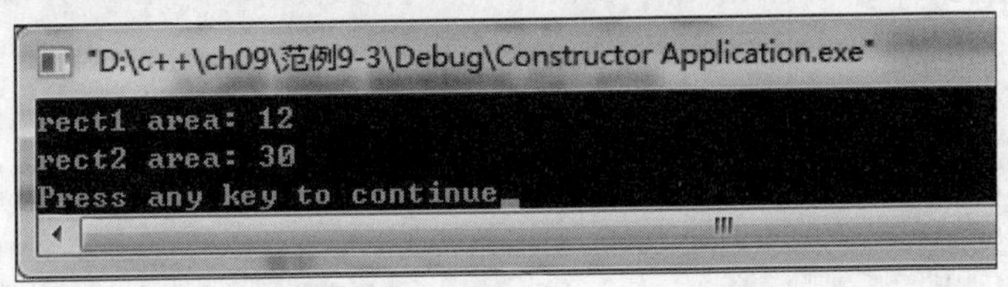

图 9–3

【范例分析】

正如我们看到的，本范例的输出结果与前一个范例没有区别。在本范例中，我们只是把函数 set_values 换成了 class 的构造函数 constructor。需要注意这里参数是如何在 class 实例生成时传递给构造函数的：

```
Carea rect1 (3,4);
Carea rectb (5,6);
```

构造函数的原型和实现中都没有返回值，也没有 void 类型声明。构造函数必须这样写。一个构造函数永远没有返回值，也不用声明 void，就像读者在本范例中所看到的一样。

【范例 9–4】 调用构造函数输出学生的学号、姓名和性别。

(1) 在 Visual C++ 6.0 中，新建名称为“Constructor Application”的【C++ Source File】源文件。

(2) 在代码编辑区域输入以下代码（代码 9–4.txt）。

```
#include <iostream>
#include <string>
#include <cstring>
using namespace std;
class Stud                    // 声明一个类
{
    private:                  // 私有部分
            int num;
            char name[10];
            char  sex;
    public:                   // 公有部分
            Stud();           // 构造函数
            void display();   // 成员函数
};
Stud::Stud()                  // 构造函数定义，函数名与类名相同
{
    num=10010;                // 给数据赋初值
    strcpy(name, "suxl");
    sex='F';
}
void  Stud::display()         // 定义成员函数，输出对象的数据
{
    cout<<" 学号 : "<<num<<endl;
    cout<<" 姓名 : "<<name<<endl;
    cout<<" 性别 : "<<sex<<endl;
}
void  main()
{
    Stud stud1;               // 定义对象 stud1 时自动执行构造函数
            stud1.display();  // 从对象外面调用 display() 函数
    }
```

【运行结果】

编译、连接、运行程序，在主函数中定义对象 stud1 时自动调用构造函数并进行初始化，然后在对象外部调用 display 函数将学生的学号、姓名和性别输出到命令行，如图 9–4 所示。

"D:\c++\ch09\范例9-4\Debug\Constructor Application.exe"

```
学号: 10010
姓名: suxl
性别: F
Press any key to continue
```

图 9–4

【范例分析】

正如我们看到的，整个程序很简单，仅包括声明一个类、定义一个对象、向对象发出消息 3 个部分，执行对象中的成员函数 display()。在定义 stud1 对象时自动执行了构造函数 stud()，因此对象中的数据成员均被赋值。执行 display() 函数时输出以下信息。

```
num:10010
name:suxl
sex:F
```

另外，在程序中可以看到，只有对象中的函数才能引用本对象中的数据。如果在对象外面直接引用，如下所示，是无法输出学生的学号的。

```
cout<<stud1.num;
```

由此，读者可以进一步体会到类的特点。

9.3 析构函数

我们已经知道，构造函数的主要功能是在创建对象时，对对象进行初始化操作。而析构函数与构造函数相反，是在对象被删除前由系统自动执行它进行清除工作。例如，在建立对象时用 new 分配的内存空间，应在析构函数中用 delete 释放。析构函数与构造函数类似的是：析构函数也与类同名，但在名字前面有一个“~”符号，即取反运算符，析构函数没有返回类型和返回值。

一个类可能有许多对象，每当对象的生命结束时，都要调用析构函数，且每个对象调用一次。这与构造函数形成了鲜明的对比，因此在析构函数名字的前面加上“~”运算符，表示“逆构造函数”。

若一个对象中有指针数据成员，该指针数据成员指向某一个内存块，那么在对象销毁前往往要通过析构函数释放该指针指向的内存块。例如，Set 类中 elems 指针指向一个动态数组，应该给 Set 类再定义一个析构函数，使 elems 指向的内存块能够在析构函数中被释放。

```
class Set
{
public:
        Set (const int size);
        ~Set(void) {delete elems};          // 析构函数
    …
private:
        int *elems;                  // 指向一个动态数组
        …
};
```

下面通过一个例子对析构函数是如何工作的进行分析。

```
void main(void)
{
    Set s(10);
    ...
}
```

当创建 Set 类对象时，调用其构造函数，为 s.elems 分配内存并初始化其他对象成员。在程序结束前，系统调用 s 的析构函数，释放 s.elems 指向的内存区。这里析构函数不可以像其他成员函数一样被直接调用，只能让系统自己调用。

注意，对象的析构函数在对象销毁前被调用，对象何时销毁也与其作用域有关。例如，全局对象是在程序运行结束时销毁，自动对象是在离开其作用域时销毁，而动态对象则是在使用 delete 运算符时销毁。析构函数的调用顺序与构造函数的调用顺序相反。析构函数完成相反的功能。它在对象被从内存中释放的时候被自动调用。释放可能是因为它存在的范围已经结束，或者是因为它是一个动态分配的对象，而被操作符 delete 而释放。

析构函数特别适用于当一个被动态分配了内存空间的对象被销毁前，希望释放它所占用的空间的时候。我们往往不会忽略初始化的重要性，却很少考虑到清除的重要性，实际上清除也很重要。例如，我们在堆中申请了一些内存，如果没有用完就释放，就会造成内存泄露，导致应用程序运行效率降低，甚至崩溃。C++ 提供了析构函数，可以保证对象清除工作自动执行。

【范例 9-5】 使用析构函数的例子。

(1) 在 Visual C++ 6.0 中，新建名称为“Destructor Application”的【C++ Source File】源文件。
(2) 在代码编辑区域输入以下代码（代码 9-5.txt）。

```
#include <iostream>
using namespace std;
class Carea
{
    int * width, * height;          // 默认为私有变量
public:
    Carea (int,int);                // 构造函数的声明
    ~Carea ();                      // 析构函数的声明
    int area ();                    // 计算面积的成员函数
};
// 以下为构造函数的定义
Carea::Carea (int a, int b)
{
     width = new int;               // 定义一个整型指针变量 width
     height = new int;              // 定义一个整型指针变量 height
    *width = a;                     // 把参数 a 的值赋给指针变量 width
    *height = b;                    // 把参数 b 的值赋给指针变量 height
}
// 以下为析构函数的定义
Carea::~Carea ()
```

```
{
    delete width;                                   // 释放指针变量 width 占用的内存资源
    delete height;                                  // 释放指针变量 height 占用的内存资源
    cout<<" 释放对象占用的内存资源 "<<endl; // 调用析构函数的信息提示
}
int Carea::area ()
{                                                   // 计算面积的成员函数的实现
    return ((*width)*(*height));                    // 通过函数值返回面积
}
int main () {
    Carea  rect1 (3,4), rect2 (5,6);
    cout << "rect1 area: " << rect1.area() << endl;
    cout << "rect2 area: " << rect2.area() << endl;
    return 0;
}
```

【运行结果】

编译、连接、运行程序，在主函数中创建对象 rect1、rect2 并调用构造函数进行初始化来获取长、宽值，之后分别调用求矩形面积的成员函数，即可将 rect1 和 rect2 两个对象的面积值输出，然后调用 rect2 和 rect1 的析构函数释放对象占用的资源，输出信息提示如图 9–5 所示。

图 9–5

【范例分析】

在本范例中，定义了一个类 Carea，在类中声明了该类的构造函数和析构函数，在类外定义了构造函数和析构函数。在 main() 函数中创建对象 rect1 和 rect2，都调用构造函数进行了初始化。在输出 rect1 对象和 rect2 对象的矩形面积后，程序结束，此时编译系统自动调用 rect2 对象和 rect1 对象的析构函数释放指针变量的资源，并输出 “释放 ……”的提示信息。

【范例 9–6】 析构函数调用顺序的例子。

(1) 在 Visual C++ 6.0 中，新建名称为“Destructor Order”的【C++ Source File】源文件。

(2) 在代码编辑区域输入以下代码（代码 9–6.txt）。

```
#include <iostream>
using namespace std;          // 指标准库中输入输出流的头文件，cout 就定义在这个头文件里
class Test                    // 定义类
{
    private:                  // 私有变量
            int num;
    public:
```

```
    Test(int a)                    //定义构造函数
    {
            num = a;
            cout<<"第"<<num<<"个Test对象的构造函数被调用"<<endl;
    }
    ~Test()                        //定义析构函数
    {
            cout<<"第"<<num<<"个Test对象的析构函数被调用"<<endl;
}
};
    void main()
    {
    cout<<"进入main()函数"<<endl;
    Test t[4] = {0,1,2,3};         //定义4个对象，分别将0、1、2、3赋给构造函数的形参a
    cout<<"main()函数在运行中"<<endl;
    cout<<"退出main()函数"<<endl;
}
```

【运行结果】

编译、连接、运行程序，在主函数中创建 t[1]、t[2]、t[3] 和 t[4] 共 4 个对象，按创建的顺序分别调用各自的构造函数进行初始化，并输出信息；之后返回主函数，当程序结束时按与创建对象时相反的顺序依次调用析构函数并输出信息，如图 9-6 所示。

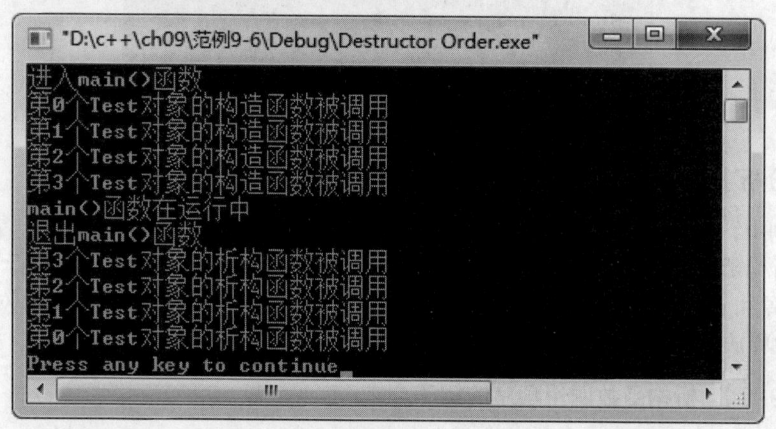

图 9-6

【范例分析】

在本范例中，定义了一个类 Test，在类中定义了该类的构造函数和析构函数，在 main() 函数中创建了 4 个对象，分别调用构造函数进行初始化。程序结束时，编译系统自动调用 4 个对象的析构函数并输出信息。

本范例表明，析构函数与构造函数的调用次序相反，即最先构造的对象最后被析构，最后构造的对象最先被析构。

9.4 友元

为了使类的私有成员和保护成员能够被其他类或其他成员函数访问，C++ 引入了友元的概念。例如，可以将客户定义为类的“朋友”，如果客户成为类的“朋友”，就可以直接存取类的保护成员和私有成员。类的“朋友”被称为类的友元，友元可以是一个类的成员函数、一个普通函数或另外一个类。

9.4.1 友元成员

如果一个类的成员函数是另一个类的友元函数，则称这个成员函数为友元成员。通过友元成员函数，不仅可以访问自己所在类对象中的私有和公有成员，而且可以访问由关键字 friend 声明的语句所在的类对象中的私有和公有成员。这可以使两个类相互访问，从而共同完成某个任务。例如，设类 B 的成员函数 BMemberFun 是类 A 的友元成员，那么该友元成员的定义格式如下。

```
class  A
{
    friend  void  B::BMemberFun(A&);// 友元函数是另一个类 B 的成员函数
    public:
    ...
}
```

【范例 9–7】 友元成员的应用。

(1) 在 Visual C++ 6.0 中，新建名称为“Friend Member”的工程。

(2) 建立一个 X 类，形成一个”X.h”头文件。

```
#ifndef X_H
#define X_H
#include <iostream>            // 标准库中输入输出流的头文件， cout 就定义在这个头文件里
#include <string>
#include <cstring>
using namespace std;           // 字符串头文件
class Y;                       // 为向前引用
class X                        // 定义类 X
{
    int x;
    char *strx;                // 定义私有成员
    public:
      X(int a,char *str)       // 定义构造函数
      {
        x=a;
        strx=new char[strlen(str)+1]; // 分配空间
        strcpy(strx,str);      // 调用字符串拷贝函数
```

```
    }
    void show(Y &ob);                            // 声明公有成员函数
};
#endif
```

⑶ 建立一个 Y 类，形成一个“Y.h”头文件。

```
#ifndef Y_H
#define Y_H
#include "X.h"
class Y                                          // 定义类 Y
{
    int y;
    char *stry;
    public:
            Y(int b,char *str)                   // 定义构造函数
            {
            y=b;
            stry=new char[strlen(str)+1];
            strcpy(stry,str);
            }
            friend void X::show(Y &ob)           // 声明友元成员
            {
                    cout << "the string of X is: " << strx << endl;
                    cout << "the string of Y is: " << ob.stry << endl;
    }
};
#endif
```

⑷ 构建主程序。

```
#include "X.h"
#include "Y.h"
void main()
{
    X a(10, "stringx");                  // 创建类 X 的对象
    Y b(10, "stringy");                  // 创建类 Y 的对象
    a.show(b);
}
```

【运行结果】

编译、连接、运行程序，类 X 的成员函数在类 Y 中被说明为友元 show() 的成员函数时，该函数对类 X 的私有成员 strx 和类 Y 的私有成员 stry 都可以访问，因此输出图 9-7 所示的结果。

```
"D:\c++\ch09\范例9-7\Friend Member\Debug\Friend Member.exe"
the string of X is: stringx
the string of Y is: stringy
Press any key to continue
```

图 9-7

【范例分析】

本范例中定义了类 X 和类 Y 两个类，类 X 的成员函数 show() 在类 Y 中被说明为友元，在类外定义了该成员函数 show()。可以看到，该函数既可以访问类 X 的私有成员 strx，也可以访问类 Y 的私有成员 stry。

需要注意的是，若要将一个类的成员函数声明为另一个类的友元函数，必须先定义这个类。在本范例中，类 X 的成员函数为类 Y 的友元函数，因此必须先定义类 X，并且在说明友元函数时要加上成员函数所在的类名，如：

```
friend void X::show(Y &ob);
```

程序中的"class Y;"为向前引用，因为函数 show() 的形参是类 Y 的对象引用，而类 Y 的定义在类 X 的定义之后。

9.4.2 友元函数

当一个普通函数或一个类的成员函数需要经常访问另一个类中的数据时，由于不能直接访问另一个类的私有数据成员，必须通过调用公用成员函数来实现，因此访问效率很低。为了提高访问效率，C++ 允许在一个类中把一个普通函数或成员函数声明为它的友元函数。被声明为一个类的友元函数，则该函数具有直接访问该类的保护或私有成员的特权。

声明友元函数的语句以关键字 friend 开始，后面跟一个函数或类的声明。在 C++ 中，将普通函数声明为友元函数的一般形式如下。

```
friend< 数据类型 >< 友元函数名 >( 参数表 );
```

【范例 9-8】 友元函数的应用。

(1) 在 Visual C++ 6.0 中，新建名称为"Friend Function"的工程。

(2) 建立一个 CPoint 类，形成一个"CPoint.h"头文件。

```
class CPoint                              // 定义类
{
    public:
    CPoint( unsigned x, unsigned y ) // 定义构造函数
    {
            m_x = x;
            m_y = y;                      // 初始化成员
    }
    void  Print()                         // 定义成员函数
    {
    cout << "Point(" << m_x << ", " << m_y << ")"<< endl;         // 通过成员变量输出参数值
```

```
    }
    friend  CPoint :: Inflate(CPoint &pt, int nOffset);        // 声明一个友元函数
    private:
    unsigned  m_x,  m_y;                                       // 定义私有成员变量
};
```

⑶ 定义一个友元函数，形成一个“CPoint.cpp”文件。

```
#include "CPoint.h"
CPoint Inflate ( CPoint &pt, int nOffset )          // 友元函数的定义
{
    CPoint ptTemp = pt;
    ptTemp.m_x += nOffset;                           // 直接改变私有数据成员 m_x 的值
    ptTemp.m_y += nOffset;                           // 直接改变私有数据成员 m_y 的值
    return ptTemp;                                   // 返回修改过私有成员值的类对象
}
```

⑷ 构建主程序。

```
#include <iostream>
#include "CPoint.h"
using namespace std;         // 标准库中输入输出流的头文件，cout 就定义在这个头文件里
void main()
{
    CPoint pt(10, 20);       // 创建对象并调用构造函数进行初始化
    pt.Print();              // 输出修改前的类对象 pt 私有变量值
    pt = Inflate(pt, 3);     // 调用友元函数
    pt.Print();              // 输出修改后的类对象 pt 私有变量值
}
```

【运行结果】

编译、连接、运行程序，在主函数中创建对象 pt，调用构造函数进行初始化来获取点坐标并输出，之后调用友元函数修改坐标值，然后调用输出的成员函数输出修改后的坐标值，如图 9–8 所示。

图 9–8

【范例分析】

本范例中定义了类 CPoint，在类中声明了友元函数 Inflate()，在类的外部对该函数进行了定义。在主函数 main() 中创建了一个对象 pt，创建对象的同时调用构造函数对其成员进行了初始化，然后调用友元函数 Inflate() 实现了私有变量值的修改。

一般来说，使用友元函数应注意以下几个问题。

⑴ 必须在类的定义中说明友元函数，说明时以关键字 friend 开头，后面跟友元函数的函数原型。

友元函数的说明可以出现在类的任何地方，包括 private 和 public 部分。也就是说，友元函数的说明不受类成员访问控制符的限制。

⑵ 友元函数不是类的成员，因此不能直接引用对象成员的名字，也不能通过 this 指针引用对象的成员，而必须通过入口参数传递进来的对象名或对象指针来引用该对象的成员。为此，友元函数一般带有一个该类的入口参数，如本范例中的“Inflate (CPoint &pt, int nOffset)”。

⑶ 当一个函数需要访问多个类时，应该把这个函数同时定义为这些类的友元函数，这样，这个函数才能访问这些类的数据。

9.4.3 友元类

不仅函数可以作为一个类的友元，而且一个类也可以作为另一个类的友元，这种类被称为友元类。当类 A 作为类 B 的友元类时，类 A 的所有成员函数都是类 B 的友元函数，都可以访问类 B 中的私有和保护成员。将类 A 说明为类 B 的友元类的语法格式如下。

```
class B
{
    friend class A ;  // 说明类 A 是类 B 的友元类
};
```

说明类 A 是类 B 的友元类的语句既可以放在类 B 的公有部分，也可以放在类 B 的私有部分。

【范例 9-9】 友元类的应用。

⑴ 在 Visual C++ 6.0 中，新建名称为“Friend Class”的工程。

⑵ 建立一个 X 类，形成一个“X.h”头文件。

```
#ifndef X_H
#define X_H
#include <iostream>
using namespace std;
class X                         // 定义类 X
{
    private:                    // 定义私有成员
            int x;
            static int y;
            friend class Y;     // 声明类 Y 为类 X 的友元类
    public:
            void set(int a)
{
    x = a;
            }                   // 定义公有成员函数
void print()
    {
    cout<<"x="<<x<<","<<"y="<<y<<endl;
    }                           // 定义公有成员函数
};
#endif
```

⑶ 建立一个 Y 类，形成一个“Y.h”头文件。

```
#ifndef Y_H
#define Y_H
#include "X.h"
class Y                             // 定义类 Y
{
    private:
            X a;                    // 私有成员
    public:
            Y(int m,int n)          // 定义构造函数
            {
                    a.x=m;  // 初始化私有变量 x 的值
                    X::y=n; // 初始化私有变量 y 的值
            }
    void print() ;                  // 声明友元成员
};
#endif
```

⑷ 建立一个“Y.cpp”文件。

```
#include "Y.h"
int X::y=1;
void Y::print()         // 定义友元成员
{
    cout<<"x="<<a.x<<",";
    cout<<"y="<<X::y<<endl;
}
```

⑸ 构建主程序。

```
#include "X.h"
#include "Y.h"
void main()
{
    X b;                // 创建类 X 的对象 b
    b.set(5);           // 调用对象 b 的成员函数进行赋值
    b.print();          // 调用对象 b 的成员函数输出值
    Y c(6,9);           // 创建类 Y 的对象 c，并进行初始化
    c.print();          // 调用友元成员进行输出
   b.print();           // 调用对象 b 的成员函数进行输出
 }
```

【运行结果】

编译、连接、运行程序，首先调用 b 的成员函数进行输出，然后使用友元类的对象 c 调用成员函数进行输出，最后调用对象 b 的成员函数进行输出，结果如图 9-9 所示。

```
"D:\c++\ch09\范例9-9\Friend Class\Debug\Friend Class.exe"
x=5,y=1
x=6,y=9
x=5,y=9
Press any key to continue
```

图 9-9

【范例分析】

本范例中定义了 X 和 Y 两个类。在类 X 中声明类 Y 为类 X 的友元类，因此类 Y 的成员可以访问类 X 的任意成员和函数，在函数 print() 中可以直接调用类 X 的私有成员变量 y 并进行输出。

程序在 X 类中说明了类 Y 是它的友元类，Y 类中的成员函数两次引用了 X 类的私有成员 a.x。只有在友元中才可以这样做，因为一般一个类的成员函数不能引用另一个类中的私有成员。另外，在 X 类中定义了一个静态数据成员 y，Y 类的成员函数两次引用了 X 类中的这个静态数据成员，这也是只有友元类才可以做到的。从程序的执行结果可看出，Y 类的对象 c 改变了 X 类的静态成员 y 之后，将保存其值，X 类的对象 b 中 y 成员的值是改变后的值。由此可见，Y 类对象与 X 类对象共用了静态成员 y。

9.5 综合实例——设计一个 Bank 类

本节通过一个综合应用的例子来学习类的设计和对象的使用。

【范例 9-10】 设计一个 Bank 类，实现银行某账号的资金往来账目管理，包括建立账号、存入、取出等。

⑴ 在 Visual C++ 6.0 中，新建名称为“Bank Class”的工程。

⑵ 建立一个 Bank 类，形成一个“Bank.h”头文件”。

```
#include <iostream>              // 标准库中输入输出流的头文件，cout 就定义在这个头文件里
#include <string>                // 包含字符串头文件
#include <cstring>
#define Max 100                  // 数值元素个数最大值
using namespace std;
class Bank                       // 定义类
{
    int top;
    char date[Max][10];          // 日期
    int money[Max];              // 存取金额
    rest[Max];                   // 余额
    static int sum;              // 累计余额
    public:
    Bank()                       // 构造函数
{
    top=0;
}
```

```
void bankin(char d[],int m)   // 处理存入账成员函数
{
    strcpy(date[top],d);      // 传递日期值
    money[top]=m;             // 存入金额
    sum=sum+m;                // 计算余额
    rest[top]=sum;            // 余额值赋给数值元素
    top++;                    // 数值元素下标增加 1
}
void bankout(char d[],int m)  // 处理取出账成员函数
{
    strcpy(date[top],d);      // 传递日期值
    money[top]=-m;            // 取出金额
    sum=sum-m;                // 计算余额
    rest[top]=sum;            // 余额值赋给数值元素
    top++;                    // 数值元素下标增加 1
}
void disp();                  // 打印明细成员函数
```

(3) 建立一个“Bank.cpp”文件。

```
#include "Bank.h"
 int Bank::sum=0;             // 初始化静态变量为 0
 void Bank::disp()
 {
 int i;
 cout<<(" 日期 .......... 存入 .......... 取出 .......... 余额 \n");
 for(i=0;i<top;i++)           // 打印明细表
 {
 cout<<date[i];
 if(money[i]<0)
 cout<<"....................."<<-money[i]<<;
 else
 cout<<"......"<<money[i]<<
 cout<<rest[i]<<endl;
 }
 }
```

(4) 构建主程序。

```
#include <iostream>           // 标准库中输入输出流的头文件，cout 就定义在这个头文件里
#include <string>             // 包含字符串头文件
#define Max 100
#include "Bank.h"
using namespace std;
void main()
```

```
{
    Bank obj;                          // 创建对象
    obj.bankin("2001.2.5",1000);       // 调用对象的存入账成员函数
    obj.bankin("2001.3.2",2000);       // 调用对象的存入账成员函数
    obj.bankout("2001.4.1",500);       // 调用对象的取出账成员函数
    obj.bankout("2001.4.5",800);       // 调用对象的取出账成员函数
    obj.disp();                        // 调用对象的打印明细成员函数
}
```

【运行结果】

编译、连接、运行程序，首先调用对象的存入账函数和取出账函数，进行参数赋值，然后调用对象的打印明细表进行输出，结果如图 9-10 所示。

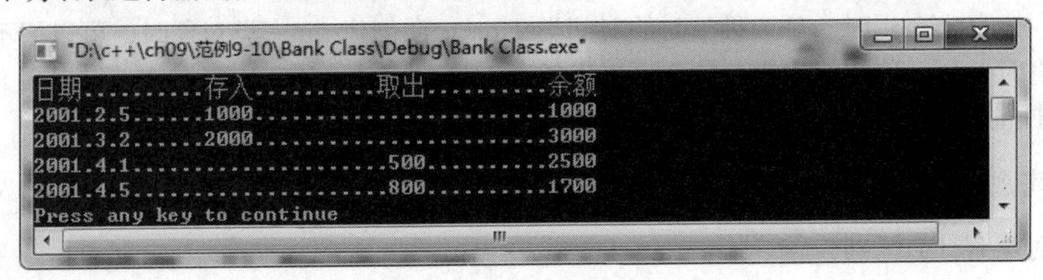

图 9-10

【范例分析】

本范例中定义了类 Bank，在类 Bank 中定义了 3 个成员函数和 1 个构造函数，3 个成员函数分别完成存入账、取出账和打印明细的功能，构造函数用来初始化数组下标为 0。

程序中，先分别调用存入账成员函数两次，每次的结果记录在数值变量中，然后调用取出账成员函数两次，每次的结果也记录在数值变量中，最后调用对象的打印明细成员函数将相应的数组元素值输出。

9.6 本章小结

本章主要讲述了类和对象的定义和使用、类的特殊成员。通过本章的学习，可以理解类的概念、类与对象的关系，掌握类和对象的定义和使用方法，掌握类的友元、静态成员、常量成员等特殊成员的使用方法。

9.7 疑难解答

1. public 和 private 的作用是什么？公有类型成员与私有类型成员有些什么区别？

公有类型成员用 public 关键字声明，公有类型定义了类的外部接口。私有类型的成员用 private 关键字声明，只允许本类的成员函数访问，而类外部的任何访问都是非法的，这样，私有成员就整个地隐藏在类中，在类的外部根本就无法看到，从而实现了访问权限的有效控制。

2. C++ 中拷贝构造函数什么时候被调用？

拷贝构造函数是一种特殊的构造函数，由编译器调用来完成一些基于同一类的其他对象的构造及初始化。其唯一参数（对象的引用）是不可变的 const 类型。此函数经常用于函数调用时用户定义类型的值传递及返回。拷贝构造函数要调用基类的拷贝构造函数和成员函数。

9.8 实战练习

1. 操作题

编写时间类的构造函数。

要求：定义一个用时、分、秒计时的时间类 Time。在创建 Time 类对象时，可以用不带参数的构造函数将时、分、秒初始化为 0 值，可以用任意正整数为时、分、秒赋初值，可以用大于 0 的任意秒值为 Time 对象赋初值，还可以用“hh:mm:ss”形式的字符串为时、分、秒赋初值。

2. 思考题

类与对象有什么区别?

第 10 章

命名空间

本章导读

命名空间和类的关系，就好比文件夹和文件的关系。命名空间就像文件夹，包含了若干个文件（类），这样可以将定义的很多类整齐地摆放起来，不仅避免命名冲突，而且简化对类成员的访问。本章介绍 C++ 中的文件夹——命名空间的相关知识，包括命名空间的定义和使用以及类和命名空间的关系等。

本章学时：理论 4 学时 + 实践 2 学时

学习目标

- ▶ 命名空间的定义
- ▶ 命名空间成员的使用
- ▶ 类和命名空间的关系
- ▶ 自定义命名空间

10.1　命名空间的定义

在 C++ 程序中经常会见到“using namespace”字样的代码，namespace 就是命名空间。那么命名空间到底是什么？为什么要使用命名空间呢？

这些就是本节讨论的主要内容。

10.1.1　命名空间的概念

C++ 采用的是单一的全局变量命名空间，在这单一的空间中，如果有两个变量或函数的名字完全相同，就会出现冲突。命名空间是为了解决 C++ 中变量、函数的命名冲突而引入的一种机制，其主要思路是将变量定义在有着不同名字的命名空间中。例如，一中有“高一 3 班”，二中也有“高一 3 班”，但因为它们分属不同的学校，所以我们能正确区分这两个班级。

命名空间就像文件夹，它包含了若干个文件（类），这样可以将我们定义的很多类整齐地摆放起来，不仅避免命名冲突，而且简化对类成员的访问。换句话说，文件是把程序分块的物理方法，命名空间则是把程序分块的逻辑方法。当程序很大而且需要多人合作编写的时候，命名空间就显得特别重要。

提示：为什么要引入命名空间呢？
在 C++ 中，标识符（name）可以是符号常量、变量、宏、函数、结构、枚举、类和对象等。为了避免在大规模程序设计中以及在程序员使用各种各样的 C++ 库时，这些标识符的命名发生冲突，标准 C++ 引入了关键字 namespace（命名空间，有的书也将其称为“名字空间”），以便更好地控制标识符的作用域。

注意：MFC 中并没有使用命名空间，但是在 .NET 框架、MC++ 和 C++/CLI 中都大量使用了命名空间。

10.1.2　命名空间的定义

命名空间用关键字 namespace 来定义，定义格式如下。

```
namespace 命名空间名
{
命名空间声明内容
}
```

例如，一个名为 sample 的命名空间定义如下。

```
namespace sample //定义一个命名空间 sample
{
    void print();        //命名空间中的成员函数 print()
    int i;
}
```

下面通过一个范例进行具体说明。

【范例 10-1】 定义 nsA 和 nsB 两个命名空间，它们有相同的成员函数 print()。

(1) 在 Visual C++ 6.0 中，新建名为“Namespace”的【Win32 Console Application】➤【A simple application】项目。

(2) 在工作区【FileView】视图中双击【Source Files】➤【Namespace.cpp】，在代码编辑区域输入以下代码（代码 10-1.txt）。

```
01 #include <iostream>
02 using namespace std;     //using 指令，引入标准 C++ 库命名空间 std
03 namespace nsA            // 定义一个命名空间 nsA
04 {
05         void print()     // 命名空间 nsA 中的成员函数 print()
06         {
07                 cout<<" 调用 nsA 中的函数 print()."<<endl;
08         }
09 }
10 namespace nsB            // 定义一个命名空间 nsB
11 {
12         void print()     // 命名空间 nsB 中的成员函数 print()
13         {
14                 cout<<" 调用 nsB 中的函数 print()."<<endl;
15         }
16 }
17 int main()
18 {
19         nsA::print();    // 调用命名空间 nsA 中的函数 print()，其中 "::" 是作用域解析
运算符
20         nsB::print();    // 调用命名空间 nsB 中的函数 print()
21         return 0;
22 }
```

【运行结果】

编译、连接、运行程序，即可在命令行中输出图 10-1 所示的结果。

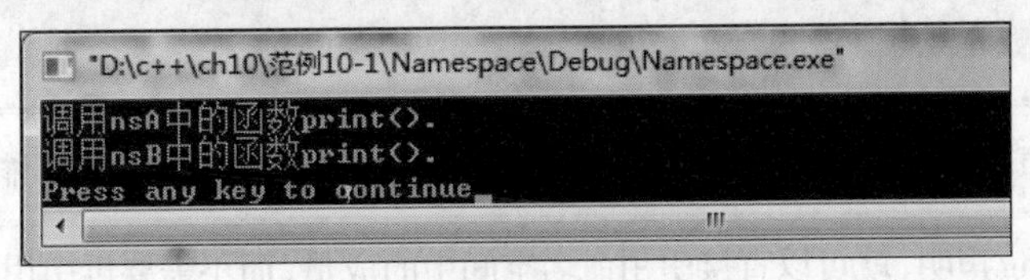

图 10-1

【范例分析】

本范例中，定义了 nsA 和 nsB 两个命名空间，并分别在其中定义了同名的成员函数 print()。

在调用时，为区分函数所在的命名空间，需加上命名空间限制符。代码“nsA::print()”说明是调用 nsA 中的 print()，输出“调用 nsA 中的函数 print()”；代码“nsB::print()”说明是调用 nsB 中的 print()，输出“调用 nsB 中的函数 print()”。

【拓展训练】

命名空间还可以嵌套定义，例如在命名空间 nsA 中定义命名空间 nsB。代码如下。

```
namespace nsA
{
    void f()            //nsA 中的成员函数 f()
    {
    }
    namespace nsB // 嵌套定义命名空间 nsB
    {
    }
}
```

技巧：可以在命名空间的定义中定义子命名空间，但不能在命名空间的定义中声明另一个嵌套的子命名空间，否则编译器将报错。

10.2　命名空间成员的使用

在上一节的程序中，我们使用“::”操作符来引用指定命名空间中的成员。显然，这种符号引用的方式是很麻烦的，那么有没有更简洁的方式来使用命名空间的成员呢?

答案是肯定的，本节介绍两种简洁而安全的方式。

10.2.1　using 声明

使用 using 声明可以在不需要加前缀“namespace_name:: ”的情况下访问命名空间中的成员。using 声明同其他声明一样有一个作用域，它引入的名字从该声明开始直到其所在的域结束都是可见的。using 声明可以出现在全局域和任意命名空间中，也可以出现在局部域中。

using 声明的格式如下。

```
using namespace_name::name;
```

注意：using 声明的最后必须是命名空间中的成员名、函数或变量，而不能是命名空间名。

一旦使用了 using 声明，就可以直接引用命名空间中的成员，而不需要再引用该成员的命名空间。

例如前面提到的命名空间 std，是最常用的命名空间，标准 C++ 库中所有的组件都在该命名空间中声明和定义。例如，在标准头文件（如 <vector> 或 <iostream>）中声明的函数对象和类模板都被声明在命名空间 std 中。

看下面的示例。

```
#include <string>
#include <iostream>
using std::cin;                 //using 声明，表明要引用标准库 std 中的成员 cin
using std::string;              //using 声明，表明要引用标准库 std 中的成员 string
int main()
{
    string temp                 // 正确，string 已经声明，可以直接使用
    cin >> temp;                // 正确，cin 已经声明，可以直接使用
    cout << temp;               // 错误，cout 未声明，无法直接使用
    std::cout << temp;          // 正确，通过全名引用 cout
    return 0;
};
```

技巧：没有 using 声明而直接引用命名空间中的名字是错误的。尽管有些编译器可能无法检测这种错误，但程序的运行结果就不一定正确了。

提示：using 声明可以明确指定在程序中用到的命名空间中的名字，但每个名字都需要一个 using 声明。一个 using 声明一次只能作用于一个命名空间成员，如果希望使用命名空间中的几个名字，则必须为要用到的每个名字都提供一个 using 声明。

10.2.2 using 指令

using 指令可以用来简化对命名空间中的名字的使用，格式如下。

```
using namespace namespace_name;
```

在这条语句之后，就可以直接使用该命名空间中的名字，而不必写前面的命名空间定位部分。因为有 using 指令，使得所指定的整个命名空间中的所有成员都直接可用，所以上一段代码可以改写为如下的形式。

```
#include <string>
#include <iostream>
using namespace std;            //using 指令，表明命名空间 std 中的所有成员都可直接引用
int main()
{
    string temp                 // 正确，string 是 std 的成员，可以直接使用
    cin >> temp;                // 正确，cin 是 std 的成员，可以直接使用
    cout << temp;               // 正确，cout 是 std 的成员，可以直接使用
    return 0;
};
```

> 注意：在 using 指令中，关键字 using 后面必须跟关键字 namespace，而且最后必须为命名空间名；而在 using 声明中，关键字 using 后面没有关键字 namespace，并且最后必须为命名空间的成员名。

语句 using namespace 只在其被声明的语句块内有效（一个语句块指一对大括号 {} 内的一组指令），如果 using namespace 是在全局范围内被声明的，则在所有代码中都有效。那么，要在一段程序中使用一个命名空间，而在另一段程序中使用另一个命名空间，该怎么办呢？下面通过一个范例进行说明。

【范例 10-2】 using 指令的作用域。

⑴ 在 Visual C++ 6.0 中，新建名为"UsingNamespace"的【Win32 Console Application】➤【A simple application】项目。

⑵ 在工作区【FileView】视图中双击【Source Files】➤【UsingNamespace.cpp】，在代码编辑区域输入以下代码（代码 10-2.txt）。

```
01 #include <iostream>
02 using namespace std;                    //using 指令，全局范围内声明
03 namespace nsA                           // 定义一个命名空间 nsA
04 {
05         int var = 12;                   // 命名空间 nsA 中的成员 var
06 }
07 namespace nsB                           // 定义一个命名空间 nsB
08 {
09         double var = 2.6308;            // 命名空间 nsB 中的成员 var
10 }
11 int main()
12 {
13         {
14                 using namespace nsA;    //using 指令，本语句块内使用 nsA
15                 cout << "nsA 中的 var= "<< var << endl;    // 输出 nsA 中的变量 var
16         }
17         {
18                 using namespace nsB;    //using 指令，本语句块内使用 nsB
19                 cout << "nsB 中的 var= "<< var << endl;    // 输出 nsB 中的变量 var
20         }
21         return 0;
22 }
```

【运行结果】

编译、连接、运行程序，即可在命令行中输出图 10-2 所示的结果。

```
"D:\c++\ch10\范例10-2\UsingNamespace\Debug\UsingNamespace.exe"
nsA中的var= 12
nsB中的var= 2.6308
Press any key to continue_
```

图 10-2

【范例分析】

本范例中，有 3 个地方使用了 using 指令。第 2 行中的“using namespace std”声明了全局的命名空间 std，从而“cout”可以直接使用。第 14 行“using namespace nsA”表明在第 13~16 行大括号 {} 的代码段内使用命名空间 nsA，因此第 15 行中的变量 var 是属于 nsA 的，故输出 12。第 18 行“using namespace nsB”表明在第 17~20 行大括号 {} 的代码段内使用命名空间 nsB，因此第 19 行中的变量 var 是属于 nsB 的，故输出 2.6308。

需要注意的是，第 13、16、17、20 行的大括号是不能省略的，它限定了 using 指令的范围，避免了冲突。如果不加限定，则在 main 函数中命名空间 nsA 和 nsB 都有效，这样会导致它们的同名变量 var 冲突，而必须使用域操作符“:: ”来指定是使用哪个命名空间中的变量。

提示：using 指令与 using 声明有什么区别？

using 指令和 using 声明都可以简化对命名空间中名字的访问。不同的是，using 指令被使用后，对整个命名空间的所有成员都有效，一劳永逸，比较方便；using 声明则必须对命名空间不同成员的名字一个一个地单独声明，非常麻烦。

但一般来说，使用 using 声明会更安全。这是因为，using 声明只导入指定的名字，如果该名字与局部的名字发生冲突，编译器会报错。而 using 指令导入整个命名空间中所有成员的名字，包括那些根本用不到的名字。如果这其中有名字与局部的名字发生冲突，编译器并不会发出任何警告信息，而只会自动用局部的名字覆盖命名空间中的同名成员，因此存在错误隐患。

10.3　类和命名空间的关系

命名空间是类的一种组织管理方式。如果把类比作计算机里的文件，命名空间就好比文件夹。如果没有命名空间，就好比把计算机里的所有文件都放到 C 盘根目录下一样，不好管理。而使用命名空间就可以根据需要把相关的类放在同一个命名空间中，实现类的分类整理，给类库添加结构和层次组织关系。

命名空间允许为两个不同的类使用相同的类名称，只要它们分属不同的命名空间。使用命名空间的另一个好处是调用方便，甚至是其他应用程序的调用。例如我们写了一个类，若在其他地方还要使用，就可以把它放在一个命名空间里，这样在其他程序需要的时候，就可以通过“命名空间加类名”的方式方便地调用它，而不用再重复写这样一个类。

注意：语句“using namespace ”只在被声明的语句块内有效（一个语句块指一对大括号 {} 内的一组指令）。如果“using namespace”是在全局范围内被声明的，则在所有的代码中都有效。

【范例 10-3】 将两个同名类放在不同的命名空间中。

(1) 在 Visual C++ 6.0 中，新建名为“Namespace Class”的【Win32 Console Application】➤【A

simple application】项目。

(2) 在工作区【FileView】视图中双击【Source Files】➤【Namespace Class.cpp】，在代码编辑区域输入以下代码（代码 10-3.txt）。

```
01 #include <iostream>
02 using namespace std;                //using 指令，表明使用了标准库 std
03 namespace nsA                       // 定义一个命名空间 nsA
04 {
05         class myClass               // 命名空间 nsA 中的成员类 myClass
06         {
07         public:                     // 定义一个公有函数
08                 void print()
09                 {
10                         cout<<" 调用命名空间 nsA 中类 myClass 的函数 print()."<<endl;
11                 }
12         };
13 }
14 namespace nsB                       // 定义一个命名空间 nsB
15 {
16         class myClass               // 命名空间 nsB 中的成员类 myClass
17         {
18         public:                     // 定义一个公有函数
19                 void print()
20                 {
21                         cout<<" 调用命名空间 nsA 中类 myClass 的函数 print()."<<endl;
22                 }
23         };
24 }
25 int main(int argc, char* argv[])
26 {
27         nsA::myClass ca;            // 声明一个 nsA 中类 myClass 的实例 ca
28         ca.print();                 // 调用类实例 ca 中的 print()，输出结果
29         nsB::myClass cb;            // 声明一个 nsB 中类 myClass 的实例 cb
30         cb.print();                 // 调用类实例 cb 中的 print()，输出结果
31         return 0;
32 }
```

【运行结果】

编译、连接、运行程序，即可在命令行中输出图 10-3 所示的结果。

图 10–3

【范例分析】

在本范例中，定义了 nsA 和 nsB 两个命名空间，并分别在两个命名空间中定义了同名的类 myClass，类中又有同名函数 print()。通过命名空间的限制，我们可以方便地区分使用的是哪个类的实例，以及调用的是哪个类中的函数。代码“nsA::myClass ca”说明 ca 是命名空间 nsA 中的类 myClass 的一个实例，代码“nsB::myClass cb”说明 cb 是命名空间 nsB 中的类 myClass 的一个实例。

警告：命名空间始终是公共的，在声明时不能使用任何访问修饰符。也就是说，不能在命名空间的声明前添加 private 或 public。

10.4 自定义命名空间

C++ 引入命名空间，主要是为了避免成员的名称冲突。如果每个程序员都给自己的命名空间取简短的名称，那么这些命名空间本身也可能发生名称冲突；如果为了避免冲突而为命名空间取很长的名称，那么使用起来就会很不方便。

C++ 为此提供了一种解决方案——命名空间别名，格式如下。

namespace 别名 = 命名空间名 ;

例如，要为长名字 International_Business_Machine_Corporation（国际商用机器公司）取一个别名，代码如下。

```
namespace IBM = International_Business_Machine_Corporation;
```

注意：一个命名空间可以有多个别名，这些别名以及原来的名称都是等价的，可以互换。

下面通过一个范例来说明命名空间别名的使用。

【范例 10–4】 命名空间别名的使用。

(1) 在 Visual C++ 6.0 中，新建名为“AliasNamespace”的【Win32 Console Application】➤【A simple application】项目。

(2) 在工作区【FileView】视图中双击【Source Files】➤【AliasNamespace.cpp】，在代码编辑区域输入以下代码（代码 10–4.txt）。

```
01 #include <iostream>
02 #include <cstring>
03 #include <string>
04 using namespace std;                    //using 指令，表明使用了标准库 std
05 namespace International_Business_Machine_Corporation
06 {
```

```
07          string Name;                         //成员变量
08          void print()                         //成员函数
09          {
10                  cout << Name << endl;  //输出变量 Name
11          }
12 }
13 int main()
14 {
15          //赋值为 Zhangsan
16          International_Business_Machine_Corporation::Name = "Zhangsan";
17          //没有定义别名，使用不便
18          International_Business_Machine_Corporation::print();                    //输出
19          //定义命名空间别名为 IBM
20          namespace IBM = International_Business_Machine_Corporation;
21          //使用方便
22          IBM::Name = "Lisi";                  //赋值为 Lisi
23          IBM::print();                        //输出
24          IBM::Name = "Wangwu";                //赋值为 Wangwu
25          IBM::print();                        //输出
26          return 0;
27 }
```

【运行结果】

编译、连接、运行程序，即可在命令行中输出图 10-4 所示的结果。

图 10-4

【范例分析】

本范例中，命名空间 International_Business_Machine_Corporation 包括一个 string 类型的变量 Name 和一个输出该变量的函数 print()。在主函数中，先为 name 赋值"Zhangsan"，接着输出到控制台。由于命名空间的名字很长，因此代码书写很不方便，于是为命名空间"International_Business_Machine_Corporation"定义了一个别名"IBM"，然后分别为 Name 赋值"Lisi"和"Wangwu"并输出。从代码可以看出，使用别名后，写代码的时候明显方便多了。

C++ 引入命名空间，除了可以避免成员的名称发生冲突之外，还可以使代码保持局部性，从而保护代码，使其不会被他人非法使用。如果目的主要是后者，可以定义一个无名命名空间，这样就可以在当前编译单元中（无名命名空间之外）直接使用无名命名空间中的成员名称。在当前编译单元之外，它就是不可见的。

无名命名空间的定义格式如下。

```
namespace
{
    声明序列
}
```

例如：

```
01  namespace        // 定义一个无名命名空间
02  {
03     int i;           // 成员变量
04     void f();        // 成员函数
05     {
06     }
07  }
08  void main()
09  {
10   i = 0;             // 可直接使用无名命名空间中的成员 i
11    f();              // 可直接使用无名命名空间中的成员 f()
12  }
```

与其他命名空间一样，无名命名空间也可以嵌套在另一个命名空间内部。访问时需使用外围命名空间的名字来限定，例如：

```
01  namespace nsA   // 定义一个命名空间 nsA
02  {
03     namespace       // 嵌套定义一个无名命名空间
04     {
05         int i;          // 成员变量 i
06     }
07  }
08  nsA::i = 12;        // 对于无名命名空间的变量 i，需使用外围命名空间的名字来限定
```

10.5 综合实例——将两个同名类放在不同的命名空间中

为使读者更好地掌握命名空间的定义和使用，本节通过一个实例对本章的内容进行总结。

【范例 10-5】 将两个同名类放在不同的命名空间中。

(1) 在 Visual C++ 6.0 中，新建名为“Namespaces”的【Win32 Console Application】➤【A simple application】项目。

(2) 在工作区【FileView】视图中双击【Source Files】➤【Namespaces.cpp】，在代码编辑区域

输入以下代码（代码 10-5.txt）。

```
01  #include <iostream>
02  using namespace std;                    //using 指令
03  namespace com_cpp_visual_chapter12_example5_namespaceA   // 命名空间 A
04  {
05      int i = 3;                          // 成员变量 i
06      class myClass                       // 成员类 myClass
07      {
08      public:
09              int j;                      // 类成员 j
10              void print()                // 类成员方法 print
11              {
12              cout<< " 命名空间 :com_cpp_visual_chapter12_example5_namespaceA" <<
endl;
13              }
14      } ;
15  }
16  namespace com_cpp_visual_chapter12_example5_namespaceB   // 命名空间 B
17  {
18      int i = 2;                          // 成员变量 i
19      namespace                           // 嵌套定义无名命名空间
20      {
21        int k = 5;                        // 无名命名空间的成员变量 k
22      }
23  class myClass                           // 命名空间 B 的成员类 myClass
24  {
25      public:
26        int j ;                           // 类成员 j
27        void print()                      // 类成员方法 print
28        {
29            cout<< " 命名空间 :com_cpp_visual_chapter12_example5_namespaceB"
<<endl;
30        }
31    };
32  }
33   void main()
34   {
35      // 为 com_cpp_visual_chapter12_example5_namespaceA 定义命名空间别名 nsA
36      namespace nsA = com_cpp_visual_chapter12_example5_namespaceA;
37      // 为 com_cpp_visual_chapter12_example5_namespaceB 定义两个命名空间别名
```

```
nsB、nsC
    38      namespace nsB = com_cpp_visual_chapter12_example5_namespaceB;
    39      namespace nsC = com_cpp_visual_chapter12_example5_namespaceB;
    40      // 使用命名空间域操作符，限定了访问的是哪个命名空间中的 i
    41      cout<< " 命名空间 A 中的 i=" << nsA::i<<endl;
    42      //nsB 和 nsC 是同一个命名空间的别名，两者是等价的
    43      cout<< " 命名空间 B 中的 i=" << nsB::i<<endl;
    44      cout<< " 命名空间 B 中的 i=" << nsC::i<<endl;
    45      //k 是无名命名空间中的成员，使用外围命名空间的名字 nsB 来限定
    46      cout<< " 无名命名空间中的 k=" << nsB::k<<endl;
    47      cout<<endl;                         // 输出换行符
    48      {
    49          using namespace nsB;     // 通过 using 指令，限定在该代码段内使用命名空间 B
    50          cout<< " 命名空间 B 中的 i=" << i <<endl;              //i 可直接使用
    51          cout<< " 无名命名空间中的 k=" << k <<endl;             //k 可直接使用
    52      }
    53      cout<<endl;
    54      // 大括号之外，using namespace nsB 失效，故后面的代码仍需加域操作符 ::
    55      nsB::myClass classB;                    // 命名空间 nsB 中的类实例 classB
    56      classB.print();                         //classB 中的 print()
    57      classB.j = 12;                          // 为 classB 中的变量 j 赋值
    58      cout<<"j = " << classB.j<<endl;         // 输出 classB 中的变量 j
    59      cout<<endl;
    60      using namespace nsA;                    //using 指令，后面的代码无须再加 nsA 来限定
    61      cout<< " 命名空间 A 中的 i=" << i<<endl;   //nsA 中的变量 i
    62      myClass classA;                         // 命名空间 nsA 中的类实例 classA
    63      classA.print();                         //classA 中的 print()
    64      classA.j = 10;                          // 为 classA 中的变量 j 赋值
    65      cout<<"j = "<< classA.j<<endl;          // 输出 classA 中的变量 j
    66      cout<<endl;
    67  }
```

【运行结果】

编译、连接、运行程序，即可在命令行中输出图 10-5 所示的结果。

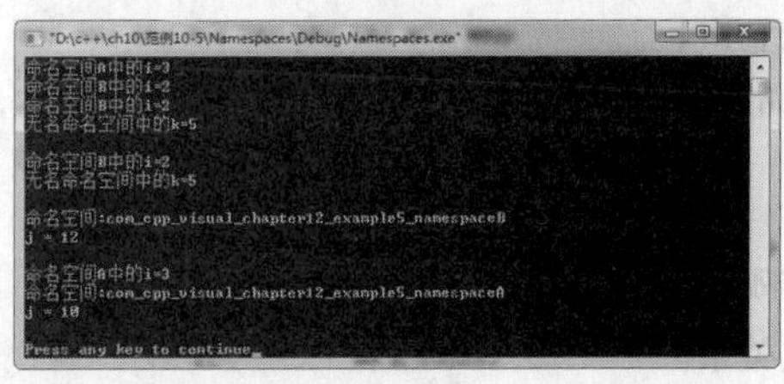

图 10-5

【范例分析】

在本范例中，定义了两个长名字的命名空间 A 和 B，并在 B 中嵌套定义了无名命名空间。A 和 B 有同名的变量 i 和类 myClass，类中又有同名的变量 j 和函数 print()。在这个复杂的关系中，命名空间的别名和 using 指令方便地区分了使用的是哪个命名空间中的成员以及调用的是哪个类中的函数。具体可参考代码注释。

10.6　本章小结

本章主要讲述了命名空间的定义和命名空间成员的使用，以及类和命名空间的关系等知识点。通过本章的学习，读者可以建立自己的命名空间，并通过命名空间对程序进行管理。

10.7　疑难解答

1. 为什么需要命名空间？

命名空间是 ANSI C++ 引入的可以由用户命名的作用域，用来处理程序中常见的名称冲突。

2. C++ 允许使用无名命名空间吗？

C++ 还允许使用没有名字的命名空间，如在文件 A 中声明以下无名命名空间：

```
namespace // 命名空间没有名字
{
    void myfun( ) // 定 义命名空间成员
    {
            cout<<"There is no namespace.";
    }
}
```

10.8　实战练习

1. 操作题

在 Visual C++ 中编写一个控制台应用程序，使用适当的 using 声明访问标准库 std 中的成员，要求实现以下功能。

(1) 提示用户输入两个数 a 和 b。

(2) 计算并输出 a 的 b 次幂。

2. 思考题

(1) 访问命名空间成员有哪几种方法？

(2) 类和命名空间是什么关系？

第 11 章

继承与派生

本章导读

继承是面向对象程序设计的一个重要特征。一方面，它提供了一种源代码级的软件重用手段，在程序中引入新的特性或功能时，可以充分利用系统中已定义的程序资源，从而避免重复开发；另一方面，它也为抽象类的定义提供了一种基本模式。

本章学时：理论 4 学时 + 实践 1 学时

学习目标

- ▶ 继承概述
- ▶ 单继承
- ▶ 多重继承

11.1 继承概述

继承性在客观世界中是一种常见的现象。例如，一个人与其兄弟姐妹一样，在血型、肤色、身材、相貌等方面都具有其父母的某些生理特征，同时又有与其兄弟姐妹相区别的特征。从面向对象程序设计的观点来看，继承所表达的是一种类与类之间的关系，这种关系允许在既有类的基础上创建新类，从而提高了软件的重用性，减少了工作量，提高了工作效率。

11.1.1 什么是继承

在阐述 C++ 的重要概念——继承之前，先介绍一个现实世界中关于“哺乳动物”“狗”“各种特别的狗”的例子，它们之间的属性继承关系如图 11-1 所示。

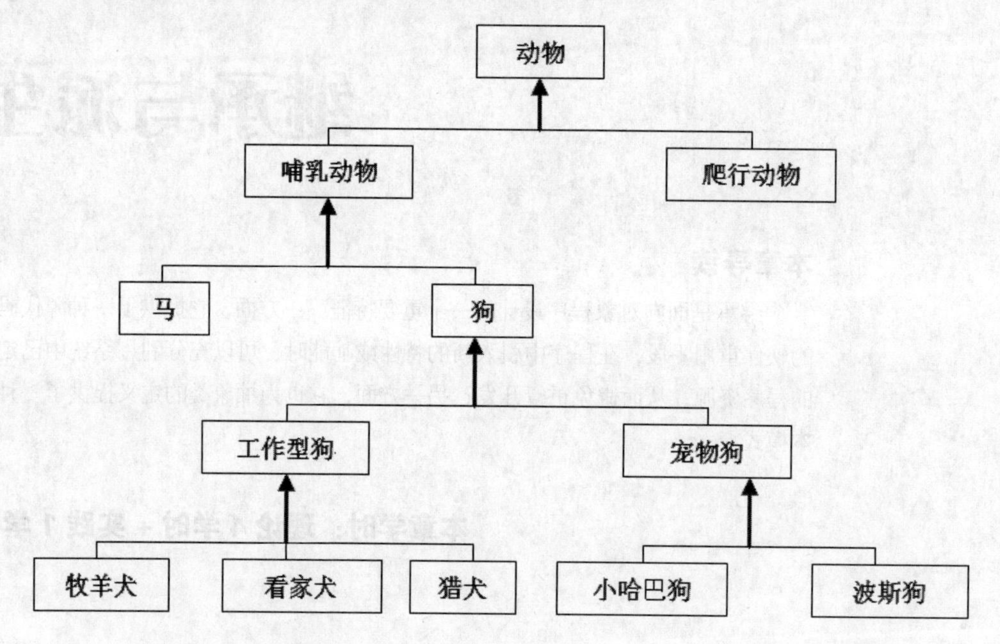

（注：箭头表示的是继承的方向，例如“哺乳动物”类是从“动物”类中继承的）

图 11-1

从面向对象程序设计的观点来看，继承所表达的正是这样一种类与类之间的关系，这种关系允许在既有类的基础上创建新类。也就是说，定义新类时可以从一个或多个既有类中继承（即复制）所有的数据成员和成员函数，然后加上自已的新成员或重新定义由继承得到的成员。

简单地说，“继承”指某类事物具有比其父辈事物更具一般性的某些特征（或称为属性）。用对象和类的术语可以表达为：对象和类“继承”了另一个类的一组属性。

11.1.2 基类与派生类

可以将图 11-1 中的各个方块看作一个类，因此例子中所涉及的类构成了一个清晰的层次结构，既有类被称为基类，以它为基础建立的新类被称为派生类。

C++ 允许从一个类“派生”其他的类，当然即将派生的新类与既有类之间是存在一定内在联系的。

可以按如下描述形象地理解“派生”：父辈类生下了“儿子”类。例如，由于“哺乳动物”类是“动物”类的一个特例，所以可以从“动物”类派生出“哺乳动物”类。在这个派生过程中，“下一级的类”继承了“上一级的类”的属性。在C++中，为了方便表达，我们称“下一级的类”为派生类，称“上一级的类”为基类。所谓派生类就是向已有的类添加了新功能后构成的类，它的父辈类被称为基类。例如，人是一个类，动物也是一个类，而人这个类具有动物这个类的所有特征，此外，还具有其他动物所没有的独特性质，如说话和直立行走等，因此，在该关系中，人是派生类，动物是基类，人这个类继承于动物这个基类。

一个类可能同时既是派生类又是基类。例如狗这个类，它是哺乳动物类的派生类，同时又是工作型狗类和宠物狗类的基类。

假如要处理二维空间中的点，定义一个称为twopoint的二维空间点类。

```
class twopoint
{
    protected:
    double x, y;                                  // 定义保护变量x和y
    public:
    twopoint (double i, double j):x(i), y(j){}    // 构造函数
    // 下面定义成员函数
    void setX(double NewX){x = NewX;}
    void setY(double NewY){y = NewY;}
    double getX() const {return x;}
    double getY() const {return y;}
};
```

假设后来又要处理三维空间点的情形，一个直接的方法是再定义一个三维空间点类。

```
class threepoint
{
    protected:
    double x, y, z;                                                  // x、y和z坐标
    public:
    threepoint (double i, double j, double k):x(i), y(j) , z(k){}    // 构造函数
    // 下面定义成员函数
    void setX(double NewX){x = NewX;}
    void setY(double NewY){y = NewY;}
    void setZ(double NewZ){z = NewZ;}
    double getX() const {return x;}
    double getY() const {return y;}
    double getZ() const {return z;}
};
```

实际上，threepoint类仅比twopoint类多一个成员变量z及两个成员函数setZ()和getZ()。也就

是说，threepoint 类增加了一点新的代码到 twopoint 类的定义之中。threepoint 类中编写了一部分与 twopoint 类重复的代码，如果使用继承，则可简化 threepoint 类的代码编写。使用继承后，twopoint 作为基类，threepoint 作为派生类，将使代码得以简化。

11.2 单继承

继承的一般形式如下。

```
class 派生类名 : (继承方式) 基类名
{
   派生类新增成员;
}
```

继承方式和数据成员的被访问方式一样，可以是 public、private 或 protected。一个类可以从一个基类派生而来，也可以从多个基类派生而来。通常，一个类从一个基类派生，叫作单继承。使用继承，可以将 11.1 节中 threepoint 类的定义改写如下。

```
class threepoint:public twopoint
{
    private:
    double z;
    public:
    // threepoint 类的构造函数复用了 twopoint 类的构造函数
    threepoint (double i, double j, double k):twopoint (i,j){z = k;}
    // 成员函数定义
    void setZ(double NewZ){z = NewZ;}
    double getZ() {return z;}
};
```

【范例 11-1】 继承语法应用。

(1) 在 Visual C++ 6.0 中，新建名称为“Point Inherit”的工程。

(2) 建立一个 twopoint 类，形成一个“twopoint.h”头文件。

```
01  #include <iostream>
02  using namespace std;
03  class twopoint                                  // 二维空间坐标点类的定义
04  {
05    protected:
06      double x, y;                                // 定义保护变量 x 、y
07    public:
```

```
08        twopoint(double i, double j):x(i), y(j){}   // 构造函数定义
09   // 下面是成员函数定义
10       void setX(double NewX){x = NewX;}
11       void setY(double NewY){y = NewY;}
12       double getX() const {return x;}
13       double getY() const {return y;}
14   };
```

(3) 建立一个 threepoint 类，形成一个“threepoint.h”头文件。

```
01   #include "twopoint.h"
02   class threepoint:public twopoint                // 使用继承定义三维空间点类
03   {
04     private:
05        double z;                                   // 定义私有变量
06     public:
07        threepoint(double i, double j, double k):twopoint(i,j){z = k;}
08        void setZ(double NewZ){z = NewZ;}     // 成员函数定义
09        double getZ() {return z;}                   // 成员函数定义
10   };
```

(4) 构建主程序。

```
01   #include "threepoint.h"
02   void main()
03   {
04     threepoint d3(1, 2, 3);                      // 创建派生类对象
05     cout << " 三维对象的坐标是 : " <<endl;
06     cout << d3.getX() << ", " << d3.getY() <<", " <<d3.getZ()<< endl;
07   }
```

【运行结果】

编译、连接、运行程序，创建派生类对象并进行初始化，然后在主程序中通过继承基类的成员属性，即可将三维对象的坐标值输出，如图 11–2 所示。

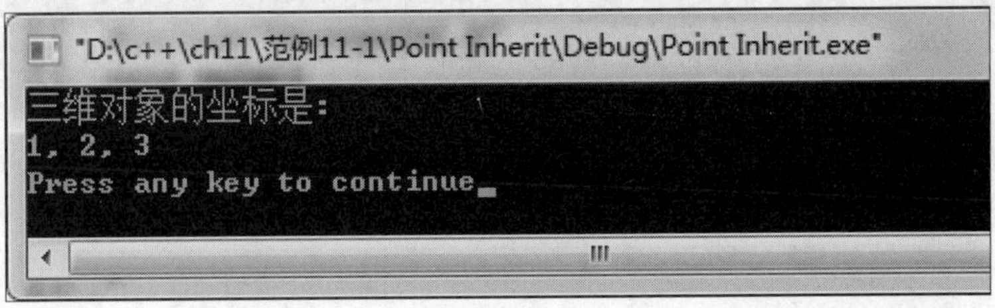

```
"D:\c++\ch11\范例11-1\Point Inherit\Debug\Point Inherit.exe"
三维对象的坐标是:
1, 2, 3
Press any key to continue_
```

图 11–2

【范例分析】

在本范例中，twopoint 为基类，threepoint 为派生类。在派生类 threepoint 中，setX()、setY()、getX()、getY() 函数没有再定义，因为这些函数可以从基类 twopoint 继承，如同在 threepoint 类中定义了这些函数一样。

twopoint 的构造函数用在 threepoint 的构造函数的初始化表中，说明基类的数据成员先初始化。基类的构造函数和析构函数不能被派生类继承。每一个类都有自己的构造函数和析构函数，如果用户没有显式定义，编译器则会隐式地定义默认的构造函数和析构函数。

【范例 11-2】 继承应用例子。

⑴ 在 Visual C++ 6.0 中，新建名称为“Value Inherit”的工程。

⑵ 建立一个 A 类，形成一个“A.h”头文件。

```
01 #include <iostream>
02 using namespace std;
03 class A            // 类的定义
04 {
05   private:          // 私有变量
06      int x;
07   public:           // 公有成员函数
08      void Setx(int i){x = i;}                  // 私有变量 x 赋值
09      void Showx(){cout<<x<<endl;}           // 输出私有变量 x 值
10 };
```

⑶ 建立一个 B 类，形成一个“B.h”头文件。

```
01 #include "A.h"
02 class B:public A // 类 A 是类 B 的基类，继承方式是公有继承
03 {
04   private:          // 类 B 的私有变量
05      int y;
06   public:           // 公有成员函数
07      void Sety(int i){y = i;}
08      void Showy()
09      {
10        Showx();  // 调用基类的成员函数
11        cout<<y<<endl;
12      }
13 };
```

⑷ 构建主程序。

```
01 #include "B.h"
02 void main()
03 {
04     B b;  //创建对象 b
05     b.Setx(10);      //调用对象 b 基类的成员函数
06     b.Sety(20);      //调用对象 b 的成员函数
07     b.Showy();       //调用对象 b 的成员函数
08 }
```

【运行结果】

编译、连接、运行程序，在主程序中创建派生类对象b，对象b调用基类的公有成员函数传递参数，然后对象 b 再调用自己的成员函数进行输出，结果如图 11-3 所示。

图 11-3

【范例分析】

在本范例中，类 A 有 1 个数据成员 x 和 2 个成员函数 Setx()、Showx()；类 B 有 2 个数据成员 x、y 和 4 个函数成员 Setx()、Showx()、Sety()、Showy()。

派生类以公有继承方式继承了基类，并不意味着派生类可以访问基类的 private 成员。例如，将上述程序中派生类 B 的 Showy() 函数的实现改写为如下形式，是不正确的。

```
void B::Showy()
{
    cout<<x<<","<<y<<endl;
}
```

派生类成员函数访问基类私有成员 x 是非法的。

11.3　多重继承

前面已经介绍过，一个派生类继承一个基类，称为单继承。C++ 也支持多重继承，即一个派生类继承多个基类，如图 11-4 所示。

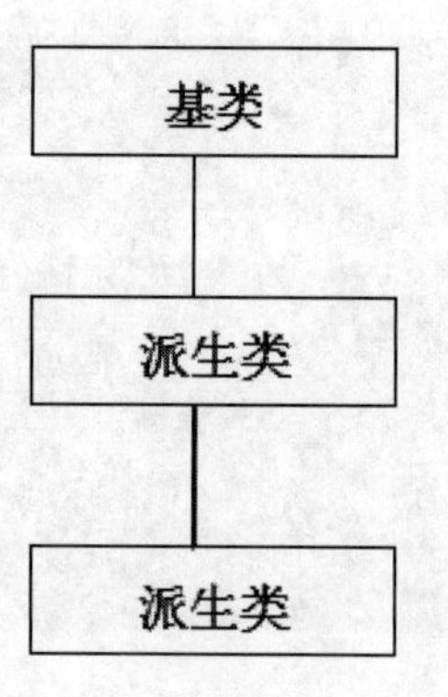

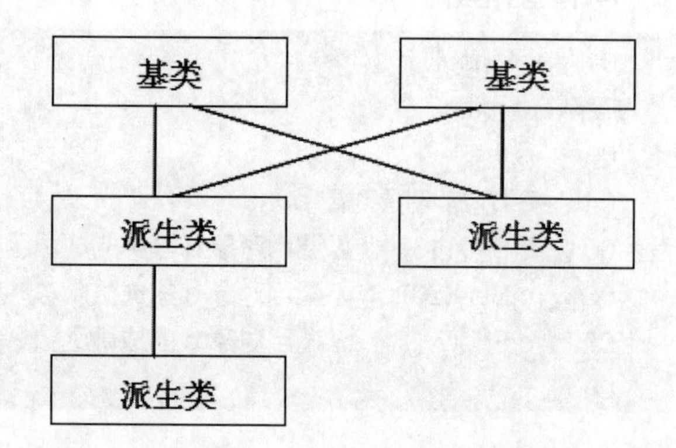

图 11–4

一个派生类继承两个或多个基类，我们称之为多重继承。

11.3.1 多重继承的引用

多重继承与单继承类似。在下面的例子中，类 Z 就是一个多重继承的派生类，它有两个基类，分别是类 X 和类 Y。

```
01 class X
02 {
03   public:
04   X(int n);
05   ~X();
06   …
07 };
08 class Y
09 {
10   public:
11   Y(double d);
12   ~Y();
13   …
14 };
15 class Z : public X, public Y
16 {
17   public:
18   Z(int n, double d);
19   ~Z();
20   …
21 };
```

在多重继承时，C++ 并没有限制基类的个数，但不能有相同的基类，如下面这个例子。

```
class Z : public X, public Y, public X   // 非法 : X 出现两次
{
    ...
};
```

多重继承类成员的引用比单继承复杂。如下面的例子所示，假定Z的基类X和Y均有成员函数H。

```
class X
{
    public:
    …
    void H (int part);
};
class Y
{
    public:
    …
    void H (int part);
};
```

派生类 Z 将继承这些成员函数，使得下面的调用发生歧义。

```
Z ZObj;
ZObj. H (0);
```

此时，编译器并不知道是要调用 X::H 还是要调用 Y::H。可以通过显式调用来解决这个问题。

```
ZObj. Y::H (0);
```

也可以在类 Z 中定义 H 成员，并调用基类的 H 成员，例如：

```
01  class Z: public X, public Y
02  {
03      public:
04      …
05      void H (int part);
06  };
07  void Z::H (int part)
08  {
09      X::H (part);
10      Y::H (part);
11  }
```

11.3.2 二义性

当继承基类时，派生类对象就包含了每一个基类对象的成员。假定以类 X 和类 Y 为基类派生出类 Z，类 Z 就会同时包含类 X 和类 Y 的数据成员。如果类 X 和类 Y 都是从相同的基类 A 派生的，那么从类的层次上看，就构成了一个，如图 11-5 所示的菱形结构。

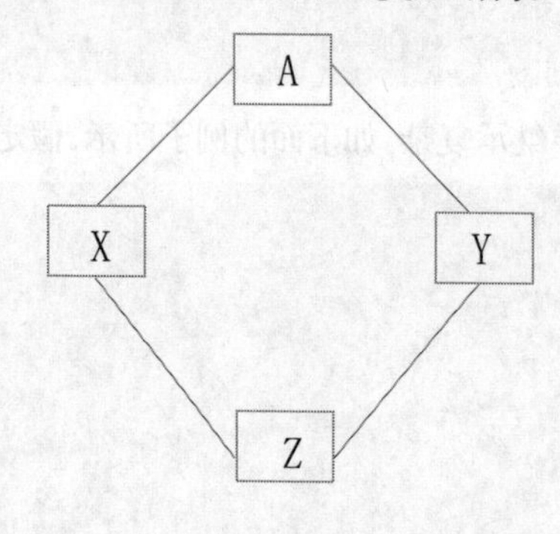

图 11-5

没有出现菱形结构，多重继承并没有什么麻烦。但一旦出现菱形结构，事情就变得复杂起来。首先，A 类的数据成员在 Z 中是重叠的，即在 Z 中有两个副本，这不仅增加了存储空间的占用，更严重的是产生了二义性。

除了继承外，还有很多地方会出现类似菱形结构的问题，所以建议尽量不使用多重继承。

【范例 11-3】 多重继承的二义性。

⑴ 在 Visual C++ 6.0 中，新建名称为“Ambiguous Inherit”的【C++ Source File】源文件。

⑵ 在代码编辑区域输入以下代码（代码 11-3.txt）。

```
01  #include <iostream>        // 标准库中输入输出流的头文件， cout 就定义在这个头文
件里
02  using namespace std;
03  class A // 定义基类 A
04  {
05    public:
06    virtual void func1(){}    // 定义虚函数 func1
07  };
08  class X:public A            // 定义派生类 X，继承于类 A
09  {
10      public:
11      virtual void func1(){}  // 定义虚函数 func1
12  };
13 class Y:public A             // 定义派生类 Y，继承于类 A
14  {
```

```
15    public:
16    virtual void func1(){}              //定义虚函数 func1
17  };
18  class Z:public X,public Y             //类 Z 继承于类 X 和类 Y
19  {
20  };
21  void main()
22  {
23    Z* obj=new Z();                     //创建指针对象
24    obj->func1();                       //错误
25  }
```

【运行结果】

由于 Z 从 X 和 Y 继承，因此当调用虚函数 func1() 时，编译器就不知道是调用类 X 还是类 Y 的成员了，因此编译程序时会输出图 11–6 所示的错误提示。

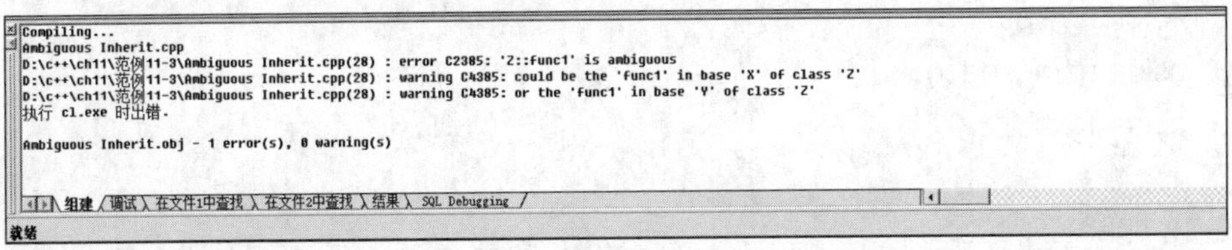

```
Compiling...
Ambiguous Inherit.cpp
D:\c++\ch11\范例11-3\Ambiguous Inherit.cpp(28) : error C2385: 'Z::func1' is ambiguous
D:\c++\ch11\范例11-3\Ambiguous Inherit.cpp(28) : warning C4385: could be the 'func1' in base 'X' of class 'Z'
D:\c++\ch11\范例11-3\Ambiguous Inherit.cpp(28) : warning C4385: or the 'func1' in base 'Y' of class 'Z'
执行 cl.exe 时出错.

Ambiguous Inherit.obj - 1 error(s), 0 warning(s)

组建 / 调试 / 在文件1中查找 / 在文件2中查找 / 结果 / SQL Debugging
就绪
```

图 11–6

【范例分析】

在本范例中，类 X 和类 Y 都实现了一个 func1() 函数，当 Z 从 X 和 Y 继承时，会导致一个冲突：当使用基类指针调用虚函数 func1() 时，编译器不知道它调用的是类 X 还是类 Y 的成员，这样编译器就会给出一个错误信息“' Z::func1' is ambiguous”。正确的做法是明确指定调用哪一个成员函数，如下所示。

```
void main()
{
    Z* obj=new Z();
    obj->X::func1(); // 明确指定调用 X 的成员函数
}
```

11.4 综合实例——继承语法应用

本节介绍一个综合实例，读者可以从中进一步体会继承和多重继承的特点。

【范例 11–4】 继承语法应用。

(1) 在 Visual C++ 6.0 中，新建名称为“Multi Inherit”的工程。

⑵ 建立一个 Point 类，形成一个“Point.h”头文件。

```
01  #include <iostream>
02  #include <string>                              //包含字符串头文件
03  using namespace std;
04  class Point                                    //定义类 Point
05  {
06     int x,y;                                    //私有成员变量
07     public:                                     //公有成员变量
08     Point(int x1=0,int y1=0):x(x1),y(y1){       //构造函数
09     cout<<" 调用 Point 类对象成员的构造函数！ "<<endl;}
10     ~Point(){cout<<" 调用 Point 类对象成员的析构函数！ "<<endl;}
11  };
```

⑶ 建立一个 Text 类，形成一个“Text.h”头文件。

```
01  #include <iostream>
02  #include <string>                              //包含字符串头文件
03  using namespace std;
04  class Text                                     //定义类 Text
05   {
06     char text[100];                             //私有变量
07     public:                                     //公有变量
08     Text(char * str){                           //构造函数
09     strcpy(text,str);
10     cout<<" 调用基类 Text 的构造函数！ "<<endl;}
11    ~Text(){cout<<" 调用基类 Text 的析构函数！ "<<endl;}
12  };
```

⑷ 建立一个 Circle 类，形成一个“Circle.h”头文件。

```
01  #include "Point.h"
02  class Circle                                   //定义类 Circle
03  {
04     Point center;                               //私有变量
05     int radius;
06     public:                                     //公有变量
07     Circle(int cx,int cy,int r):center(cx,cy),radius(r){  //构造函数
08     cout<<" 调用基类 Circle 的构造函数！ "<<endl;}
09     ~Circle(){cout<<" 调用基类 Circle 的析构函数！ "<<endl;}
10   };
```

⑸ 建立一个 CircleWithText 类，形成一个“CircleWithText.h”头文件。

```
01  #include "Text.h"
02  #include "Circle.h"
03  class CircleWithText : public Text,public Circle       //base1 为 Text，base2 为 Circle
04
05  {
06      Point textPosition;                                 // 私有变量
07      public:                                             // 公有变量
08      CircleWithText(int cx,int cy,int r,char *msg) : Circle(cx,cy,r),Text(msg)
09      {cout<<" 调用派生类 CircleWithText 的构造函数！ "<<endl;}
10      ~CircleWithText(){cout<<" 调用派生类 CircleWithText 的析构函数！ "<<endl;}
11  };
```

(6) 构建主程序。

```
01  #include "CircleWithText.h"
02  void main()
03  {
04          CircleWithText cm(1,2,3,"Hello!");              // 创建对象
05  }
```

【运行结果】

编译、连接、运行程序，在主程序中创建派生类对象 cm，然后按照基类 1、基类 2、派生类的顺序，依次调用构造函数进行输出，释放对象时按照相反的顺序依次调用析构函数进行输出，结果如图 11-7 所示。

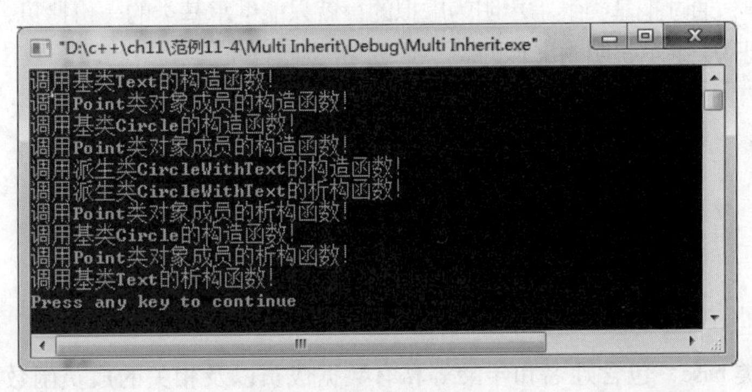

图 11-7

【范例分析】

在本范例中，Text、Circle 为基类，CircleWithText 为派生类，基类 Circle 和派生类 CircleWithText 中都有一个类 Point 对象的私有变量。当执行“CircleWithText cm(1,2,3,"Hello!")”创建 cm 对象时，先调用基类 Text 的构造函数，接着调用 Point 类对象成员的构造函数，再调用基类 Circle 的构造函数；然后，在类 CircleWithText 内部先调用 Point 类对象成员的构造函数，再调用派生类的构造函数。析构函数的调用与构造函数相反。

在多重继承的情况下，基类及派生类的构造函数是按以下顺序被调用的：按基类被列出的顺序

逐一调用基类的构造函数；如果该派生类存在成员对象，则调用成员对象的构造函数；如果存在多个成员对象，则按它们被列出的顺序逐一调用；最后调用派生类的构造函数。析构函数的调用顺序与构造函数的调用顺序正好相反。

11.5　本章小结

本章主要讲述了继承的概念、派生的概念。继承又分为单继承和多重继承。通过本章的学习，读者可以掌握继承和派生的概念与用法。继承和派生是 C++ 里面两个比较重要的概念。

11.6　疑难解答

1. 派生类构造函数执行的顺序是怎样的？

首先调用基类构造函数，调用顺序是它们继承时声明的顺序；接着调用内嵌成员对象的构造函数，调用顺序是它们在类中声明的顺序；最后调用派生类的构造函数体中的内容。

2. 什么叫作虚基类？

当在多条继承路径上有一个公共的基类时，在这些路径中的某几个汇合处，这个公共的基类会产生多个实例，如果仅要保存这个基类的一个实例，可以将这个公共基类说明为虚基类。

在继承中产生歧义的原因有可能是继承了基类多次，从而产生了多个拷贝，即不止一次地通过多个路径继承类在内存中创建的基类成员的多份拷贝。虚基类的基本原则是在内存中只有基类成员的一份拷贝。这样，通过把基类继承声明为虚拟的，就只能继承基类的一份拷贝，从而消除歧义。用 virtual 限定符把基类继承说明为虚拟的。

11.7　实战练习

1. 操作题

设计一个基类 base，包含姓名和年龄等私有数据成员以及相关的成员函数。由基类 base 派生出领导类 leader，包含职务和部门私有数据成员以及相关的成员函数；再由 base 派生出教师类 teacher，包含职称和专业私有数据成员以及相关的成员函数。然后，由 leader 和 teacher 类派生出教导主任类 chairman。

编写一个完整的 C++ 程序，并采用一些数据进行输入和输出。

2. 思考题

(1) 在 C++ 中，如何表达类之间的继承关系？

(2) 应如何解决多重继承引起的歧义？

第 12 章
多态与重载

本章导读

多态指不同的对象接收相同的消息时产生的不同动作。C++ 是一门真正支持面向对象的语言，因而必须能够解决多态问题，这样将极大地提高程序的开发效率，减轻程序员的开发负担。本章将介绍多态的概念、实现方法以及如何运用多态。

本章学时：理论 4 学时 + 实践 1 学时

学习目标

- ▶ 多态概述
- ▶ 虚函数
- ▶ 构造函数多态
- ▶ 抽象类
- ▶ 重载概述

12.1　多态概述

多态是面向对象程序设计的重要特征之一，是扩展性在“继承”之后的又一重大表现。“多态性”一词最早用于生物学，指同一种族的生物体具有相同的特性。在C++中，多态可以被定义如下：同一操作作用于不同的类的实例，将产生不同的执行结果。也就是说，不同的类的对象收到相同的消息时，会导致不同的结果。

我们总希望用最少的词描绘最丰富的事物。在程序设计中也是如此，我们总希望用一样的名字描述功能相近的方法。例如马的“奔”、狗的“跑”、燕子的“飞”等都是动物的运动，其实用“运动”两个字就可以对所有动物的这种行为进行描述。让马运动，它将奔腾；让燕子运动，它将飞翔。我们只要将具体的对象空缺着，就可以对不同的对象进行统一处理。

多态可以分为编译时的多态和运行时的多态两大类。编译时的多态又称为静态联编，其实现机制为重载；运行时的多态又称为动态联编，其实现机制为虚函数。

关于多态的使用，下面先来看一个例子。

【范例 12-1】 通过继承定义一个桥类。

⑴ 在 Visual C++ 6.0 中，新建名为“Polymorphism”的工程。

⑵ 建立一个 CBuilding 类，形成一个“CBuilding.h”头文件。

```
01  #include <iostream>
02  #include <string>
03  using namespace std;
04  class CBuilding                          // 定义建筑类
05  {
06     string name;                          // 定义名称
07  public:
08     void set(string strName)
09     {
10           name = strName;                 // 修改名称
11     }
12   void display()                          // 显示信息，这里是内联函数
13    {
14       cout << " 建筑是 " << name << "\n";
15     }
16   };
```

⑶ 建立一个“CBridge.h”文件。

```
01  #include "CBuilding.h"
02  class CBridge : public CBuilding
03  {
04        // 通过继承来定义桥类
```

```
05      float length;                                   // 定义长度
06      public:
07      void setLength(float l = 0.0){length = l;}      // 设置长度
08      void display()
09      {
10          CBuilding::display();                       // 调用基类方法显示名称
11          cout << " 其长度是 " << length << " 米。\n";// 显示长度信息
12      }
13  };
```

⑷ 构建主程序。

```
01  #include <iostream>
02  #include <string>
03  #include "CBridge.h"
04  using namespace std;
05  void main()
06  {
07      CBuilding building;                          // 创建建筑对象
08      CBridge bridge;                              // 创建桥对象
09      building.set(" 中国古代建筑 ");               // 设置名称
10      building.display();                          // 显示信息
11      bridge.set(" 中国赵州桥 ");                   // 设置桥的名称
12      bridge.setLength(static_cast <float>(60.40)); // 修改桥的长度
13      bridge.display();                            // 显示桥的信息
14  }
```

【运行结果】

编译、连接、运行程序，即可在命令行中输出图 12-1 所示的结果。

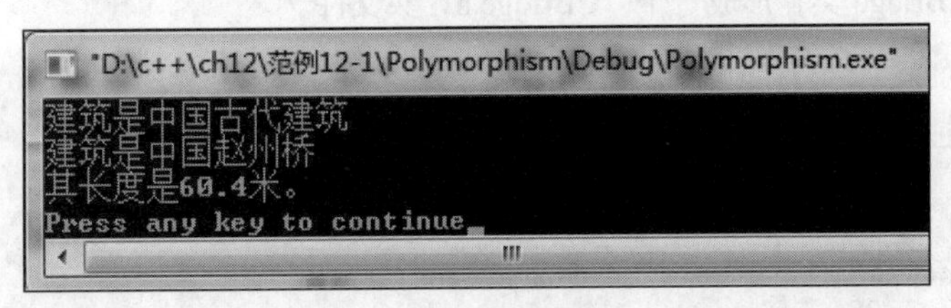

图 12-1

【范例分析】

本范例先定义了一个基类 CBuilding，然后派生了派生类 CBridge，并增加了一个属性 length，而且覆盖了基类的 display 方法。CBridge 继承了 CBuilding 的 set 方法。主程序结尾处还用到了强制类型转换，因为 60.40 是 double 常量，否则会有警告。当然，也可以用类型说明符 F 来处理，即“bridge.setLength(60.40F)”。

这不是很好地体现了继承吗？还有什么问题呢？我们来看 display 方法。基类和派生类中都有该方法，而且功能类似，原型一模一样。

【拓展训练】 通过调用指向基类的指针作为形参的函数来显示桥对象的信息。

(1) 在 Visual C++ 6.0 中，新建名称为“Polymorphism”的工程。

(2) 建立一个 CBuilding 类，形成一个“CBuilding.h”头文件。

```
01  #ifndef CBUILDING_H
02  #define CBUILDING_H
03  #include <iostream>
04  #include <string>
05  using namespace std;
06  class CBuilding
07  {
08                                  // 定义建筑类
09        string name;          // 定义名称
10        public:
11        void set(string strName)
12  {
13       name = strName;
14                                  // 修改名称方法的实现
15  }
16        void display()          // 显示信息，这里是内联函数
17        {
18     cout << " 建筑是 " << name << "\n";
19      }
20   };
21  #endif
```

(3) 建立一个 CBridge 类，形成一个“CBridge.h”头文件。

```
01 #ifndef CBRIDGE_H
02 #define CBRIDGE_H
03 #include <iostream>
04 #include "CBuilding.h"
05 using namespace std;
06 class CBridge : public CBuilding
07 {
08                                  // 通过继承来定义桥类
09        float length;          // 定义长度
10        public:
11           void show(CBuilding *b)
```

```
12          {
13      //通过指向基类的指针进行显示
14          b->display();
15          return;
16      }
17      void setLength(float l = 0.0){length = l;}              //设置长度
18      void display()
19      {
20          CBuilding::display();                               //调用基类方法显示名称
21          cout << " 其长度是 " << length << " 米。\n";         //显示长度信息
22      }
23  };
24  #endif
```

(4) 构建主程序。

```
01  #include <iostream>
02  #include <string>
03  using namespace std;
04  #include "CBuilding.h"
05  #include "CBridge.h"
06  void main()
07  {
08      CBuilding building;                              //创建建筑对象
09      CBridge bridge;                                  //创建桥对象
10      building.set(" 中国古代建筑 ");                   //设置名称
11      bridge.show(&building);                          //显示信息
12      bridge.set(" 中国赵州桥 ");                       //设置桥的名称
13      bridge.setLength(static_cast <float>(60.40)); //修改桥的长度
14      bridge.show(&bridge);                            //显示桥的信息
15  }
```

【运行结果】

编译、连接、运行程序，即可在命令行中输出图 12-2 所示的结果。

图 12-2

【范例分析】

既然两个类都有共同的方法，而且调用形式也一样，就应该可以定义一个统一的方法来实现功能，即向不同的对象发送相同的消息，产生不同的结果。在主程序第 11 和 14 行中，我们通过 show 方法对不同的对象（这里是 building 和 bridge）进行 display。

从结果来看，长度信息没有输出，所以调用的是基类的 display。可见通过指向派生类对象的基类指针来调用派生类对象中的覆盖基类的方法是行不通的，调用的仍然是基类的方法（例如这里的 display）。

现在面临以下两个问题。

(1) 为什么要利用基类的指针。

(2) 如何利用基类的指针调用覆盖基类的方法。

首先回答第 1 个问题。我们希望对不同的对象发出相同的消息而产生不同的响应，这就是所谓的多态。这里将 show（相同的消息）分别施加于 building 和 bridge 这两个不同的对象（主程序第 11 行和第 14 行）。函数的特性要求有一个可以指向不同对象的形参，在这里指针就充当了这样的角色。

这就是本章要讨论的多态。当然，从“多态性”的原始定义可以看到，这里的不同类其实是指同一“家族”中的类成员，例如 CBuilding 和 CBridge（父子关系）。

12.2　虚函数

虚函数是定义在基类中的一种特殊的函数，定义时只需将成员函数冠以关键字 virtual 即可。通过虚函数可以实现动态联编，从而实现多态。由此可以看出，虚函数与继承和多态的关系是密不可分的。

现在我们可以回答 12.1 节中的第 2 个问题了。

【范例 12-2】 通过虚函数实现【范例 12-1】的【拓展训练】中不同对象的正确显示。

⑴ 在 Visual C++ 6.0 中，新建名称为“Polymorphism”的工程。

⑵ 建立一个 CBuilding 类，形成一个“CBuilding.h”头文件。

```
01 #ifndef CBUILDING_H
02 #define CBUILDING_H
03 #include <iostream>
04 #include <string>
05 using namespace std;
06 class CBuilding              // 定义建筑类
07 {
08       string name;           // 定义名称
09    public:
10       void set(string strName)
11       {
12         name = strName;
```

```
13        }
14        virtual void display() // 显示信息，这里是内联函数，而且声明为虚函数
15        {
16            cout << " 建筑是 " << name << "\n";
17        }
18 };
19 #endif
```

(3) 建立一个 CBridge 类，形成一个“CBridge.h”头文件。

```
01  #ifndef CBRIDGE_H
02  #define CBRIDGE_H
03  using namespace std;
04  #include "CBuilding.h"
05  class CBridge : public CBuilding                    // 通过继承来定义桥类
06  {
07          float length;   // 定义长度
08          public:
09          void show(CBuilding *b)                     // 通过指向基类的指针进行显示
10          {
11              b->display();
12              return;
13          }
14          void setLength(float l = 0.0){length = l;}  // 设置长度
15          void display()
16          {
17              CBuilding::display();   // 调用基类方法显示名称
18              cout << " 其长度是 " << length << " 米。\n";// 显示长度信息
19          }
20    };  // 桥类定义完毕
21  #endif
```

(4) 构建主程序。

```
01  #include <iostream>
02  #include "CBuilding.h"
03  #include "CBridge.h"
04  using namespace std;
05  void main()
06  {
07      CBuilding building;                     // 创建建筑对象
```

```
08        CBridge bridge;                                   // 创建桥对象
09        building.set(" 中国古代建筑 ");                     // 设置名称
10        bridge.show(&building);                           // 显示信息
11        bridge.set(" 中国赵州桥 ");                         // 设置桥的名称
12        bridge.setLength(static_cast <float>(60.40));     // 修改桥的长度
13        bridge.show(&bridge);                             // 显示桥的信息
14 }
```

【运行结果】

与【范例 12–1】的【拓展训练】相比，这里仅仅多出一个关键字 virtual，但是效果大大不同了，其运行结果如图 12–3 所示。

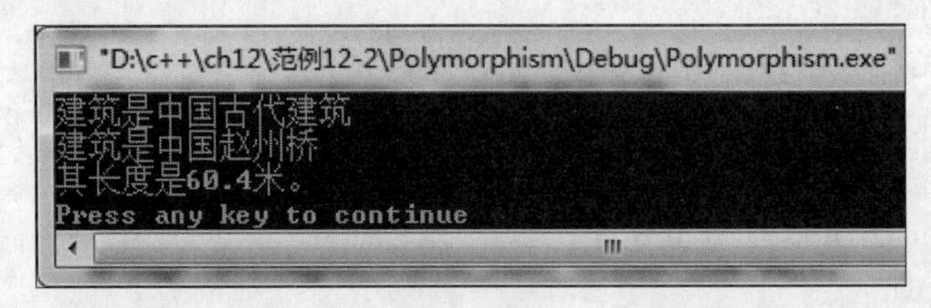

图 12–3

【范例分析】

在本范例中，将基类的 display 方法冠以 virtual 关键字，就将该方法变为了虚函数。正如前面所说，此时该方法就具有了多态性，而且是动态联编。实际上，在 CBuilding 类中，将 display 定义为虚函数后，编译器将记住这个信息，所以在代码“b–>display() ”中，并不知道此时的明确指向，即编译器并不知道此时的函数入口是 CBuilding 类中的 display 还是 CBridge 类中的 display，直到执行到主程序第 10 行和第 13 行时，才知道具体指向的是哪一个，这就是所谓的滞后捆绑技术。

这样就实现了多态性。

对于虚函数，有以下几个需要注意的问题。

(1) 虚函数实际上是利用了滞后捆绑处理来实现多态的，因而执行的效率比之一般的函数要差一些。尽管如此，其体现的多态性还是很诱人的，所以提倡尽量将成员函数设计为虚函数。

(2) 一旦将一个方法声明为（定义为）虚函数，则会在继承结构中自动地传承下去，即在其所有的派生类中都将自动成为虚函数，当然前提是不但函数名相同，而且参数表也要一模一样。

(3) 由于虚函数完全是在继承中体现的，所以虚函数也必须只是类的成员函数。

(4) 虚函数反映在对象层面上（因为其实现的机理就是对象的捆绑），因而静态函数没有虚函数可言。

(5) 内联函数不可能是虚函数。

(6) 析构函数可以而且经常是虚函数。

(7) 构造函数一定不能是虚函数。

12.3 构造函数多态

我们已经认识到，在 C++ 中，构造函数是与类名相同且没有返回值的函数，引入构造函数是为了解决初始化问题。本节将在继承中应用构造函数，同时为进一步学习和讨论函数重载提供一个良好的平台。

其实我们早就开始使用类了，并且开始了继承和多态带来的超级体验，同时也深刻体会到对象的重要性。如在本章列举的桥类的例子中，一切都是围绕着对象展开的。下面再看看【范例 12-2】中的代码：

```
CBuilding building;
CBridge bridge;
```

可以看到，这样的对象其实是空的对象，也可以称为垃圾对象，因为它们的属性都是毫无意义的，都是按照系统默认的状态存在的。例如 bridge 的长度是 0.0，名字是空的！【范例 12-3】将说明这个问题。

【范例 12-3】 没有赋值的对象。

(1) 在 Visual C++ 6.0 中，新建名称为“Polymorphism”的工程。

(2) 建立一个 CBuilding 类，形成一个“CBuilding.h”头文件。

```
01 #ifndef CBUILDING_H
02 #define CBUILDING_H
03 #include <iostream>
04 #include <string>
05 using namespace std;
06 class CBuilding
07 {
08   //定义建筑类
09   string name;              //定义名称
10   public:
11       void set(string strName)
12       {
13           name = strName;
14       }
15       virtual void display() //显示信息，这里是内联函数，而且声明为虚函数
16       {
17           cout << " 建筑是 " << name << "\n";
18       }
19 };
20 #endif
```

(3) 建立一个 CBridge 类，形成一个“CBridge.h”头文件。

```
01 #ifndef CBRIDGE_H
02 #define CBRIDGE_H
```

```
03  #include "CBuilding.h"
04  class CBridge : public CBuilding
05  {
06      //通过继承来定义桥类
07      float length;                                    //定义长度
08      public:
09          void show(CBuilding *b)
10          {
11              b->display();                            //通过指向基类的指针进行显示
12              return;
13          }
14          void setLength(float l = 0.0){length = l;}   //设置长度
15          void display()
16          {
17           CBuilding::display();                       //调用基类方法显示名称
18          cout << " 其长度是 " << length << " 米。\n"; //显示长度信息
19          }
20  };
21  #endif
```

(4) 构建主程序。

```
01  #include <iostream>
02  #include <string>
03  using namespace std;
04  #include "CBuilding.h"
05  #include "CBridge.h"
06  void main()
07  {
08      CBuilding building;          //创建建筑对象
09      CBridge bridge;              //创建桥对象
10      bridge.show(&building);      //显示信息
11      bridge.show(&bridge);        //显示桥的信息
12  }
```

【运行结果】

编译、连接、运行程序，即可在命令行中输出图 12-4 所示的结果。

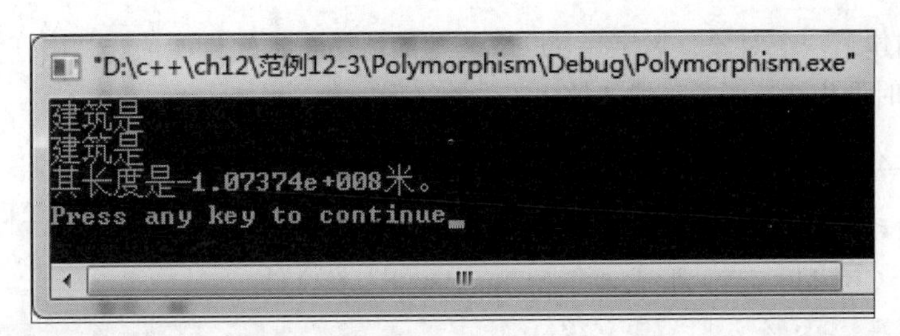

图 12-4

【范例分析】

在本范例中，没有设置名称和长度的信息，而是直接显示结果，为的是查看其初值。

这一点是可以理解的，因为虽然没有给属性赋值，不过还是可以正常地运行程序。而如果属性是指针，可能会引起一些意料之外的问题，有的时候还可能是一些比较严重的问题。就算幸运（如本例），结果也不是我们所希望的。那么必须经过 set 和 setLength 方法吗？

有没有能够在对象创建时就给属性赋值的方法呢？尤其是那些比较重要的属性，例如那些能够显示个性的属性。以我们人来说，就是先天和后天的问题。上面的 set 和 setLength 方法是“后天”的，那么如何实现“先天”呢？需要注意的是，“先天”的东西是有实际意义的，例如构造一个桥对象，长度不能为负值。

这样就会涉及对象初始化的问题，并很容易联想到变量的初始化，例如：

```
int a = 9;
```

对于对象，初始化可能是比较复杂的过程。为了完成对象的初始化，C++ 引入了构造函数。构造函数专门负责对象的初始化工作，也就是对象创建的时候要完成的工作。它反映了对象创建过程的一般形式。基于函数的特殊性，C++ 给了构造函数一个很了不起的名字——类名，而且没有返回值。

提示：构造函数没有返回值，并不是返回类型为 void，这是两个完全不同的概念。void 本身也是一种类型。

现在，我们已经知道了构造函数的函数名、返回类型以及功能（初始化工作），那么构造函数已经呼之欲出了。例如，建筑类的构造函数可以写成：

```
CBuilding(string strName = "CBuilding"){name = strName;}
```

可见构造函数并没有太多神秘的东西，无非是名字和返回值有一些特殊而已。其参数表和函数体，都是“很函数”的。毕竟构造函数也是函数！

提示：构造函数是如何调用的？
这就是构造函数最后一个特别之处了！构造函数只能被调用一次，而且是在很特殊的时候被调用的，其形式也是很特殊的。

构造函数仅仅在对象创建时被调用。一个对象只能被创建一次，所以构造函数也只能被调用一次，而且是由系统来调用的。刚才写的构造函数，可能被这样调用：

```
CBuilding building(" 中国古代建筑 ");
```

这条语句创建了一个对象，名字为 building，并且将 name 属性赋值为“中国古代建筑”。这就是在创建对象时调用构造函数完成初始化工作的过程。

【范例 12-4】 通过构造函数完善【范例 12-2】。

(1) 在 Visual C++ 6.0 中，新建名称为“Polymorphism”的工程。

(2) 建立一个 CBuilding 类，形成一个“CBuilding.h”头文件。

```
01 #ifndef CBUILDING_H
02 #define CBUILDING_H
03 #include <iostream>
04 #include <string>
05 using namespace std;
06 class CBuilding                 // 定义建筑类
07 {
08   private:
09      string name;                // 定义名称
10   public:
11      CBuilding(string strName = "CBuilding"){name = strName;}          // 构造函数
12      void set(string strName)
13      {
14         name = strName;
15      }                           // 修改名称
16      virtual void display()  // 显示信息，这里是内联函数，而且声明为虚函数
17      {
18         cout << " 建筑是 " << name << "\n";
19      }
20 };
21 #endif
```

(3) 建立一个 CBridge 类，形成一个“CBridge.h”头文件。

```
01 #ifndef CBRIDGE_H
02 #define CBRIDGE_H
03 #include "CBuilding.h"
04 class CBridge : public CBuilding               // 通过继承来定义桥类
05   {
06      float length;                            // 定义长度
07      public:
08        void show(CBuilding *b)                // 通过指向基类指针进行显示
09      {
10           b->display();
11           return;
```

```
12      }
13          CBridge(string strName = "CBuilding",float l = 0.0):CBuilding(strName),length(l){}
14          // 构造函数
15          void setLength(float l = 0.0){length = l;}                  // 设置长度
16          void display()
17          {
18              CBuilding::display();                                    // 调用基类方法显示名称
19              cout << " 其长度是 " << length << " 米。\n";  // 显示长度信息
20      }
21  };
22  #endif
```

(4) 构建主程序。

```
01  #include <iostream>
02  #include <string>
03  using namespace std;
04  #include "CBuilding.h"
05  #include "CBridge.h"
06  void main()
07  {
08      CBuilding building(" 中国古代建筑 ");   // 创建建筑对象
09      CBridge bridge(" 中国赵州桥 ",60.4F);   // 创建桥对象
10      bridge.show(&building);                  // 显示信息
11      bridge.show(&bridge);                    // 显示桥的信息
12  }
```

【代码详解】

先看“CBuilding.h”头文件第 11 行，没有返回类型，而且名字和类名相同，从而可以很肯定地说这是构造函数。从参数来看，这样是为了初始化 name 属性，实际上也就这一个属性了。如果参数缺省则默认是“CBuilding”，这就是带缺省参数的构造函数。函数体只有一句话，即简单的赋值语句。可见构造函数其实是很随和的。

再看 CBridge 类的第 13 行，有两个缺省参数，函数体很简单，一句话都没有。那它能干什么呢？一个函数体一句话都没有的函数是不是形同虚设呢？从结果来看，当然不是。那么它是如何工作的呢？我们不难发现，在参数表和函数体之间还有内容，玄机就在这里！紧接着看主程序第 8 行和第 9 行代码，它们都是用来创建对象的。这里针对第 9 行进行分析。该代码创建了一个名字为“中国赵州桥”、长度为 60.4 米的桥对象 bridge。当计算机“看到”这句话时，将调用 CBridge 类的第 13 行代码，参数传递过去后，通过初始化列表，调用基类的构造函数对基类的信息进行初始化，因而此时桥的名字将被确定。接着对 length 进行初始化操作，通过 length(l) 进行，此时 l 的值是 60.4F（F 是类型说明符），所以 length 的值被确定为 60.4F。此时 bridge 已经拥有足够的信息。一个活生生的对象被创建出来了，这就是构造函数的功效。

在主程序第 10 行和第 11 行代码中，通过调用虚函数实现了多态。

【运行结果】

编译、连接、运行程序，即可在命令行中输出图 12–5 所示的结果。

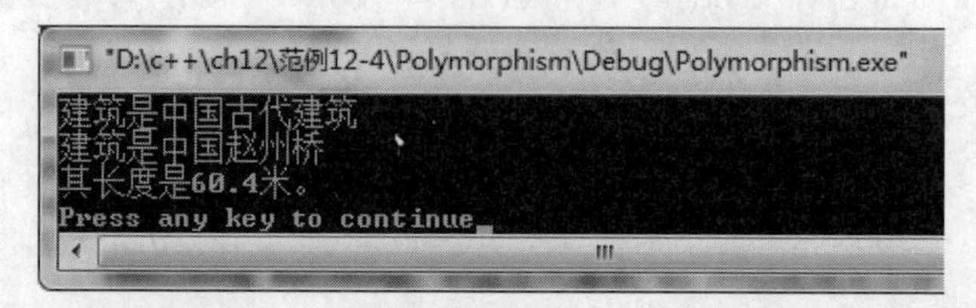

图 12–5

【范例分析】

本范例主要体现的是构造函数的定义和使用，定义的两个构造函数是本程序的主角，尤其是第 2 个构造函数。构造函数实现了对象的初始化工作，不再出现如【范例 12–3】中的情况。即便是主函数中存在【范例 12–3】的问题，也不会出现莫名其妙的情形。

在 C++ 中，在参数表后面加一个冒号，将引出另外一个列表——初始化列表。初始化列表是专门赋值用的，其格式很固定，即“名称（值）”，诸如“CBuilding(strName),length(l) ”等，多个元素之间用逗号分隔，这里的名称具有很广泛的意义，可以是变量名，也可以是类名。变量名，如【范例 12–4】中的 length，可以这样初始化（赋值）——length(l)，相当于 length=l；类名则相当于调用相应的构造函数，例如 CBuilding(strName)，就是调用了 CBuilding 类第 11 行的构造函数进行赋值的，这样就将名字信息初始化为 strName 的值。从中我们可以看到初始化更为广阔的使用领域，即可以对父类的私有数据进行赋值。当然，这是通过调用父类的构造函数实现的。

通过本范例可以看到构造函数的妙用，同时也可以看到构造函数是有调用顺序的。对于一个类而言，其属性可以分为继承而来的、其他类的对象的、自己的一般属性（基本类型）3 个部分。一般而言，首先调用父类的构造函数对继承而来的属性进行初始化，通过其他类的构造函数对相应的对象进行初始化，最后对自己的一般属性进行初始化。

12.4 抽象类

如果没有学习继承，可能会这样认为：定义一个类是为了创建对象，不创建对象的类是没有用处的。学习了继承之后，你会发现这种看法是不正确的，类除了创建对象之外，还可以派生新的类。在面向对象的程序设计中，就存在这样的一种类，我们不用它来定义对象，而只用它作为基类去建立派生类，这样的类被称为抽象类。因为它常用作基类，所以又称抽象基类。

下面是抽象类的一般格式。

```
class < 类名 >
{
    …
    virtual < 类型 >< 函数名 >(< 参数表 >)=0;
    …
```

```
};
```

例如，可以定义一个 Shape 抽象类：

```
class Shape
{
    …
    virtual void shapeArea( ) const=0;
    …
};
```

抽象类也是类，至少含有一个纯虚函数。所谓纯虚函数，就是形如上面的“virtual <类型><函数名>(<参数表>)=0;”定义的函数。从形式上看这就是一个虚函数，只是没有函数体，而用“=0”来代替函数体，说明该函数没有实现的具体方法。

由此可见，抽象类是包含纯虚函数的类。由于纯虚函数没有函数体，因而抽象类不能被实例化，这是在编译层面被限制的。只要有一个纯虚函数的类就是抽象类。抽象类派生新类后，其子类一定要对其纯虚函数进行覆盖，即重写该方法。需要注意的是，只要有一个纯虚函数没有被覆盖，则该派生类仍然是抽象类。

【范例 12-5】 交通工具的衍生——抽象类的使用。

(1) 在 Visual C++ 6.0 中，新建名为“Vehicle”的的工程。

(2) 建立一个 Vehicle 类，形成一个“Vehicle.h”头文件。

```
01  #include <iostream>
02  #include <cstring>
03  using namespace std;
04  class Vehicle                                          // 定义 Vehicle 抽象类
05  {
06      string name;                                       // 定义名称
07      public:
08          Vehicle(string theName = "Vehicle"){name = theName;} // 构造函数
09          string GetName(){return name;}                 // 获得名称信息
10          virtual void Motion(string Model = "Motion")=0;  // 定义纯虚函数
11  };
```

(3) 建立一个 Car 类，形成一个“Car.h”头文件。

```
01  #include "Vehicle.h"
02   class Car:public Vehicle                              // 派生 Car 类
03   {
04       public:
05              Car(string theName = "Car"):Vehicle(theName){}  // 向基类传递信息
06       virtual void Motion(string Model = "Motion"){cout << GetName() << "--" <<
"Robotization" << endl;}                                   // 实现纯虚函数
```

```
07    };
```

(4) 构建主程序。

```
01  #include <iostream>
02  #include <string>
03  #include "Car.h"
04  using namespace std;
05  void main()
06  {
07       //Vehicle vehicle();   // 错误的，抽象类是不能实例化的
08       Car car("Jeep");       // 创建汽车对象
09       car.Motion();          // 调用虚函数
10  }
```

【运行结果】

编译、连接、运行程序，即可在命令行中输出图 12-6 所示的结果。

图 12-6

【范例分析】

从结果来看，继承是成功的。Vehicle 类的第 10 行定义了一个纯虚函数 Motion，从而肯定了该类是抽象类，因而主程序的第 7 行代码是错误的。Car 类继承于抽象类 Vehicle，但在 Car 类的第 5 行对纯虚函数进行了覆盖，因此 Car 就不再是抽象的类，而也可以创建实例了，所以主程序第 8 行和第 9 行是顺理成章的。

【拓展训练】 对 Car 类做进一步派生。

结合【范例 12-5】，以 Car 类作为基类，派生一个新型轿车类 NewCar，进一步深化虚函数的应用，同时进一步练习抽象类。

12.5　重载概述

在 12.1 节中已经提到，实现多态有两种方式，虚函数是其中之一，本节将讨论第 2 种方式——重载。重载，从形式上分为运算符的重载和函数的重载两种，但本质是一样的。

12.5.1　运算符的重载

在 C++ 中，可以用关键字 operator 加上运算符来表示一个函数，即运算符重载。从定义可以看

到，运算符重载的本质就是函数重载。下面以两个复数相加的函数为例进行介绍。假设定义了复数类 Complex（注意，complex 库中的模板 complex<> 提供了一个复数类型，但是为了说明问题，这里自己定义 Complex），则有：

```
Complex Addition(Complex a, Complex b);
```

可以用运算符重载来表示：

```
Complex operator +(Complex a, Complex b);
```

这样就可以写成 a+b 的形式。

然而，并非所有的运算符都能重载，表 12-1 所示的是能重载的运算符（仅供参考）。

表 12-1

<table>
<tr><th></th><th>C++ 能重载的运算符</th></tr>
<tr><td>双目运算符</td><td>+ − * / %</td></tr>
<tr><td>关系运算符</td><td>== != < > <= >=</td></tr>
<tr><td>逻辑运算符</td><td>|| && !</td></tr>
<tr><td>位运算符</td><td>| & ~ << >></td></tr>
<tr><td>赋值运算符</td><td>= += −= *= /=</td></tr>
<tr><td>空间申请与释放运算符</td><td>new delete new[] delete[]</td></tr>
<tr><td>自增自减运算符</td><td>++ −−</td></tr>
<tr><td>其他运算符</td><td>−> () −>* , []</td></tr>
</table>

表 12-2 所示的是不能重载的运算符（仅供参考）。

表 12-2

	C++ 不能重载的运算符
域运算符	::
条件运算符	?:
成员访问运算符	.
成员指针访问运算符	*
长度运算符	sizeof

【范例 12-6】 利用运算符的重载实现可以计算复数的加法。

(1) 在 Visual C++ 6.0 中，新建名为“Overload”的工程。

(2) 建立一个 Complex 类，形成一个“Complex.h”头文件。

```
01  #include <iostream>
02  #include <string>
03  using namespace std;
04  class Complex
05  {
```

```
06      double a;                                   // 定义实部
07      double b;                                   // 定义虚部
08   public:
09      Complex(){a = 0;b = 0;}
10      Complex operator +(Complex another) // 重载 + 运算符
11      {
12         Complex add;
13         add.a = a + another.a;
14         add.b = b + another.b;
15         return add;
16      }
17      void PutIn()
18      {
19                                                  // 输入复数
20         cin >> a >> b;
21         return ;
22      }
23      void Show()
24      {
25                                                  // 输出复数
26         cout << "(" << a << " + " << b << "i)";
27         return ;
28      }
29   };
```

(3) 建立一个 Summator 类，形成一个“Summator.h”头文件。

```
01  class Summator                                  // 加法器
02  {
03     public:
04        int Addition(int a, int b);               // 实现两个整数的相加
05        float Addition(float a, float b);         // 实现两个小数的相加
06        string Addition(string a, string b);      // 实现两个字符串的相加
07        Complex Addition(Complex a, Complex b);   // 实现两个复数的相加
08     };
```

(4) 建立一个“Summator.cpp”文件。

```
01  #include "Complex.h"
02  #include "Summator.h"
03  int Summator::Addition(int a, int b)
04  {
```

```
05        return a + b;
06    }
07  float Summator::Addition(float a, float b)
08    {
09        return a + b;
10    }
11  string Summator::Addition(string a, string b)
12   {
13         return a + b;
14    }
15   Complex Summator::Addition(Complex a, Complex b)
16    {
17         return a + b;
18   }
```

(5) 构建主程序。

```
01 #include <iostream>
02 #include <string>
03 #include "Complex.h"
04 #include "Summator.h"
05 using namespace std;
06 void main()
07 {
08      Summator summator;                         // 创建加法器对象
09      int intA, intB;                            // 定义两个整数
10      float floatA, floatB;                      // 定义两个小数
11      string stringA, stringB;                   // 定义两个字符串
12      Complex complexA, complexB;                // 定义两个复数
13      cout << " 请输入两个整数 :" << endl;  // 提示输入
14      cin >> intA >> intB;                       // 输入整数
15      cout << intA << " + " << intB << " = " << summator.Addition(intA, intB) << endl;
16                                                 // 利用重载函数求整数的相加
17      cout << " 请输入两个小数 :" << endl;  // 提示输入
18      cin >> floatA >> floatB;                   // 输入小数
19      cout << floatA << " + " << floatB << " = " << summator.Addition(floatA, floatB) << endl;
20                                                  // 利用重载函数求小数的相加
21      cout << " 请输入两个字符串 :" << endl;// 提示输入
22      cin >> stringA >> stringB;                 // 输入字符串
23      cout << stringA << " + " << stringB << " = " << summator.Addition(stringA, stringB)
<< endl;                                           // 利用重载函数求字符串的相加
```

```
24      cout << " 请输入两个复数 :" << endl;  // 提示输入
25      complexA.PutIn();                      // 输入复数
26      complexB.PutIn();                      // 输入复数
27      complexA.Show();                       // 显示复数
28      cout << " + ";                         // 显示加号
29      complexB.Show();                       // 显示复数
30      cout << " = ";                         // 显示等号
31      summator.Addition(complexB,complexA).Show();       // 利用重载函数求复数的相加
32      cout << endl;
33  }
```

【运行结果】

编译、连接、运行程序，即可在命令行中输出图 12-7 所示的结果。

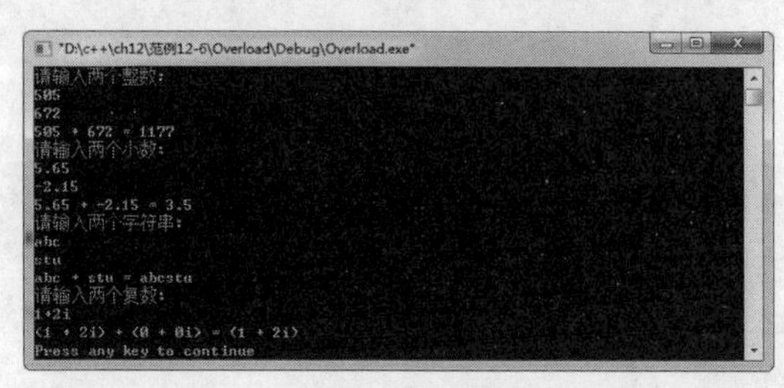

图 12-7

【范例分析】

该范例的代码重点在"Summator.cpp"文件的第 17 行，可以看到复数也可以像整数、浮点数和字符串一样进行加运算，说明加的多态性得到了体现。本例用运算符重载来达到目的， 函数"Complex operator +(Complex another) {}"则实现了该操作。

运算符与普通函数调用时的不同之处在于：对于普通函数，参数出现在圆括号内；对于运算符，参数出现在其左、右侧。

可以这样理解运算符的重载，即运算符重载可以是全局函数，也可以是类的成员函数。如果运算符被重载为全局函数，那么只有一个参数的运算符叫作一元运算符，有两个参数的运算符叫作二元运算符。如果运算符被重载为类的成员函数，那么一元运算符没有参数，二元运算符只有一个右侧参数，这是因为类本身成了左侧参数。

并不是所有的运算符都可以被重载，不是理论上不允许，而是没有必要这样做。不能重载的运算符有"." "::" "?:" ".*" "#"和"sizeof"等。

技巧：定义时，"operator 运算符"就是函数名，调用时运算符就是函数名，参数伴其左右。

12.5.2 函数的重载

由于现实条件不同，为了实现同一个功能，实现的途径也会不同。同时，因为处理的对象不同，也会有不同的实现方法。例如，同样是开门，根据门的不同类型，要选用不同的方式，可能是推，可能是拉，还可能是自动开启。另外，根据不同的条件和场合，也会采用不同的方式来开门，例如可以让站在门旁边的人帮忙开门（前提是有这么一个人存在）。

因此，可以定义诸如“推开门”“拉开门”“芝麻开门”等方法实现开门，可是这样又会显得太啰唆，甚至是让编程人员无法容忍。方法名有很多，而且要时刻考虑当前的情况，从而决定用什么样的方法名，不要给编程人员造成太多的负担和不必要的麻烦。

既然任务都是一样的，完全可以根据不同的场景来决定用什么样的方法。门就在眼前，我们完全可以根据门的类型判断采用何种方式开门，换句话说，任务知道了，门的情况知道了，就可以断定是“推开门”，“拉开门”，还是“芝麻开门”。那么C++ 是如何实现的呢？从函数的角度出发，这个问题就是函数的重载。

任务由函数名描述，门的情况由参数列表描述。C++ 编译器会根据函数参数的类型、数量及排列的顺序来区分同名函数，这样更符合面向对象编程的特性。

下面首先介绍构造函数的重载。

像其他函数一样，一个构造函数也可以被多次重载为同名的函数，但参数类型和个数不同。读者不用担心，编译器会调用与在调用时要求的参数类型和个数一样的那个函数。在这里则是调用与类对象被声明时一样的那个构造函数。

实际上，当定义一个类而没有明确定义构造函数时，编译器会自动假设两个重载的构造函数（默认构造函数“default constructor”和复制构造函数“copy constructor”）。例如以下的类：

```
class CExample {
    public:
    int a,b,c;
    void multiply (int n, int m) { a=n; b=m; c=a*b; };
};
```

没有定义构造函数，编译器自动假设它有以下构造函数。

一为 Empty constructor。这是一个没有任何参数的构造函数，被定义为 nop（没有语句）。它什么都不做，语法形式如下。

```
CExample::CExample () { };
```

二为 Copy constructor 。这是一个只有一个参数的构造函数，该参数是这个 class 的一个对象。这个函数的功能是将被传入对象的所有非静态成员变量的值都复制给自身这个对象，其语法形式如下。

```
CExample::CExample (const CExample& rv) {
    a=rv.a;  b=rv.b;  c=rv.c;
}
```

提示：这两个默认构造函数（empty construction 和 copy constructor）只有在没有其他构造函数被明确定义的情况下才存在。如果任何其他有任意参数的构造函数被定义，则这两个构造函数就都不存在。在这种情况下，如果要有 empty construction 和 copy constructor ，就必须自己定义它们。

当然，读者也可以重载类的构造函数，定义有多个参数或完全没有参数的构造函数。

【范例 12-7】 构造函数重载的例子。

⑴ 在 Visual C++ 6.0 中，新建名称为“Constructor Overload”的工程。

⑵ 建立一个 Carea 类，形成一个“Carea.h”头文件。

```
01 #include <iostream.h>      // 指标准库中输入输出流的头文件，cout 就定义在这个头文件里
02 // 以下为类的定义，定义了两个构造函数
03 class Carea{
04    private:
05       int width, height;     // 定义两个私有变量
06    public:
07       Carea ();               // 构造函数的声明
08       Carea (int,int);        // 重载构造函数的声明
09    int area ();               // 计算面积的求值函数的声明
10 };
```

⑶ 建立一个“Carea.cpp”文件。

```
01 #include "Carea.h"
02 Carea::Carea() {
03    width = 5;
04    height = 5;
05 }
06 // 带两个参数的构造函数的定义
07 Carea::Carea (int a, int b) {
08    width = a;
09    height = b;
10 }
11 int Carea::area () {          // 计算面积的成员函数的实现
12    return (width*height);  // 通过函数值返回面积
13 }
```

⑷ 构建主程序。

```
01 #include <iostream>
02 #include "Carea.h"
03 int main () {
04    Carea rect1 (3,4);        // 创建对象并调用构造函数进行初始化
05    Carea rect2;              // 创建对象并调用重载构造函数进行初始化
06    cout << "rect1 area: " << rect1.area() << endl;   // 调用对象的成员函数输出面积
07    cout << "rect2 area: " << rect2.area() << endl;   // 调用对象的成员函数输出面积
08    return 0;
```

```
09 }
```

【运行结果】

编译、连接、运行程序，在主函数中创建对象 rect1 并调用构造函数进行初始化来获取长、宽值，然后创建对象 rect2 并调用重载构造函数进行初始化来获取长、宽值，之后分别调用求矩形面积的成员函数，即可将 rect1 和 rect2 两个对象的面积值输出，如图 12-8 所示。

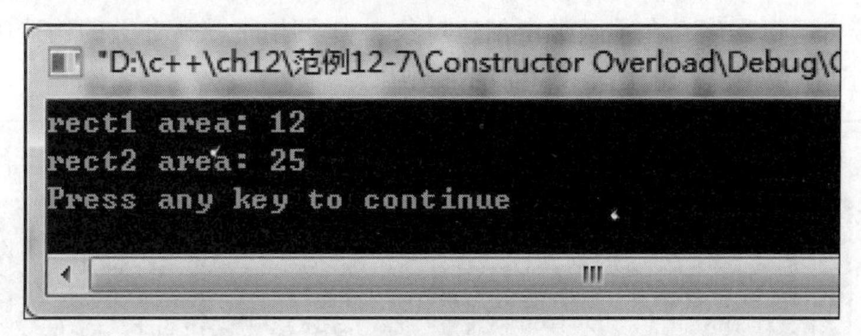

图 12-8

【范例分析】

在本范例中，创建 rect1 的时候有两个参数，所以程序使用带有两个参数的构造函数对它进行初始化；rect2 对象被声明的时候没有参数，所以程序使用没有参数的构造函数对它进行初始化，也就是 width 和 height 都被赋值为 5。

【范例 12-8】 带默认参数的构造函数重载。

(1) 在 Visual C++ 6.0 中，新建名称为“Default Parameter”的工程。

(2) 建立一个 CDate 类，形成一个“CDate.h”头文件。

```
01  #include <iostream>
02  class CDate   // 以下为类的定义，定义了带默认参数的构造函数
03  {
04     public:
05     CDate(int year = 2002, int month = 7, int day = 30)        // 构造函数的定义
06     {
07          nYear = year; nMonth = month;  nDay = day;          // 变量赋初值
08          cout<<nYear<<"-"<<nMonth<<"-"<<nDay<<endl;
09     }
10     private:                                                  // 私有成员定义
11     int nYear, nMonth, nDay;
12  };
```

(3) 构建主程序。

```
01  #include <iostream>
02  #include "CDate.h"
03  void main()
```

```
04  {
05      CDate day1;                           // 创建对象并使用默认参数调用构造函数
06      CDate day2(2002, 8);                  // 创建对象并使用默认参数重载构造函数
07  }
```

【运行结果】

编译、连接、运行程序，在主函数中创建对象 day1 调用带默认参数的构造函数，创建对象 day2 时实现了构造函数重载，输出图 12-9 所示的结果。

图 12-9

【范例分析】

在本范例中，对象 day1 调用带有默认参数的构造函数，day2 由于带有两个参数，调用了重载的构造函数，因此创建 day1 时输出“2002-7-30”，创建 day2 时输出“2002-8-30”。

注意：在声明一个新的对象的时候，如果不希望传入参数，则不需要写括号 ()。例如：

```
Carea rect2;          // 正确语法
Carea rect2();        // 错误语法
```

提示：析构函数没有返回值，没有函数参数，所以析构函数不能重载。

下面再举例进一步说明函数重载的用法。

【范例 12-9】 利用函数重载实现一个简单的加法器。

⑴ 在 Visual C++ 6.0 中，新建名称为“Overload”的工程。

⑵ 建立一个 Overload 类，形成一个“Overload.h”头文件。

```
01  #include <iostream>
02  #include <string>
03  using namespace std;
04  class Summator                             // 加法器
05  {
06      public:
07      int Addition(int a, int b);            // 实现两个整数的相加
08      float Addition(float a, float b);      // 实现两个小数的相加
```

```
09      string Addition(string a, string b);        // 实现两个字符串的相加
10   };
```

(3) 建立一个“Overload.cpp”文件。

```
01    #include <string>
02    #include "Summator.h"                        //Summator 类成员函数的声明
03    using namespace std;
04    int Summator::Addition(int a, int b)
05    {
06       return a + b;
07    }
08    float Summator::Addition(float a, float b)
09    {
10       return a + b;
11    }
12   string Summator::Addition(string a, string b)
13   {
14      return a + b;
15   }
```

(4) 构建主程序。

```
01    #include <iostream>                          // 主函数过程
02    #include <string>
03    #include "Overload.h"
04    using namespace std;
05    void main()
06    {
07       Summator summator;                        // 创建加法器对象
08       int intA, intB;                           // 定义两个整数
09       float floatA, floatB;                     // 定义两个小数
10       string stringA,stringB;                   // 定义两个字符串
11       cout << " 请输入两个整数 :" << endl; // 提示输入
12      cin >> intA >> intB;                       // 输入整数
13      cout << intA << " + " << intB << " = " << summator.Addition(intA, intB) << endl;
14                                                 // 利用重载函数求整数相加的结果
15       cout << " 请输入两个小数 :" << endl; // 提示输入
16       cin >> floatA >> floatB;                  // 输入小数
17    cout << floatA << " + " << floatB << " = " << summator.Addition(floatA, floatB) <<
endl;                                              // 利用重载函数求小数相加的结果
```

```
18      cout << " 请输入两个字符串 :" << endl; // 提示输入
19      cin >> stringA >> stringB;                  // 输入字符串
20      cout << stringA << " + " << stringB << " = " << summator.Addition(stringA, stringB)
<< endl;                                            // 利用重载函数求字符串相加的结果
21  }
```

【运行结果】

编译、连接、运行程序，即可在命令行中输出图 12-10 所示的结果。

```
"D:\c++\ch12\范例12-9\Overload\Debug\Overload.exe"
请输入两个整数:
45
76
45 + 76 = 121
请输入两个小数:
4.5
7.6
4.5 + 7.6 = 12.1
请输入两个字符串:
45
76
45 + 76 = 4576
Press any key to continue
```

图 12-10

【范例分析】

本范例定义了一个加法器类，其有 3 个方法，都以 Addition 为名，但参数不同。从本质上来讲，这是 3 个不同的函数；可是从重载的角度来讲，这是对 Addition 的重载。

结合运行结果来看，主函数第 13 行和第 20 行分别对作为整数的 45、76 和作为字符串的“45”“76”相加，结果分别是 121 和“4576”，充分说明这是两种不同的数据类型，其处理方式是截然不同的（一个是整数相加，一个是字符串相连）。到底用哪一个 Addition，完全可以根据参数类型进行判断。当然，这个过程是由编译器进行的，程序员不必考虑，这就是多态的具体体现。

12.6 综合实例——利用抽象类文具类派生笔类

本章讨论了多态和重载的概念和使用方法，读者对它们的功能和用法有了初步的了解。为进一步深化对所学知识的理解，下面列举一个综合性的例子。

【范例 12-10】 利用抽象类文具类派生笔类，然后派生出钢笔类。

⑴ 在 Visual C++ 6.0 中，新建名称为“PenExample”的工程。

⑵ 建立一个 CStationery 类，形成一个“CStationery.h”头文件。

```
01  #include <string>
02  class CStationery                          // 定义抽象类文具类
03  {
04  private:
```

```
05        string Name;                              // 属性名字
06     public:
07        CStationery(string n){Name = n;}          // 构造函数
08        virtual void Show()=0;                    // 定义文具类成员函数 Show 为纯虚函数
09        virtual void name(string n) = 0;
10        // 定义文具类成员函数 name 为纯虚函数
11     };
```

(3) 建立一个 CWriteStationery 类，形成一个“CWriteStationery.h”头文件。

```
01     #include <string>
02     #include "CStationery.h"
03     using namespace std;
04     class CWriteStationery:public CStationery          // 定义笔类，继承自文具类
05     {
06     private:
07        string Name;                                     // 属性名字
08     public:
09        CWriteStationery(string n):CStationery(n){Name = n;}// 向基类传递名称信息并初始化
名称属性
10        void Show(){cout << Name << endl;}               // 在这里实现了基类的 Show 方法
11     };
```

(4) 建立一个 CPen 类，形成一个“CPen.h”头文件。

```
01     #include <string>
02     #include "CWriteStationery.h"
03     using namespace std;
04     class CPen:public CWriteStationery        // 定义钢笔类，继承自笔类
05     {
06       private:
07          string Name;                         // 属性名字
08       public:
09          CPen(string n):CWriteStationery(n){Name = n;}   // 向基类传递名称信息并初始化
名称属性
10          void name(string n){Name = n;}       // 在这里实现了基类的 name 方法
11          void Show()                          // 覆盖了基类的 Show 方法
12          {
13               cout << Name << endl;
14               return;
15          }
```

```
16          void Show(string m)                          // 重载了前面的 Show 方法
17          {
18                  cout << m << Name << endl;
19                  return;
20          }
21  };
```

⑸ 构建主程序。

```
01  #include <iostream>
02  #include "CPen.h"
03  #include <string>
04  using namespace std;
05  void main()
06  {
07      //CStationery stationery(" 文具 ");                 // 错误
08      //CWriteStationery writestationery(" 笔 ");         // 错误
09      CPen pen(" 钢笔 ");                                 // 创建钢笔对象
10      pen.Show();                                         // 显示信息
11      //stationery.Show();                                // 错误
12      //writestationery.Show();                           // 错误
13      pen.name(" 派克钢笔 ");                              // 修改名字
14       pen.Show(" 一支 ");                                 // 显示新的信息
15  }
```

【代码详解】

在这个程序的第⑵步中，定义了抽象类 CStationery。这个类的第 4 行语句说明下面的都是私有的属性和方法，这里在第 5 行定义了一个私有属性 Name；第 6 行开始定义公有属性和方法，这里定义了 3 个方法，分别是构造函数以及 2 个纯虚函数（Show 和 name）。纯虚函数没有任何代码，也没有任何功能，目的是实现抽象类的定义。但是其函数原型已经定义好，实现在派生类中。

第⑶步中定义了另外一个类 CWriteStationery。在此类的第 9 行定义了一个构造函数，利用初始化列表实现了向基类传递信息的功能，这样就可以对基类有个交代，保持了数据的一致性。第 10 行实现了基类的 Show 方法，至此 Show 函数就有了特定的功能。但是该类没有实现基类的 name 方法，所以仍然是一个抽象类。

第⑷步中定义了类 CPen。在此类的第 9 行实现了构造函数，在第 10 行实现了基类的最后一个纯虚函数（name）。至此，全部的纯虚函数都已经实现，CPen 就是一个可以定义实例的类了。第 11 ~ 15 行覆盖了基类的 Show 方法，实现了自己的特殊方法，第 16 ~ 20 行重载了前面的 Show 方法，这样就可以通过不同的方式调用 Show 方法。

主程序的第 7、8、11、12 行代码都是错误的，因为抽象类不能实例化。第 10 行和第 14 行代码则演示了重载的使用。

【运行结果】

编译、连接、运行程序，即可在命令行中输出图 12-11 所示的结果。

图 12-11

【范例分析】

本范例的结果很简单，但是实现过程还是比较复杂的。首先定义了一个抽象类——文具类（CStationery），该类有两个纯虚函数；然后又定义了其派生类——笔类（CWriteStationery），该类实现了其基类的一个纯虚函数（Show），但是还有一个纯虚函数（name）没有实现，所以笔类仍然是一个抽象类；直到定义钢笔类（CPen）的时候，才完全实现了所有的纯虚函数，所以钢笔类（CPen）是一个可以定义实例的类。

提示：只要有一个纯虚函数的类就是抽象类，这就是"虚像"的来由。

12.7 本章小结

本章主要讲述多态性的概念，并在多态性的基础上讲解虚函数的概念，从而引出了抽象类的定义。通过本章的学习，读者应掌握多态性是 C++ 的三大特征之一，并能根据实际需要，设计对象的多态性。

12.8 疑难解答

1. C++ 是如何实现多态性的？

多态指同样的消息被不同类型的对象接收，会导致完全不同的行为，是对类特定成员函数的再抽象。C++ 支持的多态有多种类型，重载和虚函数是其中的主要方式。

2. 什么叫抽象类？抽象类有什么作用？

抽象类指的是含有纯虚函数的类，该类不能建立对象，只能声明指针和引用，用于基础类的接口声明和运行时的多态。如果抽象类的某个派生类在向继承体系的根回溯的过程中，并没有实现所有的纯虚函数，则该类也是抽象类，同样不能建立对象。

12.9 实战练习

1. 操作题

编写一个计算器类，要求实现各种数据类型（整数、小数和复数）的 +、-、*、/ 运算。

(1) 充分利用继承、多态。

(2) 综合使用函数重载和运算符重载。

2. 思考题

思考函数重载和运算符重载的作用。

第 13 章 文件

本章导读

在计算机中，我们可以方便地打开、浏览、修改和关闭相应的文件，这些操作是如何通过编程实现的呢？本章将介绍 C++ 中文件的操作方法。

本章学时：理论 2 学时

学习目标

- 什么是文件
- 文件的打开和关闭
- 文件的读写
- 在文件中实现定位到每个数据
- 文件中的数据随机访问

13.1 什么是文件

文件是相关数据的集合。计算机中的程序、数据、文档通常以文件形式存放在外存储器中。由于计算机的输入输出设备具有字节流特征，所以操作系统也把它们看作文件。例如，键盘是可以进行输入的文件，显示器、打印机是可以进行输出的文件。对不同的文件，可以进行不同的操作，如键盘可将文件输入，显示器和打印机就只能进行文件的输出。对于磁盘文件，可以把数据写入文件中，也可以把数据从文件中取出。

注意：为了便于区别，每个文件都有自己的名字（文件名），程序就是通过文件名来使用文件的。文件名通常由字母开头，在不同的计算机系统中，文件名的组成规则有所不同。

13.1.1 文件的分类

C++ 程序中保存数据的文件可按存储格式分为两种类型，一种是文本文件，另一种是二进制文件。文本文件又称 ASCII 码文件或字符文件，二进制文件又称字节文件。在文本文件中，每字节单元的内容为字符的 ASCII 码。在二进制文件中，文件内容是数据的内部表示形式，是从内存中直接复制过来的。对于字符信息，数据的内部表示形式就是 ASCII 码，所以在字符文件和字节文件中保存的字符信息没有差别。但对于数值信息来说，数据的内部表示形式和 ASCII 码截然不同，所以在字符文件和字节文件中保存的数值信息也截然不同。

13.1.2 C++ 如何使用文件

在 C++ 看来，文件是字符流或二进制流，统称为文件流。要使用一个文件流，应遵循以下步骤。

⑴ 打开一个文件，其目的是将一个文件流对象与某个文件联系起来。

⑵ 使用文件流对象的成员函数，将数据写入文件或从文件中读取数据。

⑶ 关闭已打开的文件，即使文件流对象与文件的联系。

在 C++ 文件流类中，ifstream 为输入文件流类，用于实现文件输入；ofstream 为输出文件流类，用于实现文件输出；fstream 为输入输出文件流类，用于实现文件输入输出。

13.2 文件的打开和关闭

本节介绍 C++ 中文件的打开和关闭操作。

13.2.1 打开文件

要在程序中使用文件操作，首先要在代码的开始处包含“#include <fstream>”预处理命令。由它提供的输入文件流类 ifstream、输出文件流类 ofstream 和输入输出文件流类 fstream 定义了用户所需要的文件流对象，然后利用该对象调用相应类中的成员函数，按照一定的方式来操作文件。在进行文件打开操作时应该调用类中的 open() 成员函数（还有一种文件打开形式，就是利用文件流类的构造函数来进行文件的打开），文件被打开后，就可以对文件进行操作，访问结束时再通过调用对象成员函数 close() 关闭文件。

注意：在这里，输入文件流类指从文件读出信息到内存，输出文件流类指从内存中读出信息到文件中。

1. 用文件流的成员函数 open() 打开文件

ifstream、ofstream、fstream 这 3 个文件流类中各有一个成员函数 open()，函数形式如下。

```
void  ifstream::open(const char*,int=ios::in,int=filebuf::openprot);
void  ofstream::open(const char*,int=ios::out,int=filebuf::openprot);
void  fstream::open(const char*,int,int=filebuf::openprot);
```

参数说明如下。

第 1 个参数为要打开文件的文件名（当与运行程序不在同一个文件夹下时，要添加路径）。

第 2 个参数指定文件的打开方式。输入文件流的默认值为 ios::in，意思是按输入文件方式打开文件；输出文件流的默认值为 ios::out，意思是按输出文件方式打开文件；当输入输出文件流没有默认打开方式且要打开文件时，应指明打开文件的方式。

第 3 个参数指定打开文件时的保护方式，常使用默认值 filebuf::openprot。

对于上面介绍的打开方式，表 13-1 进行了更为详细的说明。

表 13-1

文件方式	说明
in	以读的方式打开文件
out	单用。打开文件时，若文件不存在，则产生一个空文件；若文件存在，则清空文件
ate	必须与 in、out 或 noreplace 组合使用。如 outlate，其作用是在文件打开时将文件指针移至文件末尾，文件原有内容不变，写入的数据追加到文件末尾
app	以追加方式打开文件。当文件存在时，它等价于 outlate；当文件不存在时，它等价于 out
trunc	打开文件时，若单用，则与 out 等价
noreplace	用来创建一个新文件，不单用，总是与写方式组合使用。若与 ate 或 app 组合使用，也可以打开一个已有文件
binary	以二进制方式打开文件，总是与读或写方式组合使用。不以 binary 方式打开的文件，都是文本文件

利用 open 函数打开文件如下。

```
ifstream  infel; // 定义输入文件类对象
infile.open("file1.txt");// 利用函数打开某一文件，在这里没有对第二、三个参数进行说明，因为它定义为输入文件流类，所以第二个参数默认为 iso::in，第三个参数默认为 filebuf::openprot
ofstream  outfile; // 定义输出文件类对象
outfile.open("file1.txt");// 打开某一文件供输出，这里打开方式默认是 iso::out
fstream    file1,file2;// 定义两个文件类的对象
file1.open("file1.txt", ios::in);//pfile1 联系到 "file1.txt"，用于输入，在这里文件的打开形式不可以省略
file2.open("file2.txt", ios::out);//pfile2 联系到 "file2.txt"，用于输出
```

2. 用文件流类的构造函数打开文件

ifstream、ofstream、fstream 这 3 个文件流类的构造函数所带的参数与各自的成员函数 open() 所带的参数完全相同。因此，在说明这 3 种文件流类的对象时，通过调用各自的构造函数也能打开文件。例如：

```
ifstream f1("filel.txt");              // 利用构造函数在定义函数时直接打开一个输入文件
ofstream f2("file2.txt");              // 利用构造函数在定义函数时直接打开一个输出文件
fstream f3("file3.txt",ios::in) ;  // 利用构造函数在定义函数时直接打开一个输入文件
fstream f3("file3.txt",ios::out) ; // 利用构造函数在定义函数时直接打开一个输出文件
```

以上语句调用各自的构造函数，分别以读方式打开文件 file1.txt、以写方式打开文件 file2.txt、以读和写的方式打开文件 file3.txt。

 技巧：可以通过修改打开文件形式参数，采用我们需要的打开文件形式。

3. 打开文件后要判断打开是否成功

打开文件操作并不能保证总是正确的。为了避免文件打开失败，产生异常错误，通常要对文件打开是否成功进行判断，以提高程序的可靠性。判断文件打开是否成功的语句如下。

```
ifstream f1;
f1.open("file.txt",ios::in);// 在这里也可以写成 f1.open（"file.txt"）
if(!f1)// 若文件打开成功，则“!f1 为 0”为真，否则 !f1 为非 0
{
    cout<<" 不能打开文件：file.txt\n";
    exit(1);
}
```

或

```
ifstream f1("C:\\MyProgram\\file.txt");
if(!f1)
{
    cout<<" 不能打开文件：C\\ MyProgram \\file.txt\n";
    exit(1);
}
```

判断文件打开是否成功的语句也可写成如下形式。

```
ifstream f1("C:\\ MyProgram \\file.txt");
if(f1.fail())
{
    cout<<" 不能打开文件：C\\ MyProgram\\file.txt\n";
    exit(!);
}
```

13.2.2 关闭文件

文件读写完毕，通常要关闭文件，其目的是把暂存在内存缓冲区中的内容写入文件，并归还打开文件时申请的内存资源。

虽然在程序执行结束或者撤销文件流对象时，系统会调用文件流对象的析构函数自动关闭仍打开的文件，但是在文件的操作完成后，还是应及时调用文件流对象的成员函数关闭相应的文件，这样有利于系统收回相应的资源并保存输入的信息。

每个文件流类都会提供一个关闭文件的成员函数 close()。通过调用 close() 函数可使文件流与对应的物理文件断开联系，并保证无论最后输出到文件缓冲区中的内容是否已满，都立即被写入对应的物理文件中。文件流对应的文件被关闭后，还可以利用该文件流对象的 open 成员函数打开其他的文件。

ifstream、ofstream、fstream 这 3 个文件流类中的 close() 函数形式如下。

```
void ifstream::close();
void ofstream::close();
void fstream::close();
```

关闭一个文件的方式如下。

```
ifstream infile("f1.txt");        // 打开文件 f1.txt
inflile.close();                  // 关闭文件 f1.txt
```

同样，ofstream 和 fstream 文件流类的关闭方式如下。

```
ofstream outfile("f1.txt");       // 打开文件 f1.txt
outfile.close();                  // 关闭文件 f1.txt
fstream ffile("f1.txt");          // 打开文件 f1.txt
ffile.close();                    // 关闭文件 f1.txt
```

13.3 文件的读写

文件读写通常有两种方法。一种是直接使用流插入运算符“<<”和提取运算符“>>”，这些运算符将完成文件的字符转换工作；另一种是使用流成员函数，常用的输出流成员函数有 put 和 write，常用的输入流成员函数有 get、getline 和 read。

13.3.1 文本文件的读写

文件流类 ifstream、ofstream 和 fstream 并未直接定义文件操作的成员函数，对文件的操作是通过调用其基类 ios、iostream、ostream 中的成员函数实现的。这样，对文件流对象的基本操作与标准输入输出流的操作相同，即可通过提取运算符“>>”和插入运算符“<<”来读写文件。

【范例 13-1】 复制文本文件。

(1) 在 Visual C++ 6.0 中，新建名为“复制文本文件”的【C++ Source File】源程序。

(2) 在代码编辑区域输入以下代码（代码 13-1.txt）。

提示：在运行前应确认 D 盘目录下存在 f1.txt 文档，在文档中随意编辑一些信息。

```
01  #include <fstream>
02  #include <iostream>
03  using namespace std;
04  void main(void)
05  {
06      char ch,f1[256],f2[256];
07      cout<<" 请输入源文件名 ";
08      cin>>f1;                    // 输入文件名
09      cout<<" 请输入目标文件名 ";
10      cin>>f2;
11      ifstream in(f1,ios::in);  // 创建文件
12      ofstream out(f2);
13      if(!in)
14      {
15          cout<<"\n 不能打开源文件 :"<<f1;
16          return;
17      }
18      if(!out)
19      {
20          cout<<"\n 不能打开目标文件 :"<<f2;
21          return;
22      }
23      in.unsetf(ios::skipws); //Line1
24      while( in>>ch) //>> 就是将数据从文件中提取出来，也可以用 in.get(ch) 直接提取数据
赋值给 ch
25      out<<ch;        //<< 就是将数据写入文件，也可以用 out.put(ch)
26   in.close();        // 关闭目标文件
27   out.close();       // 关闭源文件
28   cout<<"\n 复制完毕！ \n";
29  }
```

【运行结果】

编译、连接、运行程序，如果需要将计算机 C 盘中的“1.txt”文件复制到 D 盘并重命名为“2.txt”，可以根据命令行中的提示输入“源文件名”和“目标文件名”，按【Enter】键，提示“复制完毕！”，即将文件复制到 D 盘并重命名，如图 13-1 所示。

图 13-1

【范例分析】

本范例实现了复制一个文本文件到一个目标文件当中的目的。

首先通过流对象的构造函数“ifstream in(f1,ios::in)”打开源文件，然后使用“ofstream out(f2)”创建目标流对象 f2，通过循环“while(in>>ch)”每次读取一个字符并写入目标文件 f2，最后关闭 f2。

13.3.2 二进制文件的读写

对二进制文件的读写，要使用文件流的成员函数 read() 和 write()。读写时，数据不进行任何变换，直接传送。

1. 读操作

二进制文件的读操作使用成员函数 read()。

```
istream& istream::read(char*t, int n);
istream& istream::read(unsigned char*t, int n);
istream& istream::read(signed char*t, int n);
```

这 3 个成员函数的功能相同，意思是从二进制文件中读取 n 字节数据到 t 指针所指缓冲区。

2. 写操作

二进制文件的写操作使用成员函数 write()。

```
ostream& ostream::write(const char*t,  int n);
ostream& ostream::write(const unsigned char*t,  int n);
ostream& ostream::write(const signed char*t,  int n);
```

这 3 个成员函数的功能相同，意思是将 t 指针所指缓冲区的前 n 字节数据写入二进制文本。

为了方便程序判断是否已读到文件的结束位置，从文件中读取数据时，类 ios 提供了一个成员函数 int ios::eof()，当读到文件结束位置时，该函数返回非 0，否则返回 0。

【范例 13-2】 将 100 以内的偶数存入二进制文件。

(1) 在 Visual C++ 6.0 中，新建名为“偶数存入二进制文件”的【C++ Source File】源程序。

(2) 在代码编辑区域输入以下代码（代码 13-2.txt）。

```
01  #include <fstream>
02  #include <iostream>
03  using namespace std;
04  void  main(void)
05  {
06      ofstream out("data2.txt",ios::outlios::binary)    //创建文件
07      if(!out)
08      {
09          cout<<"data2.txt\n";return;
10      }
11      for(int  i=2;i<100;i+=2)
12      {
```

```
13            out.write((char*)&i,sizeof(int));       // 写入文件
14      }
15      out.close();                                   // 关闭文件
16      cout<<"\n 程序执行完毕！ \n";
17  }
```

【运行结果】

编译、连接、运行程序，程序即会在项目文件夹中创建二进制文件“data2.txt”，并将 100 以内的所有偶数存入“data2.txt”中，同时提示“程序执行完毕！”，如图 13–2 所示。这时就可以打开保存代码的那个文件夹，查看是否存在一个“data2.txt”文件。

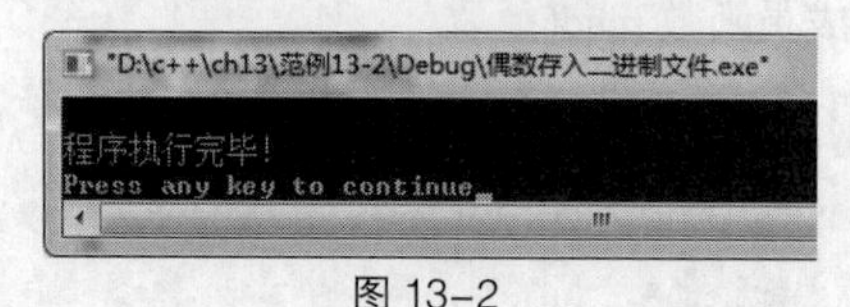

图 13–2

【范例分析】

将 100 以内的所有偶数存入二进制文件“data2.txt”中。代码第 4 行起指定按二进制方式打开输入文件 data2.txt；第 13 行将整型指针转换成字符型指针，以符合该函数第 1 个参数类型的要求。

13.4　在文件中实现定位到每个数据

C++ 把每一个文件都看成一个有序的流，如图 13–3 所示，每个文件或以文件结束符（end of file marker）结束，或在特定的字节号处结束。

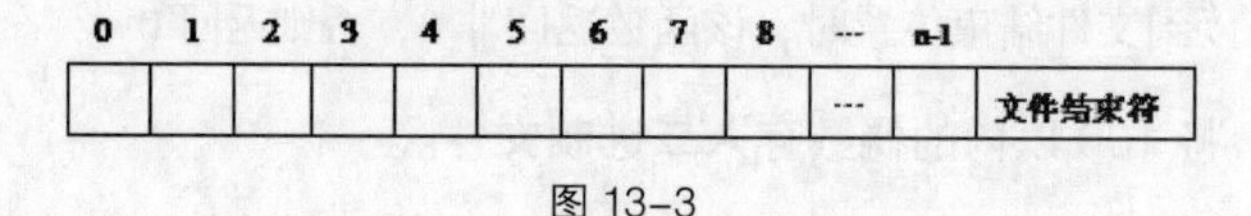

图 13–3

当打开一个文件时，该文件就与某个流关联起来。对文件进行读写的操作实际上受到一个文件定位指针（File Position Pointer）的控制。输入流的指针也称为读指针，每一次提取操作将从读指针当前所指位置开始，每一次提取操作后自动将读指针向文件尾移动。输出流指针也称写指针，每一次插入操作将从写指针当前所指位置开始，每一次插入操作后也自动将写指针向文件尾移动。

按数据存放在文件中的先后顺序进行读写，称为顺序读写。文件流类也支持文件的随机读写，即从文件的任何位置开始读或写数据。在 C++ 中用程序移动文件指针来实现文件的随机访问，即可读写流中的任意一段内容。一般而言，文本文件很难准确定位，所以随机访问多用于二进制文件。

对于输入流来说，用于确定文件读写位置的成员函数如下。

```
istream& istream::seekg(streampos);                    // 绝对定位，相对于文件头
istream& istream::seekg(streamoff,ios::seek_dir);      // 相对定位
streampos  istream::tellg();                           // 返回当前文件读写位置
```

对于输出流来说，用于确定文件读写位置的成员函数如下。

```
ostream& ostream::seekp(streampos);                       //绝对定位，相对于文件头
ostream& ostream::seekp(streamoff,ios::seek_dir);         //相对定位
streampos  ostream::tellp();                              //返回当前文件读写位置
```

其中，streampos 和 streamoff 类型等同于 long，而 seek_dir 在类 ios 中定义为一个公有的枚举类型。

```
enum  seek_dir
{                    //确定文件读写位置参考点
    beg=0;     //以文件开始处为参考点
    cur=1;     //以文件当前位置为参考点
    end=2;     //以文件结束处为参考点
}
```

对上面程序段的说明如下。

(1) 函数名中的 g 是 get 的缩写，p 是 put 的缩写。

(2) 文件读写位置以字节为单位。

(3) 成员函数 seekg(streampos) 和 seekp(streampos) 都以文件开始处为参考点，将文件读写位置移到参数所指位置。

(4) 成员函数 seekg(streamoff,ios::seek_dir) 和 seekp(streamoff,ios::seek_dir) 中的第 2 个参数的值是文件读写位置相对定位的参考点；第 1 个参数的值是相对于参考点的移动值，若为负值，则前移，否则后移。

(5) 按输入方式打开二进制文件流对象，举例如下。

```
f.seekg(-10,ios::cur);          //文件读写位置从当前位置前移 10 字节
f.seekg(10,ios::cur);           //文件读写位置从当前位置后移 10 字节
f.seekg(-10,ios::end);          //文件读写位置以文件尾为参考点，前移 10 字节。若文件尾
位置值为 6000，则文件读写位置移到 5990 处
```

注意：在移动文件读写位置时，必须保证移动后的文件读写位置大于等于 0 且小于等于文件尾字节编号，否则将导致后续读写数据不正确。

13.5 文件中的数据随机访问

随机文件的读写分两步，先将文件读写位置移到开始读写位置，再用文件读写函数读或写数据。

【范例 13-3】 将 5~200 的奇数存入二进制文件，并读取指定数据。

(1) 在 Visual C++ 6.0 中，新建名为“奇数存入二进制文件”的【C++ Source File】源程序。

(2) 在代码编辑区域输入以下代码（代码 13-3.txt）。

```
01    #include <fstream>
02    #include <iostream>
03    using namespace std;
```

```
04  void main(void)
05  {
06      int  i,x;
07      ofstream  out("data3.txt",ios::out|ios::binary);
08      if(!out){cout<<" 不能打开文件 d3.txt\n";return;}
09      for(i=5;i<200;i+=2)
10          {out.write((char*)&i,sizeof(int));}
11      out.close();
12      ifstream f("data3.txt",ios::in|ios::binary);
13      if(!f){ cout<<" 不能打开文件 d.txt\n"; return; }
14      f.seekg(30*sizeof(int));        // 文件指针移到指定位置
15      for(i=0;i<10&&!f.eof( );i++)
16      {
17          f.read((char*)&x,sizeof(int));
18          cout<<x<<'\t';
19      }
20  f.close();
21  }
```

【运行结果】

编译、连接、运行程序，程序即会在项目文件夹中创建二进制文件“data3.txt”，并将 5~200 的奇数存入二进制文件，然后将文件中的第 31~40 个数依次读取并输出，如图 13-4 所示。

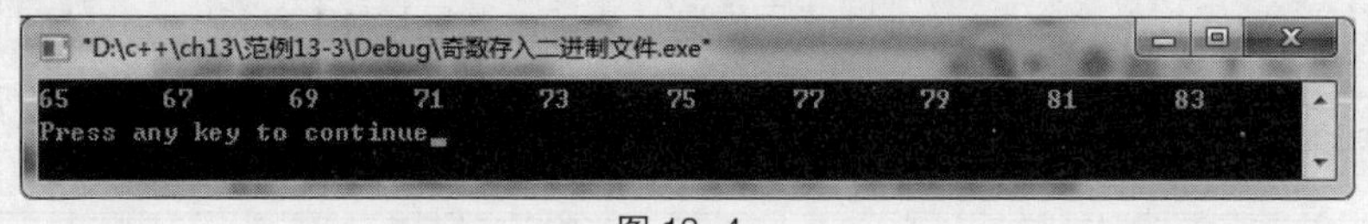

图 13-4

【范例分析】

首先以 out|ios::binary 的方式打开文件。文件打开后，每次写入一个整数。重新打开文件，使用 f.seekg(30*sizeof(int)) 从文件的开头移动 30 个整数的位置，也就是从第 31 个整数开始输出 10 个整数。

【范例 13-4】 职员信息管理。将输入的职员信息存储到指定的 txt 文件中，并读取、输出这些信息。

⑴ 在 Visual C++ 6.0 中，新建名为“职员信息管理”的【Win32 Console Application】➤【A Empty Project】项目。

⑵ 在菜单栏中单击【Project】➤【Add to Project】➤【New】，新建一个【C/C++ Header File】，命名为“employee”，然后在工作区【FileView】视图中双击【Header Files】➤【employee.h】，在代码编辑区域输入以下代码（代码 13-4-1.txt）。

```
01  #ifndef EMPLOYEE_H
02  #define EMPLOYEE_H
```

```
03  class employee                               //职员类
04  {
05    protected:
06       char name[20];                          //姓名
07       int individualEmpNo;                    //个人编号
08       int grade;                              //级别
09       float accumPay;                         //月薪总额
10       static int employeeNo;                  //本公司职员编号初值
11    public:
12       employee();                             //构造函数
13       ~employee();                            //析构函数
14       virtual void pay()=0;                   //月薪计算函数（纯虚函数）
15       virtual void promote(int increment=0);// 升级函数（虚函数）
16       void SetName(char *);                   //设置姓名函数
17       char * GetName();                       //提取姓名函数
18       int GetindividualEmpNo();               //提取编号函数
19       int Getgrade();                         //提取级别函数
20       float GetaccumPay();                    //提取月薪函数
21    };
22  #endif
```

(3) 在菜单栏中单击【Project】➤【Add to Project】➤【New】，新建一个【C/C++ Header File】，命名为“technician”，然后在工作区【FileView】视图中双击【Header Files】➤【technician.h】，在代码编辑区域输入以下代码（代码 13–4–2.txt）。

```
01  #ifndef  TECHNICIAN_H
02  #define  TECHNICIAN_H
03  #include "employee.h"
04  class technician:public employee             //兼职技术职员类
05    {
06    private:
07       float hourlyRate;                       //每小时酬金
08       int workHours;                          //当月工作数
09    public:
10       technician();                           //构造函数
11       void SetworkHours(int wh);              //设置工作时间函数
12       void pay();                             //计算月薪函数
13       void promote(int);                      //升级函数
14    };
15  #endif
```

(4) 在菜单栏中单击【Project】➤【Add to Project】➤【New】，新建一个【C/C++ Header File】，命名为“salesman”，然后在工作区【FileView】视图中双击【Header Files】➤【salesman.h】，在代码编辑区域输入以下代码（代码 13–4–3.txt）。

```
01  #ifndef SALESMAN_H
02  #define SALESMAN_H
03  #include "employee.h"
04  class salesman:virtual public employee    //兼职销售职员类
05    {
06    protected:
07       double CommRate;                     //按销售额提取酬金的百分比
08       float sales;                         //当月销售额
09    public:
10       salesman();                          //构造函数
11       void setsales(float sl);             //设置销售额函数
12       void pay();                          //计算月薪函数
13       void promote(int);                   //升级函数
14    };
15  #endif
```

(5) 在菜单栏中单击【Project】➤【Add to Project】➤【New】，新建一个【C/C++ Header File】，命名为“manager”，然后在工作区【FileView】视图中双击【Header Files】➤【manager.h】，在代码编辑区域输入以下代码（代码 13–4–4.txt）。

```
01  #ifndef MANAGER_H
02  #define  MANAGER_H
03  #include "employee.h"
04  class manager:virtual public employee     //经理类
05    {
06    protected:
07       float monthlyPay;                    //固定月薪
08    public:
09       manager();                           //构造函数
10       void pay();                          //计算酬金函数
11       void promote(int);                   //升级函数
12    };
13  #endif
```

(6) 在菜单栏中单击【Project】➤【Add to Project】➤【New】，新建一个【C/C++ Header File】，命名为“salesmanager”，然后在工作区【FileView】视图中双击【Header Files】➤【salesmanager.h】，在代码编辑区域输入以下代码（代码 13–4–5.txt）。

```
01  #ifndef SALESMANAGER_H
02  #define SALESMANAGER_H
03  #include "salesman.h"
04  #include "manager.h"
05  class salesmanager:public manager,public salesman    //销售经理类
```

```
06   {
07   public:
08       salesmanager();      // 构造函数
09       void pay();          // 计算月薪函数
10       void promote(int);   // 升级函数
11   };
12 #endif
```

(7) 在菜单栏中单击【Project】➤【Add to Project】➤【New】，新建一个【C/C++ Source File】，命名为“employee”，然后在工作区【FileView】视图中双击【Source Files】➤【employee.cpp】，在代码编辑区域输入以下代码（代码 13-4-6.txt）。

```
01 #include <iostream>
02 #include "employee.h"
03 #include <cstring>
04 using namespace std;                //std 是标准 C++ 中必须存在的一个命名空间的名字
05 int employee::employeeNo=1000;            // 职员编号的基数为 1000
06 employee::employee()
07 {
08       individualEmpNo=employeeNo++;   // 新输入的职员编号为目前最大值 +1
09       grade=1;                        // 级别初值为 1
10       accumPay=0.0;                   // 月薪总额初值为 0
11 }
12 employee::~employee()
13 {}
14 void employee::promote(int increment)
15 {
16       grade+=increment;               // 升级，提升的级数由参数 increment 指定
17 }
18 void employee::SetName(char *names)
19 {
20       strcpy(name,names);             // 设置职员姓名
21 }
22 char * employee::GetName()
23 {
24     return name;                      // 得到职员姓名
25 }
26 int employee::GetindividualEmpNo()
27 {
28      return individualEmpNo;          // 得到职员编号
29 }
30 int employee::Getgrade()
```

```
31 {
32      return grade;                          //得到职员的级别
33 }
34 float employee::GetaccumPay()
35 {
36      return accumPay;                       //得到月薪
37 }
```

(8) 在菜单栏中单击【Project】➤【Add to Project】➤【New】，新建一个【C/C++ Source File】，命名为“technician”，然后在工作区【FileView】视图中双击【Source Files】➤【technician.cpp】，在代码编辑区域输入以下代码（代码 13-4-7.txt）。

```
01  #include "technician.h"
02  technician::technician()
03  {
04     hourlyRate=100;                         //每小时酬金为 100 元
05  }
06  void technician::SetworkHours(int wh)
07  {
08     workHours=wh;                           //设置工作时间
09  }
10  void technician::pay()
11 {
12    accumPay=hourlyRate*workHours;           //计算月薪，按小时计算
13 }
14  void technician::promote(int)
15  {
16     employee::promote(2);                   //提升到 2 级
17 }
```

(9) 在菜单栏中单击【Project】➤【Add to Project】➤【New】，新建一个【C/C++ Source File】，命名为“salesman”，然后在工作区【FileView】视图中双击【Source Files】➤【salesman.cpp】，在代码编辑区域输入以下代码（代码 13-4-8.txt）。

```
01 #include "salesman.h"
02 salesman::salesman()
03   {
04      CommRate=0.04;                         //销售提成比例为 4%
05   }
06   void salesman::setsales(float sl)
07   {
08      sales=sl;                              //设置销售额
09   }
```

```
10  void salesman::pay()
11  {
12     accumPay=sales*CommRate; // 月薪 = 销售提成
13  }
14  void salesman::promote(int)
15  {
16     employee::promote(0);          // 提升到 0 级
17  }
```

⑽ 在菜单栏中单击【Project】➤【Add to Project】➤【New】，新建一个【C/C++ Source File】，命名为“manager”，然后在工作区【FileView】视图中双击【Source Files】➤【manager.cpp】，在代码编辑区域输入以下代码（代码 13-4-9.txt）。

```
01  #include "manager.h"
02  manager::manager()
03   {
04      monthlyPay=8000;              // 固定月薪为 8000 元
05   }
06   void manager::pay()
07   {
08      accumPay=monthlyPay;         // 月薪总额 = 固定月薪数
09   }
10   void manager::promote(int)
11   {
12     employee::promote(3);          // 提升到 3 级
13  }
```

⑾ 在菜单栏中单击【Project】➤【Add to Project】➤【New】，新建一个【C/C++ Source File】，命名为“salesmanager”，然后在工作区【FileView】视图中双击【Source Files】➤【salesmanager.cpp】，在代码编辑区域输入以下代码（代码 13-4-10.txt）。

```
01  #include "salesmanager.h"
02  salesmanager::salesmanager()
03   {
04      monthlyPay=5000;
05      CommRate=0.005;
06   }
07   void salesmanager::pay()
08   {
09      accumPay=monthlyPay+CommRate*sales; // 月薪 = 固定月薪 + 销售提成
10   }
11  void salesmanager::promote(int)
12  {
```

```
13     employee::promote(2);                      // 提升到 2 级
14  }
```

⑿ 在菜单栏中单击【Project】➤【Add to Project】➤【New】，新建一个【C/C++ Source File】，命名为“main”，然后在工作区【FileView】视图中双击【Source Files】➤【main.cpp】，在代码编辑区域输入以下代码（代码 13-4-11.txt）。

```
01  #include <iostream>
02  #include <cstring>
03  #include <fstream>                          // 包含文件流头文件
04  #include <vector>                           // 包含向量容器头文件
05  #include "employee.h"
06  #include "manager.h"
07  #include "technician.h"
08  #include "salesmanager.h"
09  #include "salesman.h"
10  using namespace std;
11  void  main()
12  {
13     manager m1;
14     technician t1;
15     salesmanager sm1;
16     salesman s1;
17     char namestr[20];                       // 输入职员姓名时先临时存放在 namestr 中
18     vector <employee * > vchar;             // 声明用于保存成员对象的容器
19     vchar.push_back(&m1);
20     vchar.push_back(&t1);
21     vchar.push_back(&sm1);
22     vchar.push_back(&s1);
23     int i;
24     for(i=0;i<4;i++)
25        {
26           cout<<" 请输下一名职员的姓名：";
27           cin>>namestr;
28           vchar[i]->SetName(namestr);       // 设置姓名
29            vchar[i]->promote(i);            // 升级
30         }
31        cout<<" 请输入兼职技术职员 "<<t1.GetName()<<" 本月的工作时数：";
32        int ww;
33        cin>>ww;
```

```
34        t1.SetworkHours(ww);                          //设置工作时间
35        cout<<" 请输入销售经理 "<<sm1.GetName()<<" 所管辖部门本月的销售总额: ";
36        float sl;
37        cin>>sl;
38        sm1.setsales(sl);                             //设置本月的销售总额
39        cout<<" 请输入推销员 "<<s1.GetName()<<" 本月的销售额: ";
40        cin>>sl;
41        s1.setsales(sl);                              //设置本月的销售额
42        ofstream ofile("employee.txt",ios_base::out);  //创建一个输出文件流对象
43        for(i=0;i<4;i++)
44        {
45          vchar[i]->pay();
46          ofile<<vchar[i]->GetName()<<" 编号 "<<vchar[i]->GetindividualEmpNo()
47          <<" 级别为 "<<vchar[i]->Getgrade()<<" 级，本月工资 "
48         <<vchar[i]->GetaccumPay()<<endl;
49        }
50      ofile.close();
51        cout<<" 职员信息已存入文件 "<<endl;
52        cout<<" 从文件中读取信息并显示如下: "<<endl;
53        char line[101];
54        ifstream infile("employee.txt",ios_base::in);     //创建一个输入文件流对象
55        for(i=0;i<4;i++)
56        {
57          infile.getline(line,100);
58          cout<<line<<endl;
59        }
60    infile.close();
61  }
```

【运行结果】

编译、连接、运行程序，按图 13-5 所示输入，程序将把存于向量中的各职员信息依次写到文件 employee.txt 中，然后从这个文件中读出这些信息并显示出来。

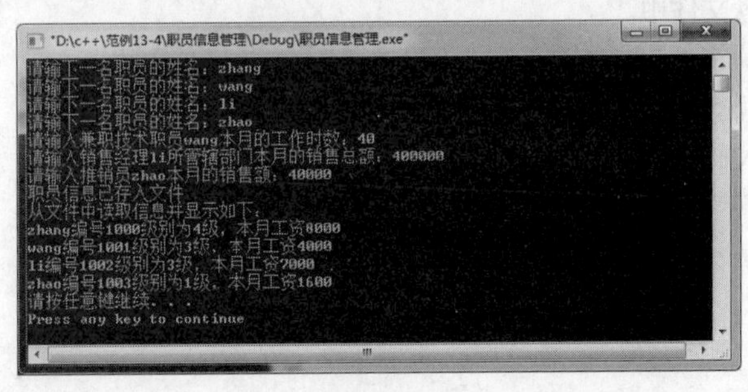

图 13-5

【范例分析】

本范例以文件的形式存储职员的编号、级别、月薪，并显示全部信息，涉及的操作主要包括设置和提取编号、计算和提取级别、设置和提取月薪。整个程序分 3 个大的部分：class employee 是类定义头文件，employee 是类实现文件，main 是主函数。

13.6　本章小结

本章主要讲述文件的概念、文件的分类、文件的打开与关闭、文件的读取操作。通过本章的学习，读者可以打开文本文件进行读写操作。

13.7　疑难解答

1. C++ 文件流都包含哪些内容？

C++ 文件流包括 fstream、ifstream、ofstream。

2. 文件的保护方式有哪些？

filebuf::openprot;filebuf::sh_none; filebuf::sh_read; filebuf::sh_write;

以上方式仅旧版 VC 支持，新版 VC 在 share.h 中为 Win32 项目定义了如下方式：

_SH_DENYRW 0x10 /* deny read/write mode* /

_SH_DENYWR 0x20 /* deny write mode * /

_SH_DENYRD 0x30 /* deny read mode * /

_SH_DENYNO 0x40 /* deny none mode * /

_SH_SECURE 0x80 /* secure mode * /

13.8　实战练习

有 5 名学生的数据，现有如下要求。

⑴ 把它们存到磁盘文件中。

⑵ 将磁盘文件中的第 1、3、5 名学生数据读入程序，并显示出来。

⑶ 将第 3 名学生的数据修改后存回磁盘文件中的原有位置。

⑷ 从磁盘文件读入修改后的 5 名学生的数据并显示出来。

第 14 章

模板

本章导读

模板是 C++ 中一个相对较新的重要特性，是实现代码重用机制的一个工具。模板可以分为函数模板和类模板两类。本章介绍模板的概念、定义和使用方法，以便读者正确使用 C++ 系统中日渐庞大的标准模板类库，并定义自己的模板类和模板函数，进行更大规模的软件开发。

本章学时：理论 2 学时

学习目标

▶ **模板的概念**

▶ **模板的编译模型**

14.1　模板的概念

本节介绍为什么要引入模板以及如何定义自己的模板。

14.1.1　什么是模板

模板是实现代码重用机制的一个工具，它可以实现参数类型化，即把参数定义为类型，从而实现代码的可重用性。同时，模板能够减少源代码量并提高代码的机动性，却不会降低类型安全性。

C++ 程序由类和函数组成，模板也分为类模板和函数模板。模板就是把功能相似、仅数据类型不同的函数或类设计为通用的函数模板或类模板，提供给用户。

模板是“泛型编程”的基础。所谓泛型编程，就是用独立于任何特定类型的方式编写代码。所以简单地说，类是对象的抽象，而模板又是类的抽象，用模板能定义出具体的类。

14.1.2　模板的作用

我们知道，C++ 是一种“强类型”的语言。也就是说，对于一个变量，编译器必须确切地知道它的类型。但有的时候，用这种强类型的语言实现相对简单的函数，反而比较麻烦。例如，为求两个数中的较大者，定义 max() 函数，需要分别为不同的数据类型定义不同的重载版本。

```
int max( int a, int b )                    //比较两个 int 类型数的值
{
    return a > b ? a : b;
}

double max( double a, double b )           //比较两个 double 类型数的值
{
    return a > b ? a : b;
}

float max( float a, float b)               //比较两个 float 类型数的值
{
    return a > b ? a : b ;
}
```

要比较的每个数据类型的数都需要单独定义，不仅非常麻烦，而且容易因重载函数定义不全面而发生调用错误。例如，在主程序中定义了“char a,b;”，那么在执行“max(a,b);”时，程序就会出错，原因是没有定义 char 类型的重载版本。

可以看到，上述几个 max() 函数具有相同的功能，即求两个数中的较大者，函数体也是相同的，唯一区别在于形参的类型。那能不能只写一套代码，对于任一类型 T 的两个对象 a 和 b，调用函数 max(a,b) 总能使编译系统理解其比较意义而实现编程目的呢？

答案是肯定的。为了解决上述问题，C++ 引入了模板机制。

14.1.3 模板的语法

函数模板的一般定义形式如下。

```
template <class T 或 typename T> 返回类型 函数名（函数形参表）
{
    // 函数定义体
}
```

模板定义以关键字 template 开始，后接模板形参表（template parameter list），模板形参表是用尖括号括住的一个或多个模板形参的列表。形参由关键字 class 或 typename 及其后面的类型名构成，形参之间以逗号分隔。

模板形参表不能为空。模板形参分为以下两种。

(1) 模板类型参数，代表一种类型。

(2) 模板非类型参数，代表一个常量表达式。

需要注意的是，模板非类型参数的类型必须是下面的一种。

(1) 整型或枚举。

(2) 指针类型（普通对象的指针、函数指针、成员指针）。

(3) 引用类型（指向对象或者指向函数的引用）。

其他的类型目前都不允许作为模板非类型参数使用。

例如，前面的 max() 函数可以用模板定义如下。

```
template < typename T >  T  max(T a, T b)  //比较两个任意类型的参数，返回较大者
{
    return a > b ? a : b ;
}
```

注意：关键字 typename 和 class 有什么区别？
在模板定义中，关键字 typename 和 class 的意义相同，可以互换，甚至可以在同一模板形参表中同时存在。但关键字 typename 是标准 C++ 新加入的组成部分，因此旧的程序更有可能只使用关键字 class。

注意：当模板类型参数有多个时，每个模板类型参数的前面都必须有关键字 class 或 typename。例如“template <typename T, U>”这个模板声明是错误的，正确的应该是“template <typename T, class U>”或“<typename T, typename U>”。

与函数模板类似，也可以定义类模板，使一个类可以有基于通用类型的成员，而不需要在类生成时定义具体的数据类型。类模板的一般定义形式如下。

```
template <class T>
class 类名
{
    //类定义
```

```
};
```

其中，template是声明各模板的关键字，表示声明一个模板。模板参数可以是一个，也可以是多个，但应是抽象的，而不应是具体的类型（例如int和float等），如成员函数的参数或返回类型，且前面要加上形参类型。

注意：在类模板中，成员函数不能被声明为虚函数。类模板不能与另外一个实体的名称相同。

例如，定义一个类模板，用来存储两个任意类型的元素。

```
template <class T>          // 类模板声明
class pair                  // 类名
{
      // 类成员变量
public:
   pair (T first, T second)  // 类成员函数
   {
      values1=first;         // 第 1 个元素
      values2=second;        // 第 2 个元素
   }
private:
   T value1, value2;
};
```

如果要定义该类的一个对象，用来存储24和101两个整型数据，则代码如下。

```
pair<int> myobject (24, 101);
```

注意：如果要在类模板之外定义它的一个成员函数，就必须在每一个函数前面加“template<class T>”。如果这个成员函数中有模板参数T存在，则需要在函数体外进行模板声明，并且在函数名前的类名后面缀上“T”。

例如，要定义一个成员函数getmax()获取数对中的较大值，代码如下。

```
template <class T>
T pair::getmax ()
{
   return value1>value2? value1 : value2;    // 比较并返回较大值
}
```

【范例14-1】 定义一个函数模板，比较两个相同数据类型的参数的大小。

(1) 在Visual C++ 6.0中，新建名为“Max”的【C++ Source Files】源程序。

(2) 在代码编辑区域输入以下代码（代码14-1.txt）。

```
01   #include <iostream>
```

```
02  using namespace std;                              //using 指令
03  template < class T > T max ( T x, T y )           // 定义函数模板 max
04  {
05      return ( x > y ) ? x : y;                     // 返回较大者
06  }
07  int main(int argc, char* argv[])
08  {
09      int n1=4,n2=13;                               // 定义两个整型变量并赋值
10      double d1=3.5,d2=7.9;                         // 定义两个双精度型变量并赋值
11      cout<< " 较大整数 :"<<max(n1,n2)<<endl;        // 输出结果
12      cout<< " 较大实数 :"<<max(d1,d2)<<endl;        // 输出结果
13      system("pause");
14      return 0;
15  }
```

【运行结果】

编译、连接、运行程序，即可在命令行中输出图 14–1 所示的结果。

图 14–1

【范例分析】

程序首先定义了一个函数模板“max(T x, T y)”，但这并不是一个实实在在的函数，编译器不会为其产生任何可执行代码。该定义只是对函数的描述，表示它每次能单独处理在类型形式参数表中说明的数据类型。

当编译器发现一个函数调用“max(n1,n2)”时，则根据实在参数表中的类型 int，先生成一个重载函数：

```
int max( int x, int y )                               // 比较两个 int 型的值
{
    return x > y ? x : y;
}
```

该重载函数的定义体与函数模板的函数定义体相同，而形式参数表的类型则以实在参数表的实际类型为依据。该重载函数被称为模板函数，由函数模板生成模板函数的过程被称为函数模板的实例化。

提示：函数模板和模板函数是什么关系？
函数模板是模板的定义，是模板函数的抽象，定义中要用到通用类型参数。

模板函数是实实在在的函数定义，是函数模板的实例，由编译系统在实现具体的函数调用时生产，具有程序代码，占用内存空间。

程序执行模板函数“max(int x, int y)”，根据传递给它的实际参数 n1 和 n2 的值，求出较大者。

同理，调用“max(d1, d2)”时，先实例化函数模板为“max(double x, double y)”，再根据实际参数 d1 和 d2，求出较大者。

可以用图 14-2 表示函数模板的实例化过程。

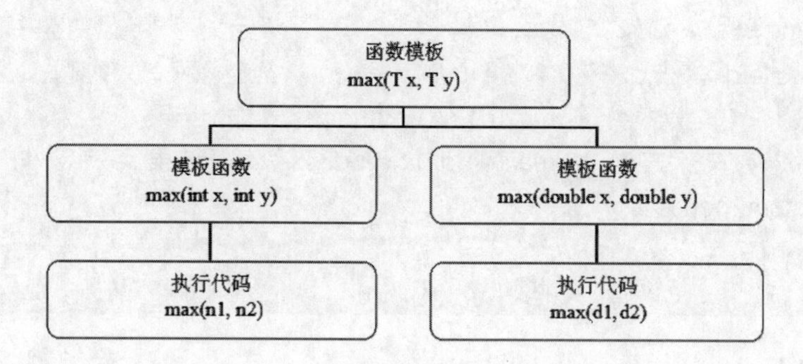

图 14-2

虽然模板参数 T 可以实例化成各种类型，但采用模板函数 T 的各参数的类型必须保持一致。如果本例的 main() 函数中加一条语句：

```
cout<<max(n1,d1)<<endl;
```

程序将出错，因为 n1 为 int 型，d1 为 double 型，这里并不具有隐式类型转换功能，所以无法进行比较。

【范例 14-2】 使用类模板，接收两个不同类型的变量并显示。

(1) 在 Visual C++ 6.0 中，新建名为“Template Class”的【C++ Source Files】源程序。

(2) 在代码编辑区域输入以下代码（代码 14-2.txt）。

```
01  #include <iostream>
02  using namespace std;                          //using 指令
03  template<typename T1,typename T2>             // 定义类模板
04  class myClass
05  {
06  private:
07      T1 a;                                     // 类成员变量 a
08      T2 b;                                     // 类成员变量 b
09  public:
10      myClass(T1 x, T2 y)                       // 构造函数
11      {
12          a = x;
13          b = y;
14      }
```

```
15
16      void show()                                     //类成员函数
17      {
18         cout<<"a="<<a<<", b="<<b<<endl; //输出类成员变量的值
19      }
20  };
21   int main()
22  {
23      myClass<int,int> obj1(6,12);               //实例化，T1 和 T2 均为 int 型
24      obj1.show();                               //输出结果
25      myClass<int,double> obj2(11,2.12);   //实例化，T1 为 int 型，T2 为 double 型
26      obj2.show();                               //输出结果
27      myClass<char,int> obj3('C',4);            //实例化，T1 为 char 型，T2 为 int 型
28      obj3.show();                               //输出结果
29      return 0;
30  }
```

【运行结果】

编译、连接、运行程序，即可在命令行中输出图 14-3 所示的结果。

图 14-3

【范例分析】

程序中首先定义了一个类模板“myClass(T1 a, T2 b)”。类模板是一个类家族的抽象，它只是对类的描述，编译程序不为类模板（包括成员函数定义）创建程序代码。通过对类模板的实例化，可以生成一个具体的类以及该具体类的对象。

注意：(1) 在每个模板定义之前，不管是类模板还是函数模板，都需要在前面加上模板声明“template<class T>”。

(2) 类模板和函数模板在使用时，必须在名字后面缀上模板参数 <T>，如“list<T>,node<T>”。

在主函数中，通过“myClass<int, double>”实例化了类模板，即将 T1 实例化为 int 型，T2 实例化为 double 型，这样就得到了一个模板类，然后就可以定义类对象 obj2 并初始化。

同理，myClass<char, int> 和 myClass<int, int> 也是对类模板的实例化。

提示：类模板和模板类是什么关系？

类模板是模板的定义，不是一个实实在在的类，而是模板类的抽象，定义中要用到通用类型参数。

模板类是实实在在的类，是类模板的实例化，定义中参数会被实际类型所代替。

类模板、模板类及对象的关系可用图 14-4 表示。

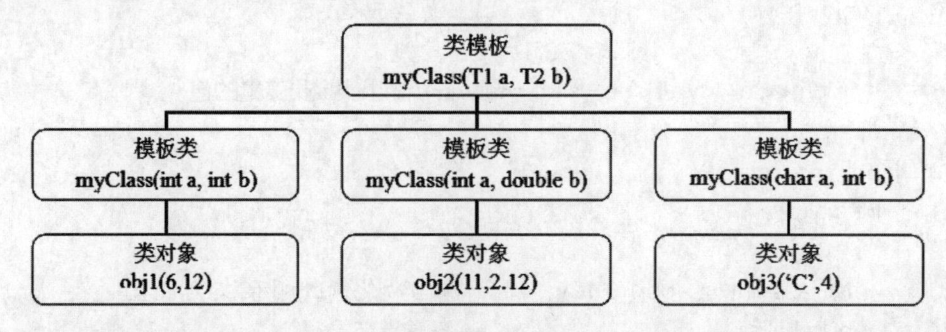

图 14-4

与类模板不同，函数模板的实例化是由编译程序在处理函数调用时自动完成的，而类模板的实例化则必须由程序员在程序中显式地指定。实例化的一般形式如下。

类名 < 数据类型 数据 , 数据类型 数据…> 对象名

如本范例中，“myClass<int,double> obj2”表示将类模板 myClass 的类型参数 T1 替换成 int 型，T2 实例化为 double 型，从而创建一个具体的类，并生成该具体类的一个对象 obj2。

14.2 模板的编译模型

标准 C++ 为编译模板代码定义了包含编译模型（Inclusion Compilation Model）和分离编译模型（Separation Compilation Model）两种模型。在这两种模型中，构造程序的方式基本相同，类定义和函数声明都放在头文件（.h 文件）中，而函数定义和成员定义则放在源文件（.cpp 文件）中。两者的不同之处主要在于编译器怎样使用来自源文件的定义。

14.2.1 包含编译模式

为了方便管理程序文件，在开发项目时，一般会建立头文件（.h, .hpp 文件）和源文件（.cpp 文件）。头文件中包含类定义和函数声明，源文件中包含函数和类成员函数的定义。

提示：模板的编译有什么特殊之处?

一般来说，调用函数时，编译器只需要看到函数的声明或类的定义。但模板则不同，当编译器看到模板定义时，并不会立即产生代码，只有在调用了函数模板或类模板的对象时，才产生特定类型的模板实例。因此要进行实例化，编译器必须能够访问函数模板和类模板的源代码。当调用函数模板或类模板的成员函数时，编译器需要那些通常放在源文件中的代码。此时只需在头文件中添加一条 #include 语句指示定义可用即可。该 #include 引入了包含相关定义的源文件。

例如，可以将前面的 max 函数模板进行如下的改写。

在头文件 max.h 中进行函数模板的声明，代码如下。

```
#ifndef MAX_H
```

```
#define MAX_H
emplate <typename Type>    Type max(Type a, Type b);          // 函数模板声明
// 其他声明
#include max.cpp                                             // 引入包含模板定义的源文件
#endif
```

对应的包含模板定义的源文件为 max.cpp，代码如下。

```
template <typename Type                                      // 函数模板定义
Type max(Type a, Type b)
{
    return (a > b) ? a : b;
}
```

注意：#include 语句很关键，它保证了编译器在编译使用模板的代码时能看到这两种文件，如果没有它，编译会出错。在包含编译模型的前提下，这一策略可以保持头文件和实现文件的分离。

技巧："包含编译模型"并不是指类模板的声明和定义放在一个头文件里，"分离编译模型"也并不是将声明和定义分开。

下面通过一个范例来说明包含编译模型。

【范例 14-3】 模板的包含编译模型。

(1) 在 Visual C++ 6.0 中，新建名为"InclusionCompilation"的【C++ Source Files】源程序。
(2) 在代码编辑区域输入以下代码（代码 14-3.txt）。

```
01  #include <iostream>
02  using namespace std;
03  template<typename T>
04  void print(const T &v);  // 模板声明
05  template<typename T>
06  void print(const T &v)   // 模板定义
07  {
08      cout << "T = " << v <<endl;
09  }
10  int main()
11  {
12      print (18);               // 测试，输出结果
13      return 0;
14  }
```

【运行结果】

编译、连接、运行程序，即可在命令行中输出图 14–5 所示的结果。

图 14–5

【范例分析】

程序首先声明了模板，然后定义了一个函数模板 print(T a)，最后主函数调用函数并用整型数 18 实例化 print()，输出一个整数 18。

14.2.2　分离编译模型

在分离编译模型中，编译器会跟踪相关的模板定义。但是，必须让编译器知道要记住给定的模板定义，怎么办呢？可以使用关键字 export 来实现。

提示：关键字 export 有什么作用？

关键字 export 告诉编译器在生成被其他文件使用的函数模板实例时，可能需要这个模板定义。编译器必须保证在生成这些实例时该模板定义是可见的。

可以通过在模板定义中的关键字 template 之前加上关键字 export 来声明一个可导出的函数模板。当函数模板被导出时，就可以在任意一个程序文本文件中使用模板的实例，而我们需要做的就是在使用之前声明该模板。如果省略了模板定义中的关键字 export，编译器可能就不能实例化函数模板，也就不能正确地链接程序。

例如，一般在函数模板的定义中，可通过在关键字 template 之前加上关键字 export，以指明函数模板为导出的。

```
// the template definition goes in a separately-compiled source file
export  template <typename Type>
Type sum(Type T1, Type T2)
{
   // 函数体
}
```

提示：这个函数模板的声明应像通常一样放在头文件中，但声明中的关键字 export 不是必需的。

在程序中，一个函数模板只能被定义为 export 一次。因为编译器每次只处理一个文件，所以当一个函数模板在多个源文件中被定义为 export 时，编译器并不能检测到，从而可能导致下列情况出现。

(1) 可能产生一个链接错误，指出函数模板在多个文件中被定义。

(2) 编译器可能多次为同一个模板实参集合实例化该函数模板，函数模板实例的重复定义会引起链接错误。

(3) 编译器可能用其中的一个 export 函数模板定义来实例化函数模板，忽略其他定义。

因此，在程序中提供多个 export 函数模板定义，可能会产生错误，必须小心谨慎地组织程序，以便只把 export 函数模板定义放在一个程序文本文件中。

对类模板使用 export 更复杂一些。通常，类声明必须放在头文件中，头文件中的类定义体不应该使用关键字 export。如果在头文件中使用 export，则该头文件只能被程序中的一个源文件使用。相反，应该在类的实现文件中使用 export。

例如，定义一个类模板 Queue，头文件 Queue.h 中的代码如下。

```
template <typename Type>                                    //类模板声明
class Queue
{
    //类定义
};
```

源文件 Queue.cpp 中的代码如下。

```
export template <typename Type> class Queue;        //使用 export 声明模板为可导出的
#include "Queue.h"                                  //包含头文件
//类成员定义
```

注意：导出类的成员将自动声明为导出的。也可以将类模板的个别成员声明为导出的。在这种情况下，关键字 export 不在类模板定义处指定，而只在被导出的特定成员定义处指定。

导出成员函数的定义不必在使用成员时可见。对待任意非导出成员的定义必须像在包含模板中一样，即定义应放在定义类模板的头文件中。

分离编译模式使我们能够更好地把类模板的接口与其实现分离，它使我们能够这样来组织程序：把类模板的接口放在头文件中，把具体实现放在源文件中。

14.3 本章小结

本章主要讲述了模板的概念，学习了模板的主要特征，并在此基础上创建了模板。通过本章的学习，读者应能使用系统提供的模板，并能理解和掌握如何自己创建模板。

14.4 疑难解答

1. 模板的应用场景是什么？

使用模板是为了实现泛型，减小编程的工作量，增强函数的可重用性。例如将两个变量交换的函数 swap，如果不使用模板，我们需要针对不同的数据类型写很多个功能相同的函数，例如 int、char 等；使用模板，则只写一个函数就足够了。

2. 使用模板和直接使用类或函数有什么区别？

模板就是实现代码重用机制的一种工具，它可以实现类型参数化，即把类型定义为参数，从而实现真正的代码可重用性。模板可以分为两类，一类是函数模板，另一类是类模板。

14.5 实战练习

在 Visual C++ 中编写一个使用类模板对数组进行排序、查找和求元素和的程序，要求如下。

⑴ 设计一个类模板“template<class T>class Array”，用于对 T 类型的数组进行排序、查找和求元素和。

⑵ 由类模板产生模板类“Array<int>”和“Array<double>”。

⑶ 接收用户输入的数组，排序后输出排好的序列和元素和。

第 15 章
异常处理

本章导读

现在我们已经掌握了程序的编写，但是这些程序还比较脆弱，要抵挡没有意料到的问题，该怎么办呢？我们应该针对不同的异常问题选择不同的解决方法。本章将讲述合理、有效地处理这些问题的方法。

本章学时：理论 2 学时 + 实践 1 学时

学习目标

- ▶ 异常的类型
- ▶ 异常处理的基本思想
- ▶ 异常处理语句
- ▶ 多种异常的捕获
- ▶ 异常的重新抛出

15.1 异常的类型

到底哪些才称为异常（Exception）呢？要对不同的异常情况进行处理，需要先弄明白常见的异常有哪些类型，这样处理异常情况时才能做到有的放矢。

15.1.1 常见异常

先让我们来看些程序中常见的情况，你就明白什么是异常了。

⑴ 你要访问一个数组元素，因一时疏忽，写的下标超出了数组的上界或者小于下界。在编译该程序时并没有报错，但是程序执行时这个错误就会显示出来，这就是异常。图 15–1 所示的是弹出的应用程序错误对话框。

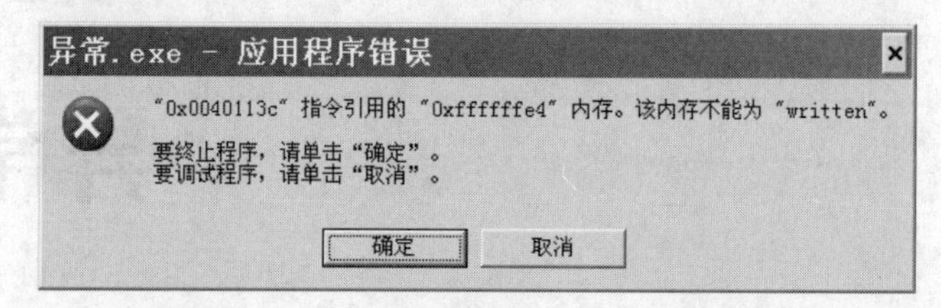

图 15–1

⑵ 你要为一个数组的初始化分配内存空间，但是由于某些原因，操作失败，例如申请的存储空间过大，导致内存无法正常分配，这时程序会报错，这也是异常。错误对话框如图 15–2 所示。

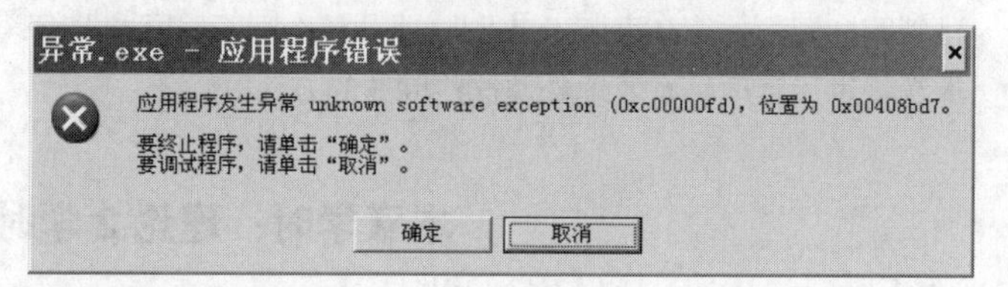

图 15–2

⑶ 你要访问某一路径的文件，但是该文件处于锁定状态（其他程序正在访问它），这时就无法进行操作，这也是异常。错误对话框如图 15–3 所示。

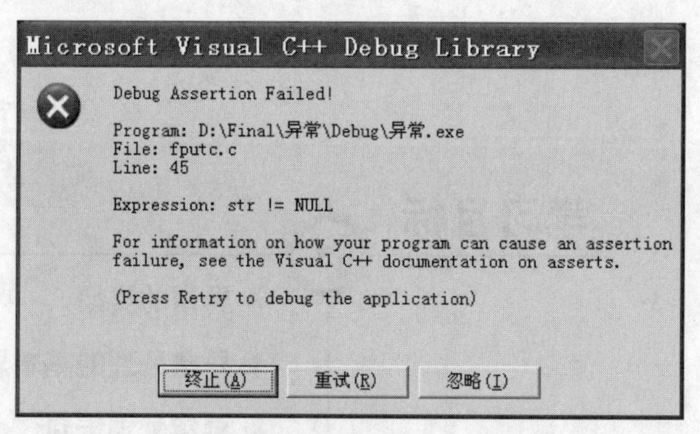

图 15–3

通过上面的简单但典型的例子，读者应能大致了解什么是异常。所谓异常，就是程序在运行过程中，由于使用环境的变化及用户的错误操作而产生的错误。

所有的程序都有 bug（小错误），程序规模越大，bug 越多。为了尽可能地减少正式发布软件中的 bug，在推出一个软件的 Demo 版本后，还会推出 Alpha 版本（内部测试版），然后是 Beta 版本（外部测试版），最后才发布 Release 版本，也就是正式版本，之后还会发布补丁包和升级版本，这就说明了错误始终是存在的。本章要解决的问题就是如何有效地处理这些异常情况。

15.1.2 异常的分类

异常的基本概念是比较简单的，例如在程序中资源分配时发生的问题，存储分配错误，文件锁定，或者访问数组元素时越出了上下限等。根据异常发生的时刻，可以简单地把异常分为以下两种情况。

1. 语法错误

语法错误包括在编辑代码时，将变量名字的大小写写错；没有定义变量，却在表达式中使用了此变量；缺少大括号或分号，导致代码在编译时无法通过。相信经过前面的学习，我们对此已经比较清楚，只要稍加细心就能很好地解决。

2. 运行时发生错误

这一般与算法、逻辑有关。常见的有运算结果和预期结果不一致、文件打开失败、数组下标溢出和系统内存不足等。这些问题的出现，将导致程序无法中断运行、算法失效，甚至程序崩溃等。这就要求在设计软件时考虑全面，一旦运行中出现异常，及时采取有效措施，或者跳过错误继续运行等。

15.2 异常处理的基本思想

如果遇到异常情况，应该怎么处理呢？可以采取立即终止程序运行的方法。例如，当打不开文件，或者读不到所要求的数据时，就只能终止程序的运行。可以把异常返回给它的上一层函数，上层函数可能采取相应的操作或者没有作为。没有作为的原因可能是程序运行中已经多次压栈而上报无力了。还可以调用预先准备好的错误处理函数，让它决定是停止运行还是继续。

这些方法提供了很好的解决问题的思路，如果对异常的处理在达到上面要求的同时，又能满足下面这几点，相信能更加完善。

⑴ 把可能出现异常的代码和异常处理代码隔开，结构会更清晰。

⑵ 把内层错误直接上传到指定的外层来处理，可使处理流程快速且简洁。一般的处理方法是通过一层层返回错误指令，逐层上传到指定层。但层数过多时就需要进行非常多的判断，代码复杂，要考虑周全就更加困难。

⑶ 在出现异常时，能够获取并指出异常信息，并以友好的方式传递给用户。

这样做不仅可以使程序更加安全、稳定，而且一旦程序出现问题，也更容易查到原因，修改时能够做到有的放矢。

异常处理机制并不只适合于处理灾难性的事件，一般的错误也可以用它来处理。当然，任何事物都有个度，不能滥用，否则就会造成程序结构的混乱。异常处理机制的本质是程序处理流程的转移，适度、恰当的转移会起到很好的作用。

15.3 异常处理语句

15.3.1 异常处理语句块

C++ 提供 try、catch 和 throw 共 3 个语句块，它们具备对异常进行处理的功能。下面先介绍 3 个语句块整体的功能，然后再展开讲解。

(1) try 语句块，用来框定异常。在程序中，要处理异常，需要先框定可能产生异常的语句块。若不框定，就等于没有发现异常的存在。即使语句块是一句话也要进行框定。

(2) catch 语句块，用来定义异常处理。将异常处理语句放在 catch 块中，以便在异常出现并捕获异常后，进行异常处理。在这里，与 try 一样，语句块也是要进行框定的。

(3) throw 语句块，用来抛出异常。在可能产生异常的语句中进行错误检查，如果有错误，就抛出异常。

前两个是在一个函数中定义的，抛出异常则可跨函数调用。

现在大家应该对如何在程序中使用异常处理语句块有了一个整体的印象，下面分别讲解这 3 个异常处理语句块。

1. try 语句块

用来包围可能出现问题的代码，格式如下。

```
try
{
内嵌 throw 语句的语句 ;
}
```

try 块中的语句包含直接或间接的 throw 语句。这些 throw 语句指向与 try 同一级别的 catch 的入口，从而触发 catch 语句块。

try 语句块中一般包含一个以上的 throw 语句，如果没有包含任何 throw 语句，程序会根据运行情况抛出默认的错误。

try 语句块后面必须有至少一个 catch 语句块。如果 try 语句块后面带有多个 catch 语句块，则需要与 throw 抛出的数据类型匹配，匹配成功后运行相应的 catch 语句块的异常处理语句。

2. throw 语句块

用来抛出异常，格式有以下几种。

(1) 带表达式的形式。

```
throw  type  exception;
```

(2) 不带表达式的形式。

```
throw;
```

其中 type 表示已经声明的数据类型，如 float、long，以及结构类型等。throw 可以远程抛射，程序流程从抛设点带着返回参数，直接跳转到 try 块后面的 catch 入口。exception 表示变量名，可以添加，也可以不添加。

throw 抛出的不仅是表达式，也可以是具体数值，其中类型最为重要。抛出的数据由 catch 语句接受，接受原则是先按照类型匹配，如果有多个 catch 语句类型都匹配，则按照就近原则接受。既有数值也有该数值对应的类型时，类型是第一重要的，其次才是数值。

如果只有 throw，后面没有带表达式，则抛出的数据由下面讲到的 catch(...) 默认接受。

注意：throw 语句也可以用在函数声明中对异常情况的指定上，如“double fun （int,int）throw（double,int,chart）;”，表明 fun 函数可以抛出 double、int 或者 chart 类型的异常。这里的异常指定是函数声明的一部分，必须在函数声明和函数定义中都出现，否则编译时程序会报错。还有一种情况是不知道抛出的类型，此时可以使用语句“type fun (type,type...) throw()”。

3. catch 语句块

用来处理 try 块中抛出的异常。

```
catch ( type [exception])// 匹配 throw 抛出的 exception 的语句块
{
    // 匹配成功后，处理异常语句放在这里
}
catch (...)// 匹配 throw 抛出的任意类型的语句块 ;
{
    // 语句
}
```

catch 后面的圆括号包含的参数只能有一个，参数入口的类型名称是不可缺少的，但是形参 exception 则可有可无。如果缺少了参数 exception，则 catch 将只接受 throw 抛出的数据类型，而不接受抛出的具体数值。

catch(...) 表示接受 throw 抛出的任何类型表达式，可以作为默认接受，放置在多个 catch 块的最后。它类似于 switch 语句中的 default 语句，表示接受异常时，先特殊再一般。

异常的流程是：首先检测被触发的 throw 语句所在的函数，明确 throw 语句所属的 try 块，如果这一检测成功，就按照 throw 语句抛出的数据类型，在 try 块管辖的 catch 块按次序比较，如果查询到刚好捕获相应类型的 catch 块，就运行相应 catch 块语句。一般 catch (...) 捕获处理器放置在最后，以免屏蔽其后的 catch 块。

如果一个异常成功地被捕获并且得到了处理，但是程序却没有终止，则执行 try–catch 控制结构之后的语句。

同样，遍历了所有的 catch 语句但是没有任何一个 catch 块与之匹配，则直接跳到 try–catch 控制结构后的语句继续执行。

技巧：在 try 语句块和 catch 语句块中间不可有其他的语句。也就是说，catch 语句必须紧跟在 try 语句块之后。

如果 try 触发了 throw 语句，抛出某个类型的信息流，而没有相应的 catch 捕获、匹配，程序就有可能启动 terminate 函数。terminate 函数调用 abort 函数，程序非正常退出，这种退出可能引发运

行错误。

15.3.2 使用 try-catch 处理异常

使用 try-catch 处理异常的格式如下。

```
01  try
02  {
03     Throw  param1;
04     Throw  type2  [param2];
05  }
06  catch (type1)
07  {
08     语句块 1;
09  }
10  catch (type2  [param2])
11 {
12    语句块 n;
13 }
14  catch (...)          // 匹配 throw 抛出的任意类型的语句块
15  {
16    …
17 }
```

其中 type1、type2 是异常类型，param1 是 type1 型异常参数，param2 是变量名。注意，type1、type2 不能是数据类型，param1、param2 是具体参数值。

【范例 15-1】 简单异常处理。

(1) 在 Visual C++ 6.0 中，新建名为“简单异常处理”的【C++ Source File】源程序。

(2) 在代码编辑区域输入以下代码（代码 15-1.txt）。

```
01  #include <iostream>
02  using namespace std;
03  void main()
04  {
05    try                  // 可能出现异常的语句块
06   {
07    cout<<"try first"<<endl;
08       throw 1;      // 抛出整型数据 1 的异常
09     }
10     catch(int i)   // 捕获整型的异常
11     {
12       cout<<"catch try first int 1 "<<i<<endl;
```

```
13      }
14      catch(double d)         // 捕获双精度浮点数的异常
15      {
16        cout<<"catch try first double 1 "<<d<<endl;
17      }
18      try
19      {
20        cout<<"try second"<<endl;
21        throw 1.2;            // 抛出浮点数的异常
22      }
23      catch(int i)
24      {
25        cout<<"catch try second int 1.2"<<i<<endl;
26      }
27      catch(double d)
28      {
29        cout<<"catch try second double 1.2"<<d<<endl;
30      }
31  }
```

【运行结果】

编译、连接、运行程序，即可在命令行中输出图 15–4 所示的结果。

图 15–4

【范例分析】

第 1 个 try 语句 throw 抛出一个整型数据 1，在其中的 catch 语句中有 catch(int i) 与之匹配，所以输出结果是 1。第 2 个 try 语句 throw 抛出一个浮点数据 1.2，在其中的 catch 语句中有 catch(double d) 与之匹配，所以输出结果是 1.2。

提示：上面的程序只针对每个异常类型进行处理，也可以使用 catch(...) 来处理任何类型的异常。

【范例 15–2】 处理被 0 除的异常。

(1) 在 Visual C++ 6.0 中，新建名为“处理被 0 除的异常”的【C++ Source File】源程序。

(2) 在代码编辑区域输入以下代码（代码 15–2.txt）。

```
01  #include <iostream>
02  using namespace std;
03  void main()
04  {
05    try                    //可能出现错误的语句块
06    {
07      cout<<"try third"<<endl;
08      int zero=0;
09      int f=1/zero;   //计算f时，分数的分母是0，程序自动抛出异常
10    }
11      catch(...)       //捕获异常
12      {
13        cout<<"catch try third "<<endl;
14      }
15  }
```

【运行结果】

编译、连接、运行程序，即可在命令行中输出图 15–5 所示的结果。

```
"D:\c++\ch15\范例15-2\Debug\处理被0除的异常.exe"
try third
catch try third
Press any key to continue
```

图 15–5

【范例分析】

在上述的 try 语句块中，计算 f 时除数为 0，引起了异常。虽然 try 语句块没有抛出 throw 语句，但是 Visual C++ 6.0 可以自动识别此类异常，自发地抛出错误，从而引起 catch(...)。

C++ 异常处理并不具备异常发生后程序的自恢复功能。如何亡羊补牢呢？程序员依然得小心设置静态或外部的全局变量。

在可能出现问题的程序段之前，保存现场到硬盘，然后通过异常处理的强大功能在合适的地方放置 catch 捕获器，在最容易发生错误的地方安排相应的 catch 块，这样可以及时地予以处理。

15.4 多种异常的捕获

C++ 异常处理的优点在于它可以捕获各种类型信息的异常。throw 语句可以用在其隶属的 try–catch 函数内层的被调函数中，但应该确保 throw 语句与同层的 catch 语句块紧密匹配，及时捕获异常。

【范例 15-3】 多种异常的捕获。

(1) 在 Visual C++ 6.0 中，新建名为“多种异常的捕获”的【C++ Source File】源程序。

(2) 在代码编辑区域输入以下代码（代码 15-3.txt）。

```
01 #include <iostream>
02 using namespace std;
03 class MyClass {};
04 struct MyStruct {};
05 void fun (int kind)
06 {
07   try                        // 可能出现异常的语句块，根据 kind 不同的值抛出不同异常
08   {
09   if (kind==1)               // 抛出字符串异常
10     throw "string";
11   if (kind==2)               // 抛出整数异常
12     throw 123;
13   if (kind==3)               // 抛出类异常
14     throw MyClass ();
15   if (kind==4)               // 抛出结构体异常
16     throw MyStruct ();
17   }
18   catch (char* s)            // 捕获字符串异常
19   {
20     cout<<"catch is string type "<<s<<endl;
21   }
22   catch (int s)              // 捕获整型异常
23   {
24     cout<<"catch is int type "<<s<<endl;
25   }
26    catch (MyClass)           // 捕获类异常
27    {
28     cout<<"catch is MyClass"<<endl;
29    }
30    catch(...)                // 捕获其他类型异常
31    {
32     cout<<"catch is MyStruct"<<endl;
33    }
34 }
35 void main()
36 {
```

```
37    try              // 可能抛出异常的语句块，多次调用 fun 函数
38    {
39      fun (1);
40      fun (2);
41      fun (3);
42      fun (4);
43      }
44    catch (int i)   // 捕获整型异常
45      {
46        cout<<"main try error"<<endl;
47      }
48       system("pause");
49  }
```

【运行结果】

编译、连接、运行程序，即可在命令行中输出图 15-6 所示的结果。

```
"D:\c++\ch15\范例15-3\Debug\多种异常的捕获.exe"
catch is string type string
catch is int tpye 123
catch is MyClass
catch is MyStruct
请按任意键继续. . .
```

图 15-6

【范例分析】

本范例在主函数中多次调用 fun 函数，每次调用都会在 fun 函数中根据形参 kind 的不同，抛出不同的数据类型，接着使用相同数据类型的 catch 语句。

范例中分别使用整型 int、字符串 char *、类 class 和结构体 struct 等 4 种不同的数据类型抛出不同的对象。主函数中有 try-catch 语句块，多次调用子函数 fun 中的 throw 和 catch 紧密配合，抛出什么类型的异常就用相应的 catch 去捕获，实现了对于不同的错误类型的捕获。

15.5 异常的重新抛出

在 C++ 异常处理的嵌套结构中，规则是外层的 throw 语句抛出的异常使用外层的 catch 来捕获，而内层的 catch 块捕获的异常是同级 try 块中的 throw 语句抛出来的。

如果希望实现内层抛出的异常由外层的代码来处理，而不是由当前层的 catch 块解决，则需要使用异常的层层传递手段，这就是 throw 语句不带表达式的形式。

不带表达式的throw语句内嵌在catch内，意味着当前catch块捕获的异常，将由throw以接力形式抛出到上层相应类型入口的catch捕获器，特定异常就这样从内层传到了外层需要的地方。

【范例 15-4】 异常的重新抛出。

⑴ 在 Visual C++ 6.0 中，新建名为“异常的重新抛出”的【C++ Source File】源程序。

⑵ 在代码编辑区域输入以下代码（代码 15-4.txt）。

```
01  #include <iostream>
02  using namespace std;
03  enum                                   //定义枚举常量，分别表示不同类型
04  {myfloat,myunknown,myclass };
05  struct eUnknown{ };                    //声明一个未知类
06  class eClass { };                      //声明一个一般类
07  void funa(int kind)                    //kind 参数决定抛出异常种类
08  {
09    try
10   {
11    if (kind==myclass)                   //抛出异常
12        throw eClass();
13    if (kind==myunknown)
14        throw eUnknown();
15    }
16    catch (eClass)                       //为一般类继续上抛
17    {
18      cout<<"funa 函数重新抛出 myclass 异常 "<<endl;
19      throw;
20    }
21    catch(eUnknown)                      //为未知类继续上抛
22     {
23       cout<<"funa 函数重新抛出 myunknown 异常 "<<endl;
24       throw;
25     }
26      cout<<"funa 函数正常运行 "<<endl;   //无异常发生则执行
27    }
28    void funb(int kind)
29    {
30      try
31      {
32        funa(kind);
33    }
34    catch (eClass)                       //为一般类继续上抛
```

```
35    {
36    cout<<"funb 函数重新抛出 myClass 异常 "<<endl;
37    throw;
38    }
39    catch(eUnknown)        // 为未知类最终处理
40    {
41    cout<<"funb 函数最终解决 myunknown 异常 "<<endl;
42    cout<<"funb 函数正常运行 "<<endl;
43    }
44    }
45    void func(int kind)
46    {
47    try
48    {
49    funb(kind);
50    if(kind==myfloat)
51    throw (float kind);
52    }
53    catch(float)           // 为 float 类型最终处理
54    {
55    cout<<"func 函数最终解决 myfloat 异常 "<<endl;
56    }
57    catch(eClass)          // 为一般类最终处理
58    {
59    cout<<"func 函数最终解决 myclass 异常 "<<endl;
60    }
61    }
62    void main()
63    {
64    func(myfloat);
65    func(myunknown);
66    func(myclass);
67    system("pause");
68    }
```

【运行结果】

编译、连接、运行程序，即可在命令行中输出图 15-7 所示的结果。

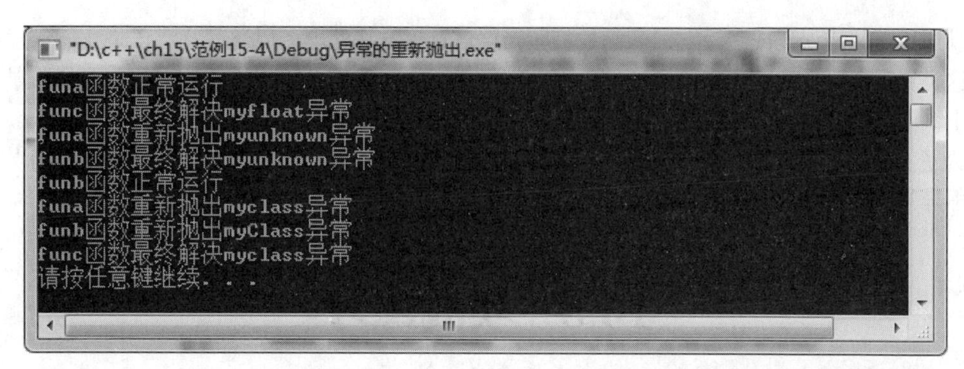

图 15-7

【范例分析】

程序第1次先调用func(myfloat)，接着调用funb(myfloat)，然后调用funa(myfloat)。在funa函数中，没有匹配的异常捕获，funa函数正常运行，返回上一级；funb函数也没有匹配的异常捕获，再返上一级；func函数有匹配的异常捕获，第1次调用结束。

第2次先调用func(myunknown)，接着调用funb(myunknown)，然后调用funa(myunknown)。在funa函数中，有匹配的异常捕获，funa函数抛出异常后再次上抛，返回上一级；funb函数也有匹配的异常捕获，funb函数抛出异常后不再上抛，第2次调用结束。

第3次先调用func(myclass)，接着调用funb(myclass)，然后调用funa(myclass)。在funa函数中，有匹配的异常捕获，funa函数抛出异常后再次上抛，返回上一级；funb函数也有匹配的异常捕获，funb函数抛出异常后继续上抛，再次返回上一级；在func函数中，有匹配的异常捕获，func函数抛出异常，第3次调用结束。

15.6 本章小结

本章主要讲述C++的异常处理功能，包括什么是异常、怎么样给异常分类以及怎样处理异常等内容。通过本章的学习，读者应该理解异常的概念，在实际遇到问题时能定义异常，捕获异常并处理异常。

15.7 疑难解答

1. 异常处理的原理是什么？

异常处理允许用户以一种有序的方式管理运行时出现的错误。使用C++的异常处理，用户程序在错误发生时可自动调用一个错误处理程序。异常处理最主要的优点是自动转向错误处理代码，而以前在大程序中，这些代码是由程序员自己编制的。

2. 为什么要用C++的异常处理机制？

我们平时编写C++程序时，经常出现一些错误，有些错误是我们可以预测到的。这些错误我们可以通过返回错误码或者设置回调函数打印错误信息等方法处理。但还有些错误是我们不好预测的，这类错误会导致我们还来不及处理，程序就已终止，而我们希望程序开始运行后遇到错误不立即终止，而是给出相应的错误提示。

为了实现这一目标，在 C++ 里面就提出了异常处理机制。当一个函数无法处理产生的错误时，就抛出异常，让函数的调用者直接或者间接处理错误。

15.8 实战练习

在 Visual C++ 6.0 中，新建【C++ Source File】源程序，实现以下功能。

已知有一个 Student 类。

```
class Student
{
    int stunum,stuscore;
    Student(int num=0);
    void init(int num);
    void setscore(int score);
};
```

本练习主要实现对 Student 类构造函数的异常处理，发生的异常主要是初始化学生的学号为非正数。另外，调用 setscore() 成员函数设置学生成绩，要求在输入成绩为负数时抛出异常，并捕获、处理。